西方服饰与时尚文化: 中世纪

A Cultural History of Dress and Fashion in the Medieval Age

［美］莎拉－格蕾丝·海勒 (Sarah-Grace Heller) 编

谷 李 译

重庆大学出版社

前　言

"中世纪的时尚"，这种提法真的可行吗？那些被称为"黑暗时代"的世纪，难道不是走秀的 T 台和时尚品牌所代表的令人眩目的世界的对立面吗？

这些是值得讨论的问题。"时尚""中世纪"和"黑暗时代"，都是我们用来阐释人类的经验和他们留下的痕迹的视镜。作为视镜，它们既能将一些事物放在焦点之中，同样也能够扭曲这些事物。中世纪的史料总是支离破碎的，从骨骼到书籍再到被损毁的壁画，它们都要求被鲜明地阐释并从中提炼出关于中世纪物质文化的信息以及当时人们的感受。简言之，视镜是必要的，但同时也必然会对我们的视觉场域构成限制，我们必须对这样的限制和潜在的偏歧保持警醒。

时尚，对某些人而言是一个具有普适性的词语。它所指的是人类对装饰的冲动，即便是对新石器时代的祖先而言也不例外。因此，它在我们所称的欧洲中世纪时期，也毫无疑问是存在的。所有关于那一时期的历史资料都表明了人们对于珠宝、丰富的织物以及色彩的欲望。"时尚"这一名词还可以指人们加诸事物之上的形状、式样和使其个性化的劳动。在英语中，大约在中世纪晚期，即 15 世纪末，"fashion（时尚）"意味着"一个国家的风俗和习惯"。与之相似，法语中的"mode"一词意指个体或群体做某件事情的方式。在 16 世纪，哲学家们开始提出疑问，为什么法国人"以法国人的方式"着装——他们在关于穿什么的问题上不停地转换思想，正如蒙田[1]所观察到的那样。从这些早期现代词汇开始，时尚终将演化成独具一格的新闻报道领域。在中世纪时期，一些现代时尚系统的习惯——在某些环境中，有季节周期性的服装更新、变化的风格、通过外表吸引他人以及增强个人影响的努力——已经在发生作用。

一些理论家认为时尚——或者更具体地说，现代西方时尚——是一个具有特定且独一无二的演化轨迹的历史现象。这一观念的前提是，不同的社会阶段在服装和装饰问题上具有不同的运作方式。时尚的态度是要不断地推陈出新，追逐、消费新事物，并且时尚是在事物和风格完全过时之前就会将其淘汰的产业。相反，在那些物质匮乏、创新被阻碍以及变化不被鼓励的文化中，可能不会存在这种时尚。[1]

保罗·波斯特（Paul Post）在视觉资料的基础之上，对西方时尚的起源进行判定。他发现，被他称为男士服装革命的历史事件发生于 14 世纪中期。

---

[1] 米歇尔·德·蒙田（Michel de Montaigne, 1533—1592 年）：文艺复兴时期法国思想家、作家、怀疑论者。他阅历广博，思路开阔，行文无拘无束，其散文对弗兰西斯·培根、莎士比亚等影响颇大；以《随笔集》（Essais）三卷留名后世，被视为写随笔的巨匠。——译注

当时，男人的着装从沿用多个世纪的长款袍服转向了较短的两件套，男人因此露出更多的腿部肌肤。[2]（图 0.1）

与这一风格变化同步的是，越来越多的插图显示，出现了更多样和更夸张的剪裁和装饰。对很多人来说，西方时尚是从 14 世纪开始的。[3] 但也有学者认为，时尚是从套袖剪裁技艺的发明以及通过服装重塑形体的实践开始的。[4] 还有学者认为时尚起源于中世纪晚期。他们的依据是，这一时期越来越多的服装和物件成为有社会地位的人衣柜中的必需品，服装的复杂性增加了。[5]（图 0.2）

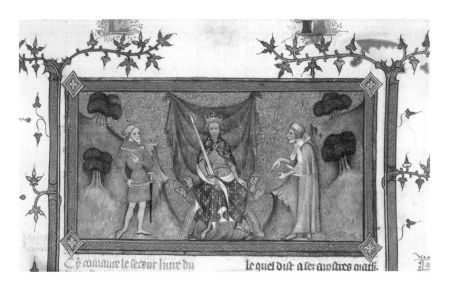

图 0.1　一个身着带蜂腰的新式短袍和尖头鞋的时尚骑士与身着长袍的神父在论辩，而国王也身着庄重的长袍进行裁判。源自《果园之梦》（Le Songe du Vergier），巴黎，约 1378 年。Royal 19 C IV，f.154. ©British Library.

图 0.2　在这幅佛兰芒挂毯（约 1440—1450 年）图案所呈现的侍臣身上，可以清楚地看到各种各样具有时尚感的剪裁、夸张的风格以及奢华的布料。The Metropolitan Museum of Art, New York.

当然，将欧洲古代王朝以及黑暗时代 [2] 看作时尚的反义词也是一个由来已久的传统。然而，与此相对立的是，一些考古学家毫不犹豫地使用"fashion"（或"mode"）这个词来描述中世纪早期珠宝风格肉眼可见的变化。[6] 曾有一种说法是日耳曼人大迁徙带来了裤装、紧身的束腰外衣剪裁和明艳色彩的新

<hr>

[2]　黑暗时代：18 世纪西方历史学家开始广泛使用的历史名词，现专指 6—11 世纪这段时间中世纪早期的欧洲历史。中世纪的欧洲，大部分古希腊、古罗马文化惨遭破坏，并逐渐被所谓"蛮族"文化取代，故中世纪曾被称作所谓的"黑暗时代"。但在那一历史时期，欧洲大部分国家经济缓慢增长，人口大体呈上升趋势，并发生过三次文艺复兴（8 世纪的加洛林文艺复兴、12 世纪文艺复兴和 14—16 世纪意大利文艺复兴），因此 19 世纪时学者开始谨慎使用这个词，现在"黑暗时代"一般指中世纪早期。——译注

时尚，但这样的说法被快速摒弃，让位于罗马服装延续论。[7]一些学者仔细地审视了加洛林王朝[3]和拜占庭帝国[4]，发现具有时尚系统典型特征的证据，诸如"炫耀性消费"、对外形的戏剧化使用，以及把玩个人风格和多种选择的兴趣。[8]尽管有人可能认为神职人员会由于对更抽象事物的投入而免于受时尚的影响，但实际上，他们在中世纪是一支强有力的经济力量，而且有证据清晰地表明他们是最为富丽也最为质朴的布料、鞋子和装饰品的主要消费者。有学者提出，他们站在中世纪潮流的前端。[9]早在12—13世纪，使用方言的诗人就开始用成百上千首诗歌描述服饰的风格、炫目的织物以及购物经验。[10]学者们透过时尚的视镜对14世纪以前的资料进行探索，又有了更多值得讨论的发现。

本书将从以上两个视角讨论"时尚"，将提出以下问题：人们如何着装？他们如何生产以及购买那些必要的或期望的个人装饰材料。书中章节也将探讨人们对于服装和消费的时尚性的态度。书中将探索创作和生产的中心，也将讲述其中一些地方的消失——因为文化和语言的变化，边界的重新划分，以及灾难或竞争所导致的商路的变迁。

---

[3] 加洛林王朝：法兰克王国王朝，8世纪中叶至10世纪统治法兰克王国。751年，宫相丕平三世推翻墨洛温王朝后建立加洛林王朝，因其家族惯用名字加洛林而得名。查理曼大帝（Charlemagne，约742—814年）在位时王朝最盛，法兰克王国遂称查理曼帝国（或加洛林帝国）。843年，依《凡尔登条约》帝国分裂为三部分，王统亦分作三支，其各支在10世纪相继倾覆。——译注

[4] 拜占庭帝国：395年，罗马帝国实行东西分治。476年，西罗马帝国灭亡，欧洲进入中世纪（476—1453年）。东罗马帝国又称拜占庭帝国，延续近千年，于1453年灭亡，其首都君士坦丁堡是在古希腊城邦拜占庭的基础上建立的，帝国因此得名。西方史学界将1453年君士坦丁堡失陷作为欧洲中世纪结束的标志。——译注

史料与学科

对研究中世纪的学者而言，要描述服装或关于消费的态度并不是特别容易——他们无法从持续发行的时尚杂志获取信息，从而观察到逐年的变化。书面资料都是用已经消失的语言完成的，并保留在那些通常是在作品完成后数十年甚至上百年后复制的书中。况且在其中或许还有各种可能存在的谬误。这些资料还必须能够在多个世纪的变迁中幸存至今（它们要经历诸如城镇的火灾、洪水这样的事，以及公共建筑被暴徒烧毁和暴乱等行为），而这往往有赖于机缘和典藏家们的保护。一些研究时尚的中世纪学者来自大学的语言和历史系。这些学者在阅读、分析、比较拉丁语和早期语言文本方面有深厚的底蕴。这些工作要求学者具备相当的语言学准备和智识上的想象力，这样才能阐明那个时期的变化、方言的差异以及语法系统的演进。关于服装的语汇通常是罕见的，只在现存的文本中凤毛麟角般出现，从而形成语词上的困境。在中世纪的千年中，拉丁语一直被用于法律和官方文书、公证记录、圣人的传记、诗歌、悼词和条约，而地方语言的文本，只是在特定时期以后才开始大量出现。如盎格鲁-撒克逊语和古高地德语的文本，涌现于7—9世纪。古法语、奥克西坦语、加泰罗尼亚语、卡斯蒂利亚语、中古高地德语、古挪威语是在12世纪；加利西亚-葡萄牙语和西西里语是在13世纪；中古英语和但丁的托斯坎那语是在14世纪。某些语言的研究较少，部分原因是师资的数量少（由于英语系在讲英语的世界中的突出地位，与古法语、荷兰语、德语、加泰罗尼亚语、卡斯蒂利亚语和意大利语相比，研究古英语和中古英语的专家要多得多）。此外，当今的国家边界与中世纪时期的未必一样。（当今的大学里没有西西里语或弗里西亚语的研究单位）语言学者、词典编纂者以及服装史学家，通常难以突破各自的语言学和国别的局限。

中世纪服装和珠宝的实际样本极其罕见。想来这并不奇怪：谁会将服饰保存一千年呢？教会作为跨越数世纪的幸存者，正是这样的保管者，但是它也在其保存的物品之上强加了特定的意识形态滤镜。幸存的服装通常是由教堂保存的遗迹或在墓葬中发现的部件，有时世俗服装被改造为教会所用的服装和礼服并作为财产被保留。墓葬中发现的物品可以代表亡者生命中的特定时刻，它们尤其反映了为亡者塑造这种最后表征的生者的情感。某些礼服被发现于垃圾堆中，这表明了服装被使用、再利用以及被丢弃的行为特征，但不一定能展示它们仍然是新服装时受到怎样的对待。发现并阐释这些事物是考古学家的工作，而这项工作自 19 世纪的建设项目为修建铁路、地铁和都市而打开墓葬开始演进。早期发现的物品都流散了，并被古董商售卖。学者们后来才逐渐意识到保护墓葬环境对确定墓葬时期和意义的重要性。（图 0.3）

近来的一些先进科技，例如高倍扫描（电子）显微镜、化学染料分析及 DNA 分析技术让我们对这些埋葬已久的物品有了新认识，比如，我们在如今看起来是棕色的纤维中发现了明艳染料的存在，从而更清楚地了解了死者的年龄、性别和健康状况。如今，即便织物留下的仅仅是在被腐蚀的胸针或皮带金属扣上的压痕，它们也可以用于学者研究纱线的加捻方向[5]进而得出一定的文化信息。

这与本系列著作的帝国时代篇和现代篇所呈现的情况大相径庭，但对于时

---

[5] 顺时针或逆时针方向。——译注

图 0.3　中世纪早期的皮带扣。其仅被认定为法兰克王国 [6] 的物件，约 675—725 年。对于博物馆里很多 19 世纪开掘出来的藏品，这种模糊的认定并不少见，因为那时对保护墓葬环境缺乏关注。这个皮带扣为铸铁镶银质地，配铜合金铆钉。The Metropolitan Museum of Art, New York.

尚的漫长历史而言，它们是值得考虑的信息，并且只有通过缓慢且耐心地聚集才能呈现有效的图景。考古学家必须从分散的拼图片段中拼接出关于社会习惯的理念。他们所接受的专业训练使他们十分审慎地对物品进行观察、描述、分类和提出假设。他们的活动时常受限于资金和开掘时间，必须在政府拨款和建造商的时间表限度内协调。某些特定历史时期由于更符合国家利益，因而得到重视——国家往往更愿意资助被看作本国"光辉的时期"的历史阶段的考古开掘工作。

---

[6]　法兰克王国: 日耳曼人法兰克族建立的早期国家。486 年，克洛维一世消灭西罗马帝国在北高卢的残余势力后建立墨洛温王朝。6 世纪下半叶始，王权式微，宫相执掌实权。751 年，宫相丕平三世篡位自立，建立加洛林王朝。800 年，查理曼加冕称帝，王国成为查理曼帝国。9 世纪初，帝国疆域西临大西，东至易北河和波希米亚，北达北海，南抵意大利中部。843 年，查理曼大帝的 3 个孙子订立《凡尔登条约》，分帝国为西、中、东三部分，奠定了后来的法兰西、德意志、意大利三国的雏形。帝国从此再未统一过，于 10 世纪倾覆。——译注

第三类历史资料是视觉图像。它要求研究者具备艺术史专业的知识。关于中世纪时尚史的一些最早的出版物就来自这一领域。例如，建筑师欧仁－埃马纽埃尔·维奥莱－勒－杜克（Eugène-Emmanuel Viollet-le-Duc）[7] 的作品或者典藏者朱尔斯·奎瑟拉特（Jules Quicherat）和卡米尔·恩拉特（Camille Enlart）的作品，他们试图保存数百年来受到忽视和损害的物品并确定它们的年代（从而确定其价值）。这些物品尤其在宗教战争和法国大革命中遭受损害。对那些可以确定时代的艺术影像如雕塑、壁画、书籍进行分析和分类，有助于确定建筑物和手稿出现的先后时间，尽管当具体时间需要重新考据或随后修改的时候，这种顺序又会被打乱。这是一个艰辛的过程。还有很多视觉影像没有确定时代，这又成为另一种问题。

手稿影像通常被保存得令人惊讶的完好，呈现出服装栩栩如生的色彩。但是这些书籍上的颜色是否一定真实地反映了服装的实际染色情况呢？尽管有的图画是用在典礼或宣誓仪式上的整版画，但也有很多图是很微小的。以图案装饰的首字母，其大小可以与邮票相当，而我们又能从邮票大小的图案的研究中推演出多少关于物质文化的信息呢？即便中等大小的手稿图像通常包含堪比今天漫画书中的细节的信息，它们也并不是作为设计师的草稿或样式书而存在的。大部分中世纪手稿都是宗教文本，用于展示古代的以色列和圣经语境——有时包含当代信息的更新，但有时它们又是着意仿古的。誊写和绘画工作通常是分开做的，因此，很多图像仅仅是在一个大概的程度上对伴随文本的

---

[7]　欧仁－埃马纽埃尔·维奥莱－勒－杜克（1814—1897 年）为法国建筑师与理论家、画家，法国哥特复兴建筑的中心人物，并启发了现代建筑。他最有名的成就是修复中世纪建筑。他的作品主要是修复和独立设计的建筑，很大程度上违背了当时盛行的美学建筑潮流，他的大部分设计主要是讽刺同时期人物。——译注

图解。有插图的书在加洛林文艺复兴时期相对较多，在中世纪晚期就更多了，但是在其他时期极为罕见。

中世纪时尚研究正在朝着跨学科这个健康的方向前进。对现存文本的初步编辑和现有图像的发现大多是在过去的数十年里完成的。考古工作以及在知识基础上进行的重建不断地呈现出新的发现。接下来的任务是将信息进行整合，通过比较分析获得新的洞见。本书所包含的论文涉及其中的部分工作，也指出了新的研究可能依循的方向。

中世纪：不同的年表

讨论时尚就是讨论时间。变化的风格展现了一个纪年的框架，而纪年是一种试图把握逝去时间的具有挑战性的尝试。要将风格组织在一个井然有序的序列中谈何容易。在任何文化中，一些人可能看重继承，而其他人可能注重创新。循环使用是中世纪的一种常态，今天的很多人也是这样；时尚的一部分就是感受新的事物，即便它只是相对地新，无论它是买来的二手物品还是获赠的一个礼物。这些暂且不提，时间和纪年是时尚的内在组成部分。中世纪的"千年"不是铁板一块，所以讨论一下不同的群体如何对它进行分期，对读者阅读本书的章节应有所帮助。

很多人将中世纪的起点定位于曾被称为"蛮族"入侵的大迁徙时期，这一时期改变了欧洲人口构成以及4—8世纪的罗马帝国。也有人将这一时期称为"古代晚期"，以此强调古罗马社会结构和拉丁语的延续性。

迁徙的日耳曼民族中有法兰克人，他们在今天的法国和德意志西北部建立了王国。在欧洲大陆的编年史中，中世纪早期就从墨洛温王朝 [8] 的建立及其转为基督信仰开始。克洛维一世 [9]，也就是法兰克民族的第一个基督教国王，于 496 年加冕。后来，随着加洛林王朝于 750 年左右开始掌权，这一时期让位于加洛林时期（图 0.3）。当加洛林王朝变得虚弱并逐渐分崩离析，而维京人 [10] 的入侵使得恐惧和破坏广泛扩散，中世纪早期终结于 10 世纪的某个时候。中世纪的盛期或中期通常是指从 11 世纪或 12 世纪到 13 世纪这一阶段。对法国而言，这是卡佩王朝 [11] 时期——从休·卡佩（Hugh Capet）在 987 年登位到腓力（Philip）的最后一个儿子 [12] 在 1328 年去世。这个时期，气候变暖、皇权扩张并集中、方言兴起、都市扩张、贸易增加、手工业尤其是服装和纺织行业职业化。大多数欧洲国家将 14—15 世纪看作中世纪晚期。这是一个服装和奢侈品生产的辉煌时代，但它也是一个满目疮痍的时期：波动的气候、寒冷以及饥荒；大约 1348—1350 年发生了瘟疫，此后瘟疫周期性出现，使很多民

[8] 墨洛温王朝是法兰克王国的第一个王朝，存在于 481—751 年，疆域相当于当代法国的大部分地区与德意志西部。——译注

[9] 克洛维一世（Clovis I；466—511 年），法兰克王国奠基人、墨洛温王朝国王。481 年，克洛维一世继任萨利安法兰克人部落酋长，486 消灭西罗马帝国在北高卢的残余势力，克洛维一世称王，496 年皈依基督教，507 年击败西哥特人，将高卢西南部并入法兰克王国。设宫廷于巴黎，编成《萨利克法典》。——译注

[10] 维京人：8—11 世纪一直侵扰欧洲沿海和不列颠岛屿的群体，足迹遍及从欧洲大陆至北极的广阔疆域，欧洲这一个时期被称为"维京时代"。维京人来自北欧的挪威、丹麦和瑞典，开始只是打劫西欧沿海的修道院，后逐渐对欧洲其他地区进行有组织的入侵。维京人也是出色的航海家，据说他们向西发现了冰岛和格陵兰岛，并最终到达北美；向东一度到达里海。维京人对欧洲历史尤其是英格兰和法兰西的历史进程产生过深远影响。——译注

[11] 卡佩王朝：西法兰克王国封建王朝（987—1328 年），因建立者休·卡佩得名。初时，王权较弱，大封建主割据，12 世纪起得到市民、中小封建主支持，兼并领地，加强王权；1302 年正式形成封建等级君主制。——译注

[12] 腓力的最后一个儿子，指卡佩王朝国王腓力四世的儿子查理四世（Charles IV），在他去世后，由他的堂弟腓力六世继位，开始了瓦罗亚王朝统治。

族的人口减半，意大利的一些城市人口甚至减少了大约 80%；法国、英国和勃艮第之间从 1337 年到 1453 年进行了一百多年的战争[13]。

英格兰的编年史通常是用语言学语汇来描述的。古罗马文化从英格兰的后撤，与在欧洲大陆相比，其影响更加深刻。在 5 世纪，来自撒克逊、盎格鲁、弗里西亚和日德兰半岛的民族被邀请保护不列颠人免受皮克特和苏格兰民族的入侵。盎格鲁 - 撒克逊[14]社会在 6 世纪出现，在 7 世纪转信基督教。盎格鲁 - 撒克逊时代中期，从 7 世纪中叶到 9 世纪，出现了麦西亚王国[15]的统治以及修道院和知识文化的传播。盎格鲁 - 撒克逊时代晚期一直延续到大约 1066 年发生的威廉的诺曼底征服[16]。诺曼人的新法律系统和法国口音使英格兰震惊。1200 年，一种新的、被称为"中古英语"的语言开始出现，它是 11—15 世纪的别称。

伊比利亚的古代晚期是西哥特人对西班牙全境进行统治的时期，从大约

---

[13]　这里指的是英法百年战争（1337—1453 年），因持续百余年而得名。战争的起因是英、法两国争夺富饶的佛兰德斯和英王在法国境内的领地。1453 年，战争以英国失败而告终，除加来港外，法国收复了英王在法国的全部领地。——译注

[14]　盎格鲁 - 撒克逊：5 世纪初罗马人撤离不列颠，随后日耳曼部落侵入，相继在不列颠建立七个王国，829 年建立统一的英格兰王国，结束七国时代。1066 年，诺曼底公爵威廉征服英格兰，建立诺曼底王朝，该时代终结。因入侵不列颠的两个最主要的日耳曼族群是盎格鲁和撒克逊，所以他们统称为盎格鲁 - 撒克逊人，英国的这一时期被称为盎格鲁 - 撒克逊时代（449—1066 年）。盎格鲁 - 撒克逊人对英语文化的影响很大，创造了最早形式的英语即古英语。——译注

[15]　麦西亚王国：七国时代，盎格鲁人在不列颠建立的王国之一，领土大致为现在英国的米德兰地区。奥法（Offa）在位期间，几乎完成对不列颠南部的统一，奠定了不列颠统一的基础。796 年，奥法与查理曼大帝缔结通商条约。——译注

[16]　诺曼底征服是发生于 1066 年的一场外族入侵英国的事件。是以诺曼底公爵威廉为首的法国封建主对英国的征服，伦敦城不战而降。威廉加冕为英国国王，即威廉一世。诺曼王朝（1066—1154 年）开始对英国的统治。残存的英国贵族顽强抵抗，均遭残酷镇压。1071 年，威廉一世巩固了统治，获得"征服者"的称号。诺曼王朝的统治标志着英国中世纪的开始。——译注

415 年到其被阿拉伯人战败的 711 年。在 720 年以前，倭玛亚王朝[17] 统治着除了北部的阿斯图里亚海岸的伊比利亚半岛全境，并创造了后来由法蒂玛王朝统治的安达鲁斯文明。而在基督教王朝重新占领时期（8—15 世纪），该半岛分为更小的政体，包括信奉基督教的卡斯蒂利亚、里昂、阿拉贡、葡萄牙、加利西亚，纳瓦拉和加泰罗尼亚地区的郡县，其间边界并不稳定（图 0.4）。而穆斯林、基督教徒和犹太教徒共享的莫扎拉比文化和语言于 8—15 世纪在南方的安达卢西亚、科尔多巴和格拉纳达地区盛行。

图 0.4 一个穷人、一个资助者和一个朝圣者在西班牙加泰罗尼亚地区的列伊达 Seu Vella（旧大教堂）的救济院吃晚餐。13 世纪晚期壁画。Photo: S.-G. Heller.

---

[17] 倭马亚王朝：阿拉伯帝国的第一个世袭制王朝。在伊斯兰教最初四位哈里发（哈里发指穆罕默德的继承人，也是伊斯兰教的领袖，最初四位被称为正统哈里发）执政结束后，由前叙利亚总督穆阿维叶（即后来的哈里发穆阿维叶一世）创建。统治时间自 661 年始，至 750 年终。——译注

图 0.5　兰戈巴迪 / 拜占庭式金耳环，6—7 世纪。The Metropolitan Museum of Art, New York.

意大利半岛在中世纪时期不是一个统一的政体。罗马帝国的中心于 4 世纪移到君士坦丁堡，加上哥特战争（535—554 年）带来的饥荒和损毁，还有拜占庭帝国对意大利的经济打压，意大利失去了帝国中心的地位。拉韦纳是西罗马帝国在 402—476 年的首都，但显然并不长久。伦巴底是一个日耳曼部落，于 568 年占领了意大利北部的大部分地区，774 年查理曼征服这片地区，而在中世纪的大段时间里，"伦巴底人"被用于指称意大利人。意大利中部许多地区由于各种各样的捐献尤其是 751 年的丕平献土 [18] 成为教皇属地，直到 19 世

[18]　"丕平献土"这一历史事件在欧洲具有重要影响。751 年，丕平三世在罗马教皇的支持下建立加洛林王朝。为酬谢教会相助，丕平两次出兵意大利。756 年，丕平把占领的意大利中部部分地区（包括罗马城周边地区）送给罗马教皇，史称"丕平献土"。它加强了国王与教会的联系，奠定了教皇国的基础。——译注

纪都处于教皇的直接统治之下。通过阿拉伯和诺曼雇佣军，拜占庭帝国对意大利东岸和南部进行时断时续的统治（图 0.5）。这些雇佣军最终背叛了拜占庭帝国，先后取得了对西西里、那不勒斯、阿马尔菲、卡拉布里亚和普利亚的统治权。

穆斯林在 9 世纪的统治给西西里王国（当时称为"雷尼奥"）带来了出类拔萃的官僚制度；而 11—12 世纪的诺曼统治则为其带来了古罗马风格的建筑和新的封建结构。来自法兰西的安茹家族在 13 世纪晚期到 14 世纪早期统治过雷尼奥一段时间，直到阿拉贡人兴起。在 12—13 世纪，意大利北部被忠于神圣罗马帝国 [19] 的圭尔夫派和忠于教皇的吉伯林派之间的斗争摧残。

与此相似，中世纪的日耳曼并非连续的统一政体或者领土。其历史不断地与意大利的历史交织。它还没有从神圣罗马帝国——一个由从欧洲中部到意大利北部的多个王国组成的多民族联盟——中浮现。这些王国包括波希米亚、巴伐利亚、勃艮第以及许多公国、侯国、自由邦。"神圣罗马帝国"一词直到 13 世纪才开始使用，而此前查理曼帝国的首都就位于亚琛 [20]，有效地在加洛林王朝时期将帝国统治权转移到日耳曼的土地上。843 年，《凡尔登条约》签订后，加洛林王朝东部地区逐渐成为德意志王国，它将法兰克人、巴伐利亚人和斯

---

[19]　神圣罗马帝国：欧洲的封建帝国。962 年，德意志萨克森王朝国王奥托一世在罗马城由教皇加冕称帝，为神圣罗马帝国之始。其统治者以罗马帝国和查理曼帝国的继承者自命。帝国疆域最大时包括德意志、捷克、意大利北部和中部、勃艮第、尼德兰、瑞士及奥地利等地。11—12 世纪，皇帝和教皇争夺主教续任权。13 世纪末，帝国分裂为许多独立的封建领地，皇权衰微，帝国逐渐走向衰落，1806 年被拿破仑一世推翻。——译注

[20]　亚琛：亚琛位于今德意志西部，靠近比利时与荷兰边境。查理曼称帝后定都于此。当地很好地保留了中世纪特色，亚琛大教堂被联合国教科文组织列为"世界文化遗产"。——译注

瓦比亚人统一于撒克逊人的领导下。在奥托王朝 [21] 时期（919—1024 年），有限的选举君主制建立起来并一直持续到 16 世纪——但没有法国所建立的中心化的权力和组织。奥托王朝带来了一次文化复兴，但由于它在兼并北部意大利的问题上出现与斯拉夫人和拜占庭人的军事危机，这次文化复兴的成功受到了限制（图 0.6）。11—12 世纪的续任权斗争使得世俗权威（尤其是亨利四世）与教皇对立——他们试图指定自己信任的主教和修道院院长，以此来控制城市和广阔的地区，而教皇认为自己具有一切任命权。这是一个关键性的冲突，它决定了政教分离将是随后多个世纪中权力斗争的主要线索。最终它在相当程度上强化了教皇的力量。（神圣罗马帝国王朝）霍亨斯陶芬王朝在 1138—1254 年主宰了日耳曼王国，从 11 世纪开始统治斯瓦比亚，在 1194—1268 年统治西西里王国。在中世纪晚期，出现了权力从中央向各个地区转移，以及朝波罗的海和斯拉夫土地扩张的情况。汉萨同盟 [22] 是一个在北海和波罗的海沿海地区具有共享的法律系统和军事防卫的贸易城镇的同盟，它的建立始于 1159 年吕贝克的重建。从 13 世纪开始，它出现在档案记录中，控制着欧洲北部的航运，直到 18 世纪。

斯堪的纳维亚 [23] 的中世纪编年史就是另外一回事了。在这个地区，铁器时代通常用来指称中世纪早期，包括公元前 5 世纪到公元 8 世纪（由于史料较为

---

[21]　神圣罗马帝国历史上第一个王朝，也称萨克森王朝。——译注

[22]　汉萨同盟是在德意志北部城市之间形成的商业、政治联盟，13 世纪逐渐形成，14 世纪达到兴盛，加盟城市最多达到 160 个，15 世纪转衰，1669 年解体。该同盟兴盛时曾垄断波罗的海地区贸易，并在西起伦敦、东至诺夫哥罗德的沿海地区建立商站，实力雄厚。——译注

[23]　斯堪的纳维亚：指斯堪的纳维亚半岛，位于欧洲西北角，濒临波罗的海、挪威海及北欧巴伦支海，与俄罗斯和芬兰北部接壤，北至芬兰。——译注

图 0.6　显示基督从奥托皇帝手中接过马格德堡大教堂的象牙板，可能于 962—968 年在米兰制造。The Metropolitan Museum of Art, New York.

模糊，甚至比这更晚）。维京时代是指大约 793—1066 年这一时期，其被进一步细分为 9—10 世纪的定居期以及 10 世纪的基督教化时期。它还被分为两个不同的艺术风格时期，12—15 世纪通常被称为中世纪，1397—1523 年被称为卡尔玛联盟时期，当时丹麦、瑞典（那时还包含芬兰 [24]）和挪威及其附属（冰岛、格陵兰和法罗群岛）结成联盟，其部分目的是阻挡汉萨同盟势力向波罗的海扩张。在本书第二章和第七章中，我们将看到冰岛有自己独一无二的编年史。

---

[24]　历史上，芬兰曾被瑞典、俄罗斯统治。1249 年，瑞典十字军占领芬兰，自此芬兰处于瑞典控制之下 500 多年，深受瑞典影响。俄罗斯帝国崛起后，与瑞典争夺对芬兰的控制权，于 1808 年打败瑞典。1917 年俄罗斯帝国灭亡，芬兰趁机宣布独立。——译注

简单地说，"中世纪时尚"涵括欧洲许多时期和地方，而任何简单的一般化概括都存在问题。除此之外，还有一些被孤立的、原始的以及十分令人绝望的时期和地方。编年的概况显示了文化是如何发展的，就丰富的织物、装饰和服装而言，它达到了令人惊诧的精密程度。但是，很多时候也发生了灾难性的倒退以及耗散资源的战争。中世纪时尚不应该被想象为一个不间断的创新和消费的故事。但是创新和消费的确是人们的愿望和关切之处，即便是在最为孤立的地区，人们在外表上也有大量的投入。那时的织物比今天市场上看到的绝大多数都精美。那时盛行艳丽的颜色，染色需要仔细控制的化学反应和来自远方的化学品。商人们冒着巨大风险把富丽堂皇的织物带到市场，工匠们则为他们产品的质量和声誉而不懈努力。综上所述，研究中世纪的学者们必须是特定方法、学科和语言的专家，这一点也反映在随后的章节中。有的章节将不同的时期和国度联系起来讨论，例如第二章、第三章、第八章和第九章。其他章节则主要是个案研究，例如第七章，它审视了欧洲北部边缘地带和大西洋殖民地区的文化身份是如何通过布料、服装和装饰来表达的。第四章呈现了在《创世记》（3：21）中上帝所创造的"皮肉之衫"以及这一费解的理念是如何被阐释并当作道德指导的。第五章揭示了中世纪的性观念是如何在服装中得到表现和阐释的，而不是追溯男人和女人的服装史。第六章审视了服装如何传达社会地位，消费限制法和着装规范怎样在中世纪晚期视觉区隔削弱背景下的焦虑中诞生。对性别、身份、民族、纺织、文学和影像感兴趣的读者会在每一个章节中看到相关的讨论。第一章、第四章将重点放在英国，第五章将重点放在法国，第七章的重点是斯堪的纳维亚。但是在这些具体的、不同的讨论背后的共同理念指向了在思想、观念、实践以及深层关注上的共性，而不是抗争和离经叛道。

中世纪物质文化是一个活跃的研究领域。它的活力来自近几十年来在分析工具上的改进和考古学上持续不断的发现。它也得益于互联网技术所带来的更多更好的图书馆资源和档案资料渠道，以及女性主义和后马克思主义学术给研究日常生活的问题带来的合法性——这些问题曾经被排斥在历史学研究之外。关于这一时期，仍然还有很多值得研究的，而在其中还隐藏着现代时尚系统的根源。

目　录

第一章　纺织品

托弗·英格尔哈特·马蒂亚森

引　言

　　中世纪西方社会的贫富两极以及中间各个层级在纺织品制成的服装及其装饰的环境中有所体现。纺织品是中世纪生活不可缺少且随处可见的组成部分，从奢侈的、装饰性的到功能性的，从加冕的袍服和主教的法衣到清洁用的毛巾。在中世纪晚期变得越发时尚的、繁复的床就需要高质量的床垫、床单、枕套、被子和床罩以及装饰性的、防风的床幔围绕四周且覆盖其上。桌布和毛巾都是世俗家庭和教堂祭坛常用的物品，而这两种环境都需要坐垫、椅套及窗帘——用于隔断在本质上来说具有公共性的中世纪生活，给人们提供一点隐私。所有这些软装都是宝贵的财产，经由它们的主人或者它们曾经所属教堂的遗嘱或清单得以传承。中世纪的人们在旅游时还会用到帐篷、覆盖马车或包裹物品的布，而这些布都是用绳子或布条捆绑的。另外，船舶的旗和帆也都是用布制成的。

人们穿的大多数服装都用纺织品制成，再以皮革、毛皮和金属制品为辅料。服装是性别、地位和生活角色的标志性特征，它所使用的原料材质、布料的数量、染制的花色以及加工的繁复都汇聚成穿着者的地位和职业的标志。教会服装包括修道士和修女的未经染色的粗糙袍子，神父、主教、大主教和教皇的弥撒法衣。最精致的法衣用昂贵的绸缎制成，镶满了珍珠和宝石，再用黄金或白银刺绣装饰。富有的阶层以及皇室可能会为某个季节以及特别场合定制新的着装，而且是用最精美的本地或进口布料和颜色最时尚的毛皮，他们的马匹也会披着毯子，毯子上饰有马匹贵族主人的族徽。很多穷人则可能从来不曾拥有一件新材质的服装，他们的衣服可能是用旧的布料拼凑而成或者是其他人穿过的旧衣服。在中世纪早期，在农村地区有可能一直持续到中世纪结束，家庭自制的纺织品最为常见。而随着城镇的发展，专业化生产的服装和装饰品变得很容易买到，无论是新的还是二手的。

纺织品不仅是功能性的，还可以具有装饰和教化的作用。有绘画、刺绣或编织图案的纺织品可以描绘基督（耶稣）生平或圣母玛利亚生平的场景、圣人的形象或者具有激励性的世俗故事。它们也可以带有象征符号，例如十字架、圣詹姆斯的贝壳、一个家族的标徽或两个联姻家族的徽章组合。这样的装饰性纺织品可以在教堂和世俗住所的壁挂中看到。大圆衣、无袖法衣、圣带和血带有时也用具有教化性的刺绣图像作为装饰（图1.1）。赠送给教堂的纺织品上的徽记形象可能代表捐赠者，也可以作为恰当的世俗空间的室内装饰。

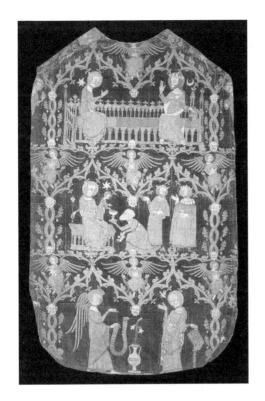

图 1.1　闻名遐迩的带英格兰刺绣的无袖法衣（opus anglicanum），天鹅绒上有刺绣并嵌着珍珠，大约1330—1350年制作于大不列颠。The Metropolitan Museum of Art, New York.

中世纪的纺织业必须是具有生产力的，这样才能不仅满足替代性消费，而且满足时尚和上层阶级的攀比性的着装，以及满足需要凭借其服饰和居家装饰展示地位的官员的需求。大量的商人和纺织工匠也被雇用来为特别的场合从事数月的劳作：为皇室新娘准备服装和饰品，为加冕仪式准备礼服、帷幔和地毯，或者在更紧迫的情况下，为大人物的葬礼准备棺罩和赠予雇来的贫穷悼亡者的衣服，以及为亡者亲友缝制衣服。

为了满足这样的需求，中世纪时期的纺织生产越来越商业化、机械化、规范化和国际化。

原材料和生产

纺织品的生产从提取植物或动物纤维开始，是中世纪人们的主要财富来源之一，其很多的生产阶段都是劳动密集型，因此无论是地主、商人、苦力或男女工匠都在某种程度上参与其中。这些涉及羊毛和亚麻的工序在中世纪的各国都有进行，至少是为了满足本地需求，而原材料或者生产的质量尤其是纺织和染色水平则决定了哪些地区才能从国际贸易中获利。棉花尽管在地中海地区有所种植，但中世纪早期其并没有在欧洲北部得到利用，在那里首先只是作为生棉花用于制作填充式的两件套，这种两件套在当时成为时尚的男士服装。在中世纪后期，它越来越多地被用作纺线。而中世纪丝的生产，包括丝线和丝绸，几乎都在欧洲境外，丝是当时奢侈品市场的一种昂贵的进口货。[1]

在整个中世纪时期，纺织品的主要原材料是家畜（绵羊和山羊）的毛发以及从亚麻、大麻抽取的纤维，尽管关于后者的现存证据相对较少（图1.2）。

图1.2 《圣经·旧约》全书前六卷中描绘的绵羊和山羊，11世纪下半叶编撰于坎特伯雷的圣奥古斯丁修道院。Cotton Claudius B iv,fol.22v. ©British Library.

与今天高度发展的品种相比，中世纪的绵羊体形较小，有更多的硬毛和相对较少的软毛。绵羊业是中世纪经济的一个关键组成部分。它的肉、奶和奶酪可以作为食物，羊角可以制成刀柄或油灯和窗户的半透明把手，羊皮可以做羊皮纸，羊的所有毛发都可用于御寒，被剪下或拔下的羊毛可以纺线。原始的绵羊会自然地褪毛，用于纺织的许多羊毛很有可能是被捋或者被拔下来的（"薅"），这样一种天然的获取羊毛的方法会让羊毛在织成布后不那么扎人，比剪下的羊毛少了许多修剪时留下的尖端。羊毛含有羊毛脂，这是一种天然的防水的油脂，羊毛的现代处理包含洗去羊毛脂的工序，但在中世纪，这样的防水特性是羊毛受欢迎的一个主要原因。精纺羊毛不会经过洗涤去脂的工序，但粗纺羊毛会被洗涤，随后人工地加入油脂。[2] 由于洗涤呢绒会减少羊毛脂这一保护成分或降低用昂贵方法获得的羊绒的表面质感，羊毛织物通常不会水洗，而是（就像丝绸一样）用干洗的方法清洁。不同的污渍会用不同的物质来进行清洁。15 世纪和 16 世纪的德意志拥有清洁机油、尿液、酒和墨水的清洁剂秘方。[3]

原始绵羊有各种各样的毛色，从白色、灰色到深浅不一的褐色、棕色和黑色。穷人或者那些出于宗教原因试图通过服装展示简朴作风的人们往往会用未经染色的材料制作服装和装饰品，但这并不意味着这些人所用的纺织品一定是单色的：在纺线的阶段按色彩选择羊毛意味着可以用不同色彩的羊毛来生产有条纹的或有格子的呢绒；在编织阶段选用不同色调的纱线混合，可以产生杂色的效果。从中世纪最早期开始，羊毛就是一种对乡下人来说一年四季都可以获得的材料，一种多用途的实用材料。长的精梳过的羊毛可以被织成硬的、有光泽的毛线，在中世纪早期（5—7 世纪）墓葬中的金属制品（主要是女性的服装饰品）的金属氧化物中已经发现这样的线。后来，纺轮和繁复的精加工技术的引入（见后文）使得利用更短、更软的纤维成为可能，羊毛纺织品的种类因而得以发展。尽管现代意义上的绵羊品种直到 18 世纪才出现，但选种以及不同区域的绵羊杂交——有时是人类迁移的结果——早在 15 世纪末以前就确保了具有不同毛色和质地的不同绵羊类型。不同重量和质地的羊毛纤维都被商业化生产，丰富的布料种类加上不同的染色工艺所增加的价值，意味着在中世纪晚期，人们在呢绒上有着广泛的选择，可以满足不同的目的以及不同的价格需求。羊毛被用于制作服装、装饰品和船帆。不列颠，特别是英格兰，是羊毛贸易的前沿地区，并在 13—14 世纪达到顶峰，出口大量羊毛到弗兰德进行纺织加工，也卖给意大利的商人。⁴ 柔软的西班牙美利奴羊毛贸易从 12 世纪开始发展，其被大量出口到英格兰和弗兰德加工。

山羊在生物意义上与绵羊相似，但在中世纪其经济意义受到的关注相对较少，纺织品中山羊毛纤维的考古证据也较少。但是，众所周知它们很早就被驯化，而且提供了绵羊所能提供的所有食物和物料。它们细腻的毛发可能是与羊毛相当的奢侈品：博尼费斯（Boniface）——盎格鲁 - 撒克逊派到弗里西亚和撒克逊的一位 8 世纪使节在信中就记录道，他将山羊毛制成的床单和用丝、山羊毛制成的罩袍寄到英格兰作为礼物。⁵ 如今完好保存在诺福克郡（Norfolk）[1] 的提特尔斯霍尔、沃里克郡的瓦斯珀顿 [2] 的女式方头胸针声名远播，胸针上的灰色斜纹织物片段表明山羊的柔软绒毛曾被用于制作与今天羊绒相似的纺织品。提特尔斯霍尔的服饰，根据它的胸针能追溯到 6 世纪中叶，看上去尤为奢侈，因为它还有一个毛皮领或披肩（图 1.3）。⁶

---

[1] 英国东部郡名，历史上是古代英格兰东安格利亚王国的重要组成部分。——译注
[2] 英国沃里克郡的一个乡村和地方行政区。——译注

图1.3　提特尔斯霍尔（Tittleshall）13号墓发现的披着类似羊绒材质斗篷的提特尔斯霍尔女人像（左），她还穿戴着亚麻头巾和亚麻内搭。安东尼·巴顿绘制。©The Anglo-Saxon Laboratory. The authors are grateful to Penelope Walton Rogers for supplying this llustration.

　　早在史前时期，亚麻就被引入欧洲的西北部，而且在一些地区，它的培植方法直到20世纪早期都几乎没有发生变化。[7]亚麻的种植是艰辛而费力的，它从早春时准备农田开始，在最后一场霜降后播种，并一直需要除草，直到三四个月后收获。亚麻这种植物生长得很快，可以长到100~145厘米。在收获时节，其茎秆用手采摘，通过梳理或者击打去掉其种子，随后将亚麻茎秆沤至疏松以便纤维从外皮松脱。这个过程中，亚麻的茎秆被浸泡在水中大约三周，人们通常把茎秆放在潮湿的田野或者河流中，也有一些亚麻生产者专门挖了池塘或利用现成的池塘，从而避免了这一工序对当地河流的污染。随后亚麻的茎秆被挂起来晾干，然后人们用锤子敲打茎秆，以脱去木质的部分，再用一个沉重的刀形工具取出内部的纤维 [3]。梳理这些纤维以去掉最后的木质残余。经过这样的工序后得到的洁净的纤维将被缠绕在纺纱杆上，以备纺纱。在纺车引入之前，亚麻纺纱的过程与羊毛一样，使用下降式纺锤，亚麻布的纺织也在纺织羊毛织物的同一种纺机上进行。亚麻可以染色，但人们通常都不染色，保留其漂白后的乳白色。亚麻很耐洗，而洗衣几乎完全是女性的任务。在拥有公共设施的城镇或在河边的洗衣场所洗衣是一个社会性、群体性的行为。亚麻布被浸在水中涂抹肥皂；肥皂用动物脂肪和一种碱性的液体制成。然后亚麻布被搓洗和敲打。[8] 晾干后，亚麻布可以漂白并用滚烫的石头或玻璃球熨平。尽管亚麻可以用于制作外衣，但由于它耐洗，因此尤其适合用于制作内衣，如此一来，人们就可以时常穿着清洁的贴身衣物。有钱的人往往拥有更多的内衣，也更能够承担洗衣费用，因此比那些只有少量衣服因而不能时常清洗它们的穷人看上去光鲜亮丽。亚麻可洗的属性使它适于在常有污渍的场合作为桌布、毛巾或床上用品。按照法令，教堂必须保持祭坛的亚麻织物干净，但懒惰的神父和贫穷的教区并不总是符合这样的标准。[9]

棉花也是一种植物纤维。它从棉属灌木保护种子的棉铃——一种小型的蒴果中得来。棉花的处理工艺包括去除棉籽并在纺纱前进行清洁。在古代美洲、埃及、印度和巴基斯坦部分地区，棉花就用于纺织。它引入欧洲则是在中世纪较晚时期，在伊斯兰教的影响下。有可能早期棉花是作为生棉使用，用于制作纺织品盔甲的垫层，例如留存至今的黑太子的盔甲衣。[10] 12 世纪，意大利开始了棉花贸易，使用的是地中海周围各国种植和加工的棉花[11]。但棉布成

---

[3] 这一过程称为打麻。——译注

规模地进入欧洲北部和西部的过程还没有定论。人们最为熟悉的是将棉花用于各种混纺织品（也可能因而将棉花误认为他物），例如纬起绒布（fustian），在这一时期它就是用棉质的纬纱和亚麻的经纱织成，当然另外还有用丝质经纱和棉质纬纱织成的丝棉制品。[12]

中世纪当之无愧的奢侈面料是丝绸。它闪闪发光、细腻柔滑，而且美丽夺目，对早期中世纪欧洲而言是一种神秘织物。早在 5 000 多年以前中国就发明了养蚕技术。直到大约欧洲中世纪时期，最迟在 7 世纪才传到了中亚地区。尽管古罗马人和拜占庭人生产丝绸制品，但他们的原材料是进口的。养蚕业是在伊斯兰征服西班牙、意大利南部西西里和塞浦路斯时才传到欧洲；10 世纪时，在这些地区养蚕业就已建立起来。[13] 丝绸产业于 11 世纪就在意大利兴起，到 13 世纪已经发展成为一个庞大的奢侈品贸易体，其中不同的城邦各有所长，卢卡就是高档丝绸的最主要出口地。

丝线是从蚕茧中抽取的。要获得蚕茧，就必须从收集蚕卵开始。蚕卵有大约 10 个月的休眠期，再经 12 天左右的孵化，蚕被孵化出来。它们会持续进食，最喜欢的食物是桑叶。蚕喜欢清洁、安静，具有稳定温度和湿度的环境。经过 25 天共 4 次蜕化后，蚕就开始织茧了，茧由蚕的唾液腺分泌物构成。一个蚕茧所含的丝线可以长达 900 米。大约 20 天后蚕蛾将破茧而出，但这会导致丝的质量下降。为求得最好的质量，蚕茧会被浸泡在热水中，热水会让蚕蛹直接在茧内死亡，并软化蚕茧上的天然胶质物，随后丝线就可以从蚕茧上被连续地抽出。在缫丝后，蚕丝不必经过纺丝的工序，只有破了的蚕茧或未经驯化的蚕所产出的"野丝"或者重复使用的丝才需要经过纺丝的程序。与未经纺丝的天然丝相比，后面提到的这些产品显得较为黯淡，也不那么均匀。[14]

在阿尔卑斯山以北，丝绸衣服最早是在 6 世纪早期作为世俗服装出现的。较早的例子是在巴伐利亚下哈兴（Unterhaching）[4] 的两个女性墓葬中发现的丝织物，有可能是来自地中海地区的私人或外交礼物。这些女性有可能是将它用作头纱，在这些丝织物上有突出的金质条纹。这些女性属于富有的阶层，与这一地区的其他居民有着较大差异。在这个时期，丝绸是罕见且外来的，按照拜占庭法律，它的使用被限制在上层人士。[15] 但是到了维京时代，丝绸贸易就比较普遍了。在都柏林、约克和林肯的斯堪的纳维亚人用进口的丝制成与他们的羊毛帽子相似样式的帽子，都柏林人也用丝做成发带。[16] 中世纪基督教教会偏爱鲜艳的、五颜六色的丝绸做的柔软的装饰物和服装，有时会把它们再利用作为重要圣徒和皇家墓葬的床上用品和包裹织物。例如，在近来于意大利比萨开掘的神圣罗马帝国皇帝亨利七世的墓里就有一块丝绸，它长 3 米、宽 1.2 米，由红色、蓝色的色带交替构成。其中蓝色色带绣有黄金和白银质地的相向或相背的狮子，红色色带则有一个性质尚不明确的单色装饰物。在这块丝绸的顶端，有一个镶有黄边的深红色带，上面有文字的痕迹，但内容的解密仍未完成。[17] 墓葬中的丝绸的发现有助于我们理解今天西欧的许多从中世纪留存下来的波斯、拜占庭和伊斯兰的丝绸。[18]

生产工艺

纺织品的生产工艺从获取纤维到织成连续并且质地适合编织的线开始。纺

---

[4] 下哈兴：德意志巴伐利亚慕尼黑区的第二大自治区。——译注

线是第一步，也是最为耗费劳力的，在整个中世纪都是女性的任务。实验表明，生产一定重量的纱线所耗费的时间与织一定长度的布所耗费的时间相比，至少是5:1（这是在纺车发明以前）。[19] 纺纱因此应该是一种中世纪家家户户无休止的劳动，但是这种劳动也是可以被中断并且可以与其他家务劳动并行的工作。

在12世纪引入纺车以前，所有的纺线都是用下降式纺锤进行的。所有纤维的基本工艺都是一样的，尽管亚麻纤维比羊毛长，因此需要更长的卷线杆，而亚麻纤维在纺纱过程中需要持续地润湿——通常是用纺线者的唾液。

纺锤是必要的工具。最简单的纺锤就是一根木杆，顶端刻有一个凹槽或有一个钩子，需要纺的纤维就附着在上面。通过转动棍子，纤维就发生扭曲，源源不断地连接成新的长度。一个陀螺——也就是中间有孔的一个大球——被插在木杆上作为纺轮，而这个木杆和陀螺的组合就被称为一个下降式纺锤。人们先用手从卷线杆上抽出一段纤维，缠在纺锤顶端，接着用手指转动纺锤，同时不断地从手中释放纤维，纤维被扭曲牵伸和延长。纺轮的旋转使得木杆也不停旋转，直到纺出的线的长度足够使纺锤触碰地面，这时，纺好的线就可以缠绕在纺锤上以免其脱落，然后前面的过程可以继续。留存到今天的中世纪的纺锤绝无仅有，这是因为纺锤通常由木头做成，因此容易腐烂，但纺锤上的纺轮常在考古工作中发现。卷线杆作为承载纺线的原材料的工具，使得这一套工具十分便于携带。出于同样的原因，卷线杆和纺锤一样，在考古史料中较少看到，但它们经常出现在视觉图像中。（图1.4）

各种形式的中世纪艺术都有许多描绘女性边纺线边走路或做其他事情的画面，而这一主题，在圣经、史书、罗曼史和喜剧故事乃至日历和祈祷时令书的插图中普遍存在。其中包括圣玛格丽特一边纺线一边看守绵羊（图1.5），以

图 1.4 11 世纪 下 半 叶，
旧约全书前六卷中的纺
纱场景。这个纺纱工没
有 使用 卷 线 杆。Cotton
Claudius B ⅳ , fol. 28r.
©British Library.

图 1.5 1310—1320 年，玛格丽特在纺纱，绵羊在她身边吃食，奥里布里乌斯骑马向
她走来。Royal 2 B Ⅶ, fol. 307v. ©British Library.

及夏娃在"堕落"后纺纱。纺轮是纺织工序的一个重要标志，在早期中世纪的考古现场十分常见，但是在一些 10 世纪城市的考古遗址中更为密集地出现，这在一定程度上表明，在这一工序机械化之前，纺织业相关商业活动已经有所发展。

纺车发明于亚洲，大约在 12 世纪到达欧洲，有可能是经由穆斯林的棉产业——当时穆斯林将他们的产品出口到意大利。纺车大约在 13 世纪晚期传到弗兰德，大约在 1330 年到达英格兰。[20] 尽管大的固定的纺轮替代了纺线者用手指转动纺锤的工作，纺织工人仍然需要从卷线杆上引线以及用手捻线，因此这一工序并不是完全机械化的。（图 1.6）纺车加快了纺线的工序，它可以被用于纺织亚麻、棉花或羊毛纤维，但它并没有完全取代下降式纺锤。最精细的呢绒所用的经纱在整个中世纪都是用下降式纺锤纺成的。

手转的或者是纺车轮转的织线法都可以按照要求生产出不同尺寸的纱线，

图 1.6　13 世纪后 25 年或 14 世纪前 25 年，页面上细致描述一男一女站在纺车旁的场景。
Royal 10 E Ⅳ, fol. 147v. ©British Library.

较重的纺轮会纺出更粗的纱线，而轻一点的纺轮会纺出较细的纱线；[21] 也都可以把线制成顺时针或者逆时针的捻线。在欧洲北部，羊毛线和亚麻线更多是按顺时针方向织成（尽管逆时针对亚麻纤维而言是更自然的方向）。有时，捻线方向的变化——通常表现为顺时针方向的经纱，逆时针方向的纬纱——是故意而为，是为了在单色织物中产生色彩或图案的错觉。丝通常是不需要纺成纱线的，它要么是以原本的状态进口到欧洲的北部或西部，要么是有一种特定的捻法，比如用于刺绣的线或者用于制作条带或花边的线，当然也有完整的丝绸成品。棉也可以以线、织物和呢绒的形态被进口到欧洲。

织布是指将经纱和纬纱交织在一起生产具有一定长度的纺织品，而织机的样式在中世纪经历了相当大的变化。英格兰和斯堪的纳维亚地区在中世纪早期主要是用经纱配重织机，它之所以如此得名，是因为经纱是被织机顶端的水平布轴抬升，同时被其下方的石头或陶瓷配重绷紧。布轴可以转动，使已经织完的布匹可以缠绕其上，从而织出的布匹的长度可以超过织机的高度。纺织从上往下进行。纺织者需要站在织机的前面，先加入纬纱，用打纬板把它向上推，再通过水平的木杆提综改变梭口。考古发现的配重以及其他工具(例如打纬板)证明了这种织机曾经存在。经纱配重织机的一个优势是它可以靠墙而立，因此可以被轻易地架起或拆装。

而立式双梁织机就要求有固定的上下梁，经纱被固定在位于织机上方和下方的两个梁上。与前面的配重织机一样，纺织者站在织机的前面，但这时织布的过程是从下往上。布匹的长度被织机的高度限制，如果加装额外的绳或者杆，那么布匹的长度可以有所增加。由于这种双梁织机的每一个部分都是木质的，所以几乎没有留下任何考古痕迹。它有可能在不列颠的部分地区被使用

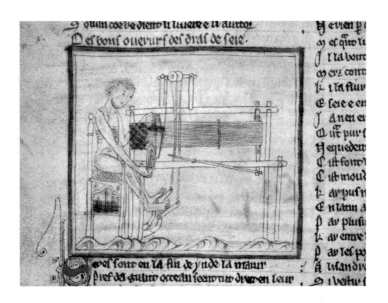

图1.7 操作水平织机的男子。MS Cambridge, Trinity College 0.9.34 fol. 32v (thirteenth century). By kind permission of the Master and Fellows of Trinity College.

过——尤其是那些完全没有织机配重史料记录的地区;它也曾在中世纪早期遍布欧洲大陆。

水平脚踏织机出现于11世纪晚期,是中世纪时期一个重大的发明(图1.7)。这一机械化的织机有两个夹布棍,这两个夹布棍水平地位于纺织者的面前,经纱固定在远处的夹布棍上,而织完的布匹则缠绕在较近的夹布棍上,因此可以比前面所说的立式织机织出更长的布匹。纺织者采取坐姿,手脚并用,比使用立式织机要快得多。提综的工作是通过由滑轮跟脚踏板连在一起的杆轴完成的。贝叶挂毯 [5] 所用的亚麻布基生产于11世纪70年代或11世纪80年代,

---

[5] 创作于11世纪的贝叶挂毯可能是世界上最长的连环画,记录了黑斯廷战役,具有很高的历史价值,原长70米、宽0.5米。这幅作品不是用颜料和画笔绘成的,而是以亚麻布为底的绒线刺绣品,由若干块布料拼接而成,绣成70多个场面。该挂毯饱受战争之苦,多次辗转于英、法国,最后,拿破仑将它送到法国大教堂。挂毯现藏于法国诺曼底大区巴约市博物馆。——译注

基本可以确定其就是用水平织机生产的，这是在这种织机出现的第一个世纪。贝叶挂毯是现存最大的中世纪纺织品，不完整长达 68 米，由 9 个部分组成，其中最长的部分有 13.9 米。水平织机所织布匹的宽度上限最初就是纺织者的臂长，而 0.5 米宽的贝叶挂毯可能是由原本 1 米宽的布料对半裁剪后组成的。

水平脚踏织机的一个重要发展是在 13 世纪时宽织机的引入。在宽织机上，两个纺织者可以并排操作，这使得织出 4 米宽的布匹成为可能。[22] 用这种织机织成的呢绒被相应地称为"宽料"，而由单个纺织者织成的呢绒则被称为"窄料"。

亚麻，尽管也可以用斜纹纺织，但是通常是用平纹织的。它可以被织成各种质地织物，从疏松的几乎半透明的布料如用于头纱的材质，一直到更加致密的材质。贝叶挂毯所用的亚麻线数为平均每平方厘米 22 经纱、18 纬纱，这为厚重的羊毛刺绣提供了一个相当扎实、细密的基础。被认为是法国路易九世国王的遗物之一的一件衬衫为每平方厘米 28×28 支线。用蒂娜·安德琳(Tina Anderlini) 的话来说，这件衬衫可能是一件"汉斯布（cloth of Rheims）"的代表，这种布在中世纪时期被认为极为宝贵，[23] 时常出现在诗歌和账簿或遗嘱等档案文本中。[24] 已知的最细腻的中世纪亚麻布料是每平方厘米 50 支线，它是用来包裹英格兰理查德一世国王死后的心脏的那块布，国王死于 1199 年 4 月。[25]

绵羊毛可以平织也可以斜织。在中世纪早期，采用最精湛技艺织就且具有装饰性的纺织品都是斜织，其呈现出钻石形或者菱形的图案。到了 13 世纪，这样的布料用精纺羊毛用下降式纺锤织成，在英格兰被称为"Worsteds"的精纺羊毛以诺福克的沃斯特德村的名字命名，该村是这种毛料的生产地区之一。在 13—14 世纪，技术的发展变化和精加工工序的发展使得呢绒生产成为可能。在纺纱前用板梳梳理羊毛，生产者们就可以利用更加柔软、更为卷曲的短纤维羊毛了，经过这道工序后，再用纺车加工这些纤维。呢绒在水平织机上用精梳的经纱以及板梳和纺车纺的纬纱织成，因而兼具前者的强度和后者的蓬松度。接着蒸洗织成的呢绒，使它们缩水和软化，然后通过拉伸使其尺寸固定，再用尖齿梳提绒，最后剪平，使其表面平滑。呢绒面料有坠感，也很柔软，它们比精纺羊毛制品更昂贵，还有多种质地。

幅面较窄的织品，例如丝带、条带和绳索，则是用各种方法制成的，例如在小型的盒式织机上编织、在小巧的方形板上编织或在手上缠绕编织。腰带、紧固点以及服装、钱包或装饰品的具有强度和装饰性的镶边等都不用大型织机来制作，而是分别用这些方法织成的。

染色可以在纺织品生产过程的不同阶段进行。从羊毛到毛呢都可以染色。植物染料可以单独使用或者组合运用，尤其是菘蓝，它用于制作蓝色染料靛蓝，茜草用于制作红色染料，蓬子菜用于制作红色染料，木樨草和金雀花 [6] 用于制作黄色染料。苔藓和树皮也可以用于染色。中世纪时期最昂贵的染料就是产生红色的胭脂。胭脂是从一种昆虫（胭脂虫）的卵中提取的，昆虫的名字"grain（颗粒）"来自这种虫卵脱水的样子。[26] 胭脂从地中海地区进口到欧洲北部。当时最精美的呢绒被称为"scarlet（鲜红色）"（尽管它们并不总是红色，但在其生产过程中都用到了胭脂）。其他被进口到欧洲的昂贵染料包括藏红花（黄色）、提尔亚紫，后者是从贝壳中提取的。

---

[6]　金雀花：一种灌木，金雀花的花朵能用于生产染料，这种染料可产生各种浅黄色、淡绿色、橄榄绿等——译注。

大约从 6 世纪开始，十分富有的人开始穿着饰有贵金属的服装。最初，这些饰品包括织进条带中的薄金条。大约在 8 世纪，人们开始将金丝缠绕在纤维（丝绸或动物的尾毛）芯上面制成刺绣。到 11 世纪，人们也开始使用银制的线。再往后，镀金的金箔包裹在亚麻或棉花芯上，提供了一种相对廉价的替代品。金线原本用于女士的发带和服装镶边，后来被用在称为"英格兰货"的富丽的针织品中（图 1.1）。[27] 它是英格兰的一种特产，尽管相似的产品也在欧洲其他国家生产。英格兰货的生产在 12—13 世纪到达顶峰，它被用于制作最为富丽堂皇的宗教法衣和皇室服装。

金线织物和银线织物的生产是通过将金质或银质的纬纱用凸织法加入丝织品或经纱是亚麻、纬纱是丝绸的半丝织品中织成的。金线织物最初从拜占庭进口到欧洲，到 13 世纪已经在西班牙和意大利生产。当时它们有着带异国风情的名字，例如宝大锦（baudekin）和拉卡玛（racamaz）暗示它们的中东源头，也暗指它们是从远东进口的。这样的布匹用于制作最高等级的修道士服装或大教堂的帷幔，以及皇室服装。到 13 世纪晚期，金丝天鹅绒已经出口到欧洲，并记载在 14—15 世纪的档案中，当然其仍是供最高地位的人如教皇和国王使用的。[28]

工业与社会革命

在西方，尽管中世纪的很多纺织技术一直延续到 18 世纪机械化工具发展时期，但在中世纪，一系列非机械化和机械化的技术发展也被用于纺织生产以加速生产过程，但不是所有地方都采用了这些技术。

在非机械化发明中，打麻机是在一个框架内嵌入一系列相互交错的木齿的结构，它通过一个把手来操作，为打碎亚麻茎秆的木质层带来了便利——另一种方法是用锤子击打亚麻茎秆，这样加工后，仍然需要一柄刀来除去余下的木质部分，打麻机让余下的工作相对轻松了。

远古的时候就有各种各样梳理羊毛的工具。其中或许包括有着尖齿的牛蒡果实和木质或骨质的梳子。具有金属齿的羊毛梳——这样的专门工具在大约7世纪的考古材料中发现。工人成对地使用这种工具，工人双手各持一把梳子的木柄，相向地梳理羊毛纤维，去掉其中的杂物和垃圾。梳理后的羊毛纤维就比较顺滑了，便于纺线。大约在14世纪，这一技法被改进，人们开始采用更长的梳齿，并将一把梳子架在一个固定的木桩上。在西方精纺羊毛生产方面，梳子的运用贯穿整个中世纪。[29]

另外一种被称为"板梳"的工具出现于13世纪。它是一项重大发明，它使人们能够处理较短的、较为轻柔的羊毛纤维，从而能够制作毛呢这种又重又柔软的、如丝一般细滑的面料。这种面料在中世纪晚期流行起来。板梳由用皮革包裹的木板组成，木板上有成排的尖齿（图1.8）。和羊毛梳一样，操作者手持梳子相向梳理羊毛，可以梳出直接用于纺线的、干净的、混合的羊毛团。板梳并没有取代羊毛梳，二者是并行的，用于不同类型的羊毛纤维生产。

在机械化的技术发展方面，最重要的是引入了水平织机。在它引入以前，纺织品生产仿佛只是女性的工作。在立式织机上纺织，无论是用经纱配重织机，还是用立式双梁织机，都是十分沉重、费力且进展缓慢的工作。织布工艺的一个必需步骤是将带有纬纱的梭子在固定的经纱之间穿行，每一次穿行之后都需要提综，而这个工作只能通过用手调节织机两侧的木杆来完成。纬

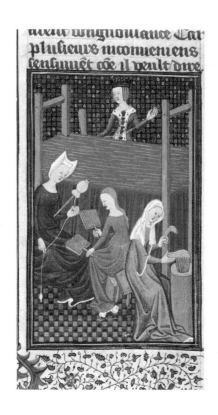

图1.8 一幅微型画，展示了羊毛织物生产的不同阶段。右边的妇女正在梳理羊毛，中间的人拿着一对板梳，左边的妇女正在用纺锤纺纱，她的后面是织机。（约1440年）Royal 16 G V fol. 56, Gaia Caecilia. ©British Library.

纱必须通过打纬板压实——根据不同的织机，可能向上打，也可能向下打。水平织机最初由男性操作，是用脚控制踏板来机械地提综，梭子在两手间交替。打纬则是用一个固定的木条——后来称之为打纬板——将织出的布压实。

水平织机的引入引起一场性别革命以及长期的社会变化。尽管女性会为了完成特殊的纺织任务而继续操作立式织机，例如编织挂毯以及为纺织者提供纺线，但水平织机把男性引入了纺织业。这将导致布料织造和其他工艺的商业化，以及这一产业的行会组织的出现，而后者将建立和维护产业标准、设立学徒制，以及开展慈善活动。尽管个体生产者和商人可能为了争取顾客而相互竞争，但作为维护行业权利的行会的成员，他们也是盟友。欧洲中世纪生活的城镇化与中产阶级的兴起同步发展，中世纪的盛期也是富有的行会成员成为都市生活领袖的时代。纺织业的兴起带来了新的竞争和联合。男性主导了中世纪纺织业的大多数方面，包括刺绣和针织，至少其公开面貌如此。直到这些工作作为与商业化生产伴随的手工业在近几个世纪复兴，它们才变得更为女性化。不过，丝质窄幅织品的制作和销售一直是女性的任务。（图1.9）

　　尽管从未完全替代下降式纺锤，纺车还是带来了一些社会变迁。下降式纺锤的操作者可以随身携带其工具，而纺车是一个固定的设备，其操作者因此受到更多限制。尽管在整个中世纪纺线都是一项家庭生产任务，但在设备上的投资仍然会对纺线者构成增产压力。在中世纪，经过数轮技术改进，纺车在羊毛呢纬纱的快速生产中发挥了重要作用，而后者是中世纪经济中非常重要的一部分。

图1.9　一幅大约创作于1440年的微型画，描绘了潘菲拉（Pamphila）从桑树上采集蚕茧并织造丝绸的细节。Royal MS 16 G Ⅴ，fol. 54v，Pamphila. ©British Library.

机械捻丝于 13 世纪引入意大利，但没有向外扩散。和蒸洗作坊一样（见后文），捻丝作坊也是水力驱动的。意大利有可能曾经用机械设备捻制四股蚕丝线。这些设备产出的丝线比未经织造的蚕丝更坚韧，也提高了丝织品的生产速度。[30]

作为一项历史悠久的工艺，蒸洗是呢绒生产中一个至关重要的收尾工作。其传统做法是由男性在一个可能包括尿液、漂白土和奶油的池子里通过踩踏将羊毛织物清洁、柔化。蒸洗作坊是一种机械化替代工艺，它于 11 世纪左右在欧洲出现，利用水力驱动锤子击打织物。由于呢绒受到人们的极大欢迎，蒸洗作坊于 13 世纪在欧洲靠近羊毛产地的河流湍急的地区遍地开花。例如，它们建立在熙笃会 [7] 的大庄园中，熙笃会在 13 世纪已成为英格兰的主要羊毛生产者。不过，并非所有的蒸洗作坊都取得了商业上的成功或历久不衰。

管　制

政府努力从纺织品流通中征税，这在一定程度上说明了纺织品的重要性。在欧洲，设置关税壁垒和贸易限制以保护国内生产可以看作与兴起于 13—14 世纪的政治民族主义平行的一种经济现象。

为了建立公平和稳定的贸易标准，对布匹的质量、重量以及计量进行管制变成一种共同的需要。这个方面的发展在欧洲各地都有，但来自英国的证据提供了重要的信息。该证据显示，早在 7 世纪，《埃塞尔伯特法典》（*Laws of*

---

[7]　熙笃会: 天主教修会, 1098 年修建于勃艮第附近, 一度在欧洲盛行。——译注

Ethelbert of Kent）就开始了标准化的尝试。到 8 世纪，纺织品未能达到标准时的抱怨可能反映在国际关系上，例如，查理曼大帝与麦西亚国王奥法之间的一次对话就涉及英格兰生产的布匹长度的变化。在中世纪，英格兰议会提供了一系列关于各种类型纺织品的长度、宽度、重量和质量的标准和样本，它们在相当长的一段时间里被重申、确认和再确认。[31] 英格兰的这些规定也为中央和地方政府增加了财政收入，显然它们都意识到市场依赖于各种各样的有共识的标准，不过在这方面，英格兰是不寻常的：除英格兰，在中世纪的欧洲，对纺织品销售征税的只有加泰罗尼亚。这些税由测布官来收取，但这些官员是皇帝指派来收税的，而事实上地方权威有时确实也会指派真正的测布官测量布匹——它们实际上是一种对高质量毛呢征收的税。[32] 英格兰的羊毛关税起初是针对归化民或者外国人从事的生羊毛出口生意征收的，但很快，在 13 世纪爱德华一世执政时期，英格兰就开始对外国人从事的布料进口和出口贸易征税；在 14 世纪，对精纺羊毛贸易也开始征税。在此，英国的案例具有了更广泛的意义，它显示出英格兰对归化民以及对汉萨同盟这样的盟友的优待，这些税收成为皇家（也是国家）收入的重要组成部分，对战争以及皇室提供资助。[33]

纺织贸易与经济发展

显示纺织业在中世纪欧洲人的生活中极为重要的一个方面就是纺织业消费对都市活动和都市发展的影响。基本可以肯定地说，从中世纪开始，尽管一些纺织品有可能只是作为本地使用的家纺产品，但其在国家内部和国家之间的贸易中始终扮演着重要角色。在中世纪早期，人们的讨论聚焦于市场和贸易中心的发展，尤其是那些在后罗马时期发生了衰退的城市地区。比如不列颠（以及欧洲北部和西部），有证据表明临时性的海边市场与维京贸易商有关联；所有定点市场（每隔较短的时间，通常每周或者更为频繁地举行）以及会展（一年一度，通常每次连续数日）的发展则与教会相关，并越来越跟当地政府和统治者试图从商业活动中获取更多收入的利益有关，而后者意味着需对贸易者和贸易标准进行保护。（见本书第二章）[34] 发展金融工具（例如，促进羊毛贸易的预签合同）的重要性表现在生产羊毛的英国修道士跟弗莱明和法国北部的贸易中，但主要体现在与卢卡的里卡尔迪和其他意大利买家的贸易中。[35] 的确，在欧洲历史上，羊毛贸易在文化方面的重要性不容忽视，它是工人和中间商迁徙的原因，也是国际化社区尤其是伦敦的国际化社区建立的原因。当然，迁徙的过程并不总是种族和谐的，也曾发生对移民工人的敌视行为，如伦敦于1381 年发生农民暴动时针对弗莱明纺织工人的屠杀。

为英格兰的这一重要商品设立贸易标准可以追溯到盎格鲁－撒克逊时代。而从这一时期开始提出的不少法律都关注设立和保护重量和计量标准。相似的或改进的法律被提出或重复出现的频率也暗示国家和地方需要保持警惕，因为对侵权行为的罚款和对每一寸布匹征收的税都是重要的财政收入。[36] 欧洲每一个国家都生产羊毛和呢绒，但有的国家最终是因为原料生产而负有盛名，例如英格兰。一直到中世纪结束，英格兰金库的中流砥柱都是羊毛贸易，而其他国家则因精致的布料而闻名。约翰·芒罗（John Munro）大量论述了在中世纪和现代早期欧洲的纺织贸易的价值，也论述了它的社会意义，例如，将寻常人难以企及的、用胭脂染出的、最为精致的布料成本与相对来说收入较高的工人的工资相比较，以及它的文化意义——地位和时尚的标志，例如，从

"scarlet"这个词所代表的各种色调一直到黑色（一种比红色更加昂贵的颜色）的象征意义的变迁。[37]

纺织贸易和纺织品的社会意义

各种各样的中世纪历史资料都提供了关于纺织品贸易及从事纺织品贸易的人是如何被社会看待的材料，以及学者作家对它们及其发展的了解程度的材料。例如我们有 12—13 世纪的英国学者—语法专家的字典，他们在巴黎授课以及（或者）进行他们自己的研究。其中一位名叫亚历山大·内卡姆[8]，他在《论器物之名》（*De nominibus utensilium*）中对纺织的描写尤为引人入胜，他对 12 世纪末由男性操作的水平织机进行了细致的描述。他将操作者描述为一个"在坚实的大地上的牧马人，他倚靠着两个脚镫子，驾驭着马儿，对于短途旅行喜不胜收；代表他财富状况的脚镫子却经历着此起彼伏的命运，因为其中一个上升时，另外一个就会下降，但它毫无怨言"。这一完整的描述包括梭子和综线的使用，但正如一个翻译者所说，需要结合织机图片来帮助理解。[38] 这一完整的描述也表明纺织者的工作不能在没有进行梳理羊毛的准备工作的基础上开始，织物同样也不能够在没有蒸洗工将它清洗完成的情况下变成服装。一个稍近的研究，大约完成于 1220 年，《加兰的约翰词典》（*the*

---

[8]　亚历山大·内卡姆（拼作 Nequam、Necham、Necknam 等）于 1157 年出生在圣奥尔本斯，是一个博学多才的人。他的作品从虔诚的信仰到日常对自然的观察，再到科学实验，著名成就就包括在西方著作中第一次提到枢轴磁针（《论物质的本性》）。他一生都在写诗，赞美神的智慧、对创造展开思考等。——译注

Dictionarius of John of Garland）[9] 是一本讲解拉丁语词汇的工具书，其体现出作者对这些纺织工序的理解较少，但书中记录了关于各种行业信息和作者态度的只言片语。例如，作者说，腰带店不只售卖皮革腰带，还出售那些用丝织成、用银条装饰的腰带；服装商被描绘为贪婪并喜欢欺骗，总是不实地描述布料的质量并短斤少两；售卖各种用途的亚麻制品——桌布、床单、毛巾、衬衣、内衣、头巾、方巾——的商贩被讥笑为抢走了女性的饭碗。作者还描述了蒸洗工、染色工、织布工——显然是操作立式织机以及生产腰带和发带的女性。显然，女性羊毛梳理工的工作环境十分肮脏，她们身着"旧的皮衣和肮脏的头纱"，坐在阴沟厕所旁边。[39] 后来（约1300年），法国诗歌《缝纫店主说》（Dit du mercier）对这些商人进行嘲讽，显示在这一时期，布料商和杂货商几乎难以区分，他们都会售卖腰带、头巾、针、小包、皮毛、顶针、箭头、大头针、铃铛、勺子、肥皂、化妆品和香料，以及布料。[40] 再往后，在14世纪晚期的英格兰，诗人约翰·高尔在诺曼法语的《人类之镜》（The mirourde l' Omme）和拉丁语的《呼号者的声音》（Vox Clamantis）中嘲讽各种"社会阶级"，其中包括行会，如纺织行会。[41] 纺织行会成员包含布料商（他们原本是布料进出口商，同时也是以这些布料为基础的小物件的生产者和销售者，随着时间的推移，他们变得越来越重要）和服装商（他们也是羊毛和英格兰毛呢出口商，以及奢侈品羊毛呢进口商）。针对布料商和服装商，高尔对他们所表现出的社会阶层向上流动的行为提出了批评。他说一个布料商会引诱购买者看他的床、

---

[9] 加兰的约翰（1180—1252年）：英国语法学家和诗人，也叫约翰内斯·德·加兰利亚，其著作对中世纪拉丁语的发展非常重要。虽然他一生的大部分时间都在法国度过，但他的作品主要在英国产生影响。他的语法著作包括语法汇编（《语法大纲》）、建筑学（《建筑学书》）和拉丁语词汇（《加兰的约翰词典》）。——译注

方巾、鸵鸟羽毛、丝线、绸缎以及进口布料，他的话暗示布料商作为一个群体试图在社会地位上得到提升；而服装商则被讽刺他们的店铺不够亮，"这样一来，人们很难分清绿色和蓝色"。[42]

纺织品本身是拥有某种社会身份的重要标志或缺失这种社会身份的标志，同时纺织品也是立法和道德评价的主题。通常，消费控制法以及出于社会和宗教原因对着装不当的批评主要都是关于特定服装或服装式样的。然而，服装材质本身也经常成为立法管制、风俗习惯支持或者反对的对象，这一点在皮毛这种物料上体现得很明显。皮毛是重要的服装衬里和装饰材料，尤其是在冬季，对社会各阶层（除了最穷的人）的服装来说都是这样。旧的布料和服装被重新使用具有巨大的经济意义，基于此，着装限制所能产生的作用不仅对于当时的人来说是一个困境，对我们当代人来说可能也是一个难题。

二次利用在纺织品的生命周期中是一个重要的阶段，因为为了生产这些纺织品，人们付出了大量的人力和费用。二次利用不只包括纺织品的传承或者转卖给较为年轻或更为依赖成衣的消费者，还包括二次制作，即将穿旧的服装改造为其他类型的服装，以及将旧布料改制为更小的物件（例如将床单改造成枕套，或者将教会的丝织品改造成封囊）。从效果来看，这是让服装或装饰品退回它们的原初状态，也就是成为可以付诸各种新用途的纺织品，然后逐渐变得不那么"尊贵"，直到最终被用破。[43] 即便是破布，其也有用处，在伦敦，大量纺织品遗存的发现就在相当程度上归功于12—15世纪将生活垃圾作为填埋材料。随着贸易和交通运输量的增加，泰晤士河北岸的船舶必要设施增加了。在欧洲很多城市里，破布的公共收集措施在中世纪就确立了，亚麻破布会被撕碎，制成纸张。而在船的厚木板之间的防漏塞就是用布料碎片涂抹沥青做成的。因此，在一个文化程度和人口流动性越来越高的变动的世界里，纺织品生命周期的终点是回到非纺织用途的纤维。

第二章　生产和分销

伊娃·安德森·斯特兰德，莎拉 - 格蕾斯·海勒

是谁生产了中世纪的服装，中世纪的服装又从何而来？在中世纪大约千年的时间里，纺织品和服装的生产、组织和分销发生了极大变化，有必要强调的是，这些变化并非在同一时间、以同样的方式在欧洲各地发生。无论聚居地是大是小，纺织品和服装的生产都消耗了大量时间。纺织品和服装生产的知识和技能并非为个人所垄断，社会中的很多成员都参与了生产过程。

本章将讨论六种在中世纪遍布西欧的纺织品生产组织形式，分别是：基础性家庭生产、高端家庭生产、附属组织生产、家庭工业、外包系统，以及作坊生产（表 2.1）。这些组织形式间并不一定互斥，不同的模式经常相互结合。从孤立的乡村家庭到 10—15 世纪不断成长的都市中心，供我们理解纺织品生产方式的历史材料有较大差异，有的材料是考古遗址，有的材料是行会记录、

清单以及税务档案。这些生产形式构成了结合不同材料的基础，而这一时期的材料总是零散的，因而有助于我们对生产结构进行比较研究。本章的第一部分将讨论纺织品早期生产的证据，然后审视分销模式和贸易路线。第二部分将讨论纺织品都市手工生产组织的文本证据，所谓的"shopping（购物）"行为如何在欧洲各地出现，以及各类时尚服装在市场上的扩散。

基础性家庭生产在中世纪早期阶段（400—1050 年）最为常见，那些纺织工具常在聚居地和墓地被挖掘出来。这一生产模式鲜有文字记载，尽管人们很有可能为了满足自己的需要在这一时期都像这样生产纺织品。这一模式仅满足人们的绝对需求，也就是用于遮身蔽体的纺织品。

高端家庭生产则不仅满足基本需求，还生产更加昂贵的纺织品如刺绣、挂毯。这一生产模式见于诗歌、史诗、圣人生平和拉丁语编年史等书面材料，在这些资料中女人们作为生产者被提及。它有很多书面材料记载，却几乎没有考古材料的佐证。随着生产盈余和装饰性新产品的出现，"时尚"呼之欲出。

以附属方式进行的纺织品生产，既有书面材料（的支持），也有盎格鲁 - 撒克逊时代中期及晚期庄园的一些出土文物的支持，在斯堪的纳维亚也可能存在这样的生产方式。书面材料表明，它是欧洲大陆墨洛温王朝和加洛林王朝礼物经济的重要的组成部分。以这一方式生产的纺织品可以留作家用、用于交换或政治礼品馈赠。

表 2.1　不同生产模式的产量水平模型（安德森，2003 年；安德森·斯特兰德，2011年），由伊娃·安德森·斯特兰德修订，2016 年。

生产模式	生产规模	技术水平	原材料	投入时间
基础性家庭生产	仅家庭自给需要	一般知识和技能	常见原材料	非全职
高端家庭生产	家庭自给需要或礼物馈赠	专门知识和技能	较高质量的原材料，如进口丝绸	非全职
附属组织生产	高质量的产品，如合意的礼品	手工专家，全职工作所提高的技能	较高质量的原材料	全职
家庭工业	超越生产者的需求	一般知识和技能	剩余原材料	非全职
外包系统	超越生产者的需求	一般知识和技能	买家提供原材料，或许还提供工具	非必需全职
作坊生产	直接面向市场；标准化产品；产品需求量大	专业的	不同质量的原材料，视供应 / 需求情况而定	全职

　　家庭工业需要剩余原材料，很难在考古学意义上将其与家庭生产模式区分开来。而在外包系统的组织形式下，商人积累大量的原材料，分发给工匠，用酬劳交换成品并保证分销，这种形式在考古材料中也难以寻觅踪迹。然而书面材料清楚表明，这两种组织形式都至少在大约公元前 1000 年就在运作。这一系统的存在是"时尚"的重要证据：它意味着对商品的大量需求，以及长距离的贸易网络。

　　作坊生产则不仅要求有组织良好的贸易结构——它使得手工生产深度专门化，还要求有更大的人口集中的中心地区。这样的作坊直到 7 世纪还存在于拜占庭以及地中海沿岸的城市，在某些地区存在时间则更长。随着欧洲人口从中世纪早期的萧条中恢复，地中海和北欧地区新兴城市也通过纺织品生产积累财富。在10—12世纪，科尔多瓦以及后来安达卢西亚的阿尔梅利亚都因其丝绸和精良的皮革而声名远播。卢卡的手工匠人们在8—10世纪就开始用进口丝线纺织，到了12世纪，随着西西里丝线产量下降，他们发展了养蚕业。法国北部和后来的佛兰芒城镇因奢华的羊毛制品而闻名，这些产品在香槟地区那样的展会上进行批量的商业交换，这样的展会从10世纪开始兴起，在12世纪达到顶峰，但在15世纪就不再为人所需，因为那时贸易和金融变得更加系统化。来自意大利及普罗旺斯（尤其是卡奥尔和蒙彼利埃）的商人，以及后来的汉萨同盟的商人，通过贩卖东方丝绸、地中海染料、北方的羊毛制品和波罗的海的毛皮，以及创建银行系统而变得富有。到13世纪，巴黎成为时尚奢侈品的中心，奢侈品有包、腰带、衣袖、头饰，以及各种各样制作精良的纺织品等。人们可以在市镇购买服装、饰物和皮毛衬里制成品，也可以买到二手服装。为了制作新的袍服，佣人们和商贩会与由服装商、布料商、版师、缝纫师和刺绣师组成的商业网络协同合作。

中世纪早期的纺织品（包括服装）生产

4—8世纪的大迁移深刻地改变了欧洲的民族构成和贸易路线，也因此改变了人们的着装和消费方式。一直到7世纪左右，地中海都是时尚产品分销的连接点。商人们将货品从黎凡特和君士坦丁堡运出，到达高卢 [1] 的马赛、纳博纳、土伦和福斯，以及西哥特人治下的西班牙加泰罗尼亚和阿斯图里安沿海地区、北非的迦太基、意大利的奥斯提亚和拉文纳，以及威尼斯和科马乔这样的新兴城镇。经常光顾海港的是独立商贩，其中很多是犹太人和叙利亚人，还有一些重要的教会机构的代理人，他们用骡子和马车来运送物资。贸易是用拜占庭帝国的金币（以及这些钱币的西方复制品）进行结算，它几乎算是 4—7 世纪唯一流通的货币。纺织品和装饰品的贸易极少留下书面材料，却在考古遗存中显而易见。[1]

大约在 7 世纪，弗里西亚人和盎格鲁 - 撒克逊人开始铸造银质的钱币。这些钱币成为直到 13 世纪都通行的标准货币，并复兴了西方经济。权力和宫廷消费向北方的神圣罗马帝国转移。斯堪的纳维亚、诺曼底、弗里西亚、爱尔兰和盎格鲁 - 撒克逊的水手将伦敦、约克、高卢北部的昆托维克、日德兰半岛的里贝、瑞典的比尔卡，以及北海和波罗的海的港口，还有摩泽尔河和莱茵河的港口连接起来。随着阿拉伯贸易活动和贸易法规从 7 世纪开始发展，新的地中海贸易网络也逐步发展。

在墨洛温王朝时期，在今天的法国、德意志和比利时地区，墓葬装饰揭示了地中海贸易的延续及其逐渐衰落的情况。这些墓葬装饰反映出人们追捧过镶有来自斯里兰卡的石榴石的胸针和武器，这种情况延续到这条商路在约 600 年时突然中断。[2]（图 2.1）

多色玻璃和瓷珠从地中海运到诺曼底、皮卡迪、英格兰、阿勒曼尼亚、意

---

[1] 高卢是古国，现代法国的大部地区都是古代高卢属地。高卢最早是希腊的殖民地，后被罗马帝国占领。——译注

图 2.1 法兰克镶石榴石鸟形胸针，6 世纪。The Metropolitan Museum of Art,New York.

大利的马尔凯，也通过多瑙河运达北高加索地区等。[3] 这种多彩的风格是这一时期一种重要的文化表现，即对各种质地表面的色彩的钟爱：景泰蓝胸针和皮带扣、艳丽的长衫、裤子、披风、头纱，以及平板编织的装饰性条带，甚至优质鞋履的皮革也有彩色的。

随着罗马帝国重心迁移到君士坦丁堡，从 4 世纪开始，皇帝设立了严格管控的作坊，生产无价的纺织品（包括服装）专供皇室使用，也作为给朝臣的一种俸禄或给予遍布欧洲、亚洲和非洲的盟友的政治礼物。晚期罗马帝国有三个国家行会，其以令人惊叹的延续性在随后的 700 年时间里延续下来。到 9—10 世纪，其成员成为劳动者中的贵族，具有世袭的地位，包括制衣师、紫

色 [2] 染料师，以及黄金刺绣师。他们形成了一种种姓体系，永远不能离开既定的行业；他们为保守行业秘密煞费苦心。早期制衣师都是男性，这与这个行业名字所暗示的情况似乎恰好相反。后来在查士丁尼法典和狄奥多西法典中出现了"女性的代诉人"这一头衔，表明男性扮演了管理者的角色。一项法律明确规定"侵犯"女工的男人将遭到罚款，这暗示了这一系统可能存在的问题——这是为了保护女人免受强奸，还是为了保护商业机密不被女人泄露出去？妇女很有可能完成了前期的生产，而男人进行了最后的加工。Eidikon[3] 是帝国金库的一个分支，其长官对手工作坊拥有最高权威。这三类作坊都位于皇宫的侧翼，位于权力中心的附近，以便被最有效地监管。4

为广大公众及对外贸易服务的是拜占庭的私人行会，行会被允许进行次等质量的丝绸生产和染色。在这里，相关语汇的多样性也富有启示，表明了在这一文化及其与世界的关系中丝绸和服装的重要性。生丝商人被称为"metazopratai"，而掌管下一道工序的是纺纱工，被称为"katartarioi"。帝国内的丝绸商被称为"bestiopratai"，与被称为"pravthriopratai"的进口商相区别。而从事收尾工作的工匠，包括丝绸服装生产者和染色工被统称为"serikarioi"。5

埋葬于法兰克圣但尼的一名女性，其戒指表明她是大约于 580 年去世的

[2] 古代欧洲人用地中海贝类制备了两种类型的贵重紫色染料，一种为红紫色，由多刺的染料莫来克斯和岩壳制成；另一种为蓝紫色。罗马帝国蒂尔人常用的紫色染料仅供贵族，因其染成的衣服近似绯红色，亦甚受当时的君主喜好，故紫色在当时意味着尊贵的地位。

——译注

[3] "Eidikon"意为"特别秘书"。从 11 世纪开始，拜占庭帝国官员控制着名为"eidikon"的部门，即一个特殊的仓库。——译注

阿尔恭德（Aregonde 或 Arnegonde 王后？）[4]。她戴着长款的金色和红色丝质面纱，平板编织的带有几何图案的丝质发带；羊毛制成的袍服从前面开口，袍服有着丝质的装饰性袖口、嵌有金线的丝带；腰上是一条鹿皮宽皮带，有着大型装饰性带扣；还有用丝线刺绣的牛皮翻边，纹有刺绣、带皮质系带和装饰性金属扣的尖头拖鞋，以及各种样式的胸饰和耳环。[6] 这一整套繁复的服饰表明了法兰克与拜占庭帝国或东方供应商的密切联系，以及欧洲大陆的服装、饰品生产技术能够呈现丰富的色彩和令人惊叹的打扮上层人士的效果。不过，她的金耳环并非完美的一对，其中一只大概是拜占庭帝国生产的，而另一只是本地的复制品，这是这一时期反映在女性装饰品上的"拜占庭影响"的一个例子。[7]这是一个很难进行研究的时期，文本稀缺，并且墓葬材料很难提供关于纺织品生产和世人态度的材料，但现有材料已经表明，那时时尚的存在已不容忽视。

1. 乡村地区的生产与分销

纺织品的生产形式和分销网络在欧洲农村和偏远地区较为有限。5 世纪初，罗马人撤离英格兰之后，当地长距离贸易随之减少，大多数原材料必须自给。[8]起初，盎格鲁-撒克逊人生活在小社区中，纺织品（包括服装）的生产完全是家庭层面的，使用寻常可见的原材料，产品主要是满足他们自己生活所需，包括服装、装饰品、挂毯、桌布、包和囊。对不同类型的纺织品的需求应该是很大的，很多人都加入各种各样的纺织生产过程中，而且即便他们并没有全职

---

[4] 阿尔恭德：法兰克王国王后，克洛泰尔一世（Chlothar I）的妻子。——译注

进行这项工作，他们应该也拥有纺织品及服装生产的一般知识和技能。

考古成果表明，他们所用的工具与古代大致一样。纺锤（带有纺轮）和卷线杆被用于纺线（图 2.2）。

出土的织机配重表明，经纱配重织机仍在使用[9]。（图 2.3A、B）三角形和金字塔形的织机配重被环形配重取代，但这并没有影响纺织过程或织成的产品。盎格鲁－撒克逊人的织机配重在下沉式地面的房屋中被发现，成排的织机配重有时暗示存在更大型的织机，最大的宽达 2.44 米。这样的织机显然单人极难操作，这意味着纺织可能是在一个乡村作坊的公共房间里进行的。[10]

纺织生产不只是个体家庭的任务，也在乡村的层面进行。纺织纤维的生产、加工也是这样。在盎格鲁－撒克逊时代早期，通常由女人负责纺织品生产及其组织工作，但很可能男人和女人、小孩和老人都加入其中。

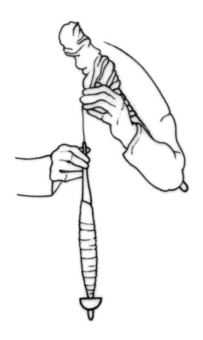

图 2.2　用一个下降式纺锤和一个卷线杆纺线。Drawing by Christina Borstam.©Eva Andersson Strand.

A

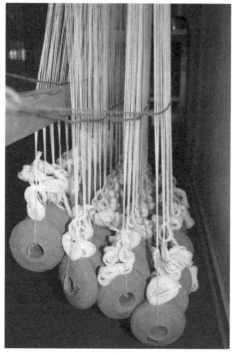

图 2.3 A. 一台带"2/2"
斜纹、四排织机配重的经
纱配重织机；B. 织机配重
的特写。Photo by Linda
Olofsson. ©Ulla Lund
Hansen and CTR.

B

从盎格鲁 - 撒克逊时代开始（约650年），在乡村出现了纺织生产组织变化的迹象。从这一时期的考古发现看，织机配重仍然寻常可见，但是在单个农场的单个建筑中找到的，这意味着纺织品生产采取的是家庭生产的形式。没有证据表明7—8世纪在地区贸易中心存在公共纺织作坊和有组织的纺织生产。[11]

书面材料显示，有组织的纺织生产主要出现在大庄园里。在盎格鲁 - 撒克逊地区，中央集权的皇家控制从约600年开始加强。更多的国家自留地和庄园建立起来，并征收以羊毛或亚麻形式缴纳的赋税。现存的遗嘱和地契表明，庄园的女主人负责纺织生产的组织管理。在欧洲大陆的整个加洛林王朝时期，女人也负责接待工作以及家庭内务管理。[12]

在随后的几个世纪中，大庄园发展起来，而原材料被运到庄园作坊进行纺织品生产。一份日期确定为10世纪晚期或11世纪早期的文档写道：

> ……庄园的地方官被建议种下茜草、亚麻和菘蓝的种子，并为作坊提供处理亚麻的各种工具、亚麻纤维（原麻）、纺轮、纱框、织机支架、综线杆、布梁、梳鞘、珠针、剪刀、缝纫针和鹅卵石。[13]

庄园里的作坊很可能就像拜占庭的制衣行会那样，女人在作坊里进行纺织品生产，用于满足庄园主家庭的需要，但有时也会生产用于礼物馈赠或贸易的产品，如在布兰登、萨福克以及亨伯赛德的弗利克斯伯勒所发现的那样。考古材料呈现了从纤维获取到成品完成的全部生产阶段。[14]

在欧洲大陆，从6世纪开始就有关于妇女作坊（gynaecea）的文字记载了。图尔的格雷戈里（Gregory of Tours）在589年写道，餐食应该分配给那些在纺线和织布坊中工作的女人。他在此描述的很有可能就是一处内宅（gynaeceum）的情况。关于拜占庭，其妇女作坊工人的身份目前还不太明确。在一些事例中，工人是女自由人；在其他事例中，工人是女奴。但她们都是凭借纺织生产谋生的女性。[15]

从大约800年开始，涉及女性在庄园生产纺织品的情况的书面材料大量涌现，如书信、法律文书和神父文学。加洛林王朝时期的《庄园敕令》（*Capitulare de Villis*）提到，在制衣作坊里劳动的女性需要亚麻、羊毛，用菘蓝、朱砂、茜草（制作的染料），羊毛梳、起绒机、肥皂、油脂物、容器和其他小物件，女工应该用良好的隔离物将自己保护起来。一条于789年颁布的法令描述了女人的任务，如纤维的加工、纺纱、织布以及缝纫。[16]

这一时期的生产并不全是由奴隶完成的，与此相反，上层阶级的女人不仅要指导纺织工作，还被要求擅长于此。8世纪，查理曼大帝在一封信中要求他的女儿"学会纺织羊毛、运用卷线杆和纺锤，学会所有属于女人的技能"。[17]

在另一封信——查理曼大帝于796年写给麦西亚国王奥法的信中，他要求得到风衣并且风衣的长度和质地要与他曾经得到的一样。这表明那时在英格兰和法兰克王国之间存在着纺织品贸易或交换，同时也表明奥法拥有制造纺织品的生产资料，它们有可能就在一处内宅里。此外，还有法律文书称，凡是与女性纺织品店的女奴发生性关系的男人都应该受到处罚。[18]这些档案表明，服装生产基本上是女性的领域。

基督教在高质量纺织品的生产和分销中具有影响。来自拜占庭帝国和伊斯兰世界纺织作坊的丝绸被当作礼物赠给欧洲各地的教会。此外，由修道院生产的丝绸和金质刺绣在不列颠内外都被认为具有极高价值。[19]

大庄园家庭中的女主人、她的女儿以及其他贵族女性很有可能为她们自己给家庭生产的及赠予教会的纺织品而感到骄傲。古英语诗歌写道："一个女人的地位取决于她的刺绣水平。"[20] 然而，我们并不确定上层阶级的女人是否承担了这项工作的全过程，不自由的女人很有可能要么协助生产，要么在其中扮演更重要的角色。克里斯汀·费尔发现有技术的奴隶可以被继承，一份 10 世纪的遗嘱记录了遗嘱人将两名女奴赠给孙女，这两名女奴分别是与布料生产相关的安妮·克伦斯特、从事缝纫和刺绣工作的安妮·塞梅斯特。[21] 最重要的一种可能是，在这座庄园生产的纺织品的质量很高，无论谁生产了这些产品，其都为这个家庭中的女人乃至整个家庭带来了崇高的地位。

到 9 世纪末，纺织品的生产发生了变化。垂直双梁织机与打综板（一种小型多功能织造工具）成为庄园里普遍使用的工具。根据佩内洛普·沃尔顿·罗杰斯（Penelope Walton Rogers）的研究，双头打综板在盎格鲁－撒克逊人定居早期就和织机配重一同出现了，而单头打综板则与庄园的出现以及随后出现的市镇相联系。在 10 世纪，单头打综板的数量增多，同时"2/1"斜纹编织法流行起来，替代了较为简单的纺织品生产方式。这些变化不仅表明新的纺织品样式成为时尚，还表明新的织机款式和更复杂的图案生产首先在庄园里出现。

在斯堪的纳维亚，织机类型的变化也相应地带来了纺织地点的变化：织机从公共的长房子挪到了下沉式地面房屋里，这是一个更加专用的空间。纺织品分析结果也表明，双梁织机同时由多人操作，但在斯堪的纳维亚的下沉式地面房屋中发现的经纱配重织机通常较窄，很有可能由单人操作。工具和材料的变化也增加了纱线密度，服装样式也相应发生了变化。（图 2.4）

服装不是在织机上成型的，而是用织好的大块面料进行设计、剪裁而成，所有这些变化都是在相当长一段时间里发生的，并且在不同区域和不同定居点之间有差异。考古研究表明，这些变化首先出现在大型农场。[22]

8—11 世纪的几百年，对于欧洲的很多地区，都是很难开展研究的一段时期。因为当地有装饰的墓葬消失了，而现存的文本和图像资料都比较少。维京人的劫掠对许多地区的原材料供应和纺织品贸易的扰乱至少长达一百年。然而，对斯堪的纳维亚和盎格鲁 – 撒克逊遗址的考古研究让我们对这一时期有了独特的理解，因为这些地方的遗址保护得比其他地方好。对遗骸的骨骼学分

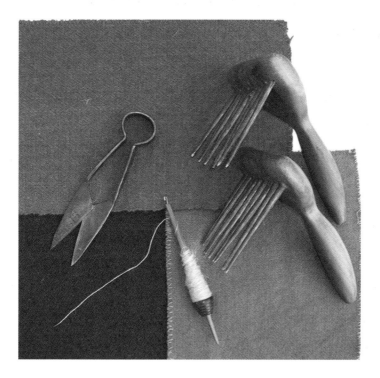

图 2.4　维京时代纺织生产工具和纺织品的复制品，维京时代普通质量的纺织品。
©Eva Andersson Strand.

析以及对现存纺织品的分析都证明，在 8—11 世纪的斯堪的纳维亚，羊毛是最常见的原材料。亚麻有多少是来自国内的亚麻种植、有多少是进口的，则不甚清楚。显然，在比尔卡和赫德比这样的贸易港口附近有种植亚麻，应该是为了在当地进行纺织生产。人们需要各种各样的纺织品，包括日常的服装、装饰品、挂毯、囊、包和船帆。

尽管在农业遗址中只有关于家庭纺织品生产的证据，[23] 但一个例外是维京时代的环堡伯格堡垒 [5] 附近的罗德科平格，伯格堡垒被认为是一位丹麦国王的据点。[24] 有可能是由于 10 世纪晚期和 11 世纪早期的政治变化，再加上船帆布需求的增加，罗德科平格的纺织品生产规模增加了。莱夫·克里斯蒂安·尼尔森（Leif Christian Nielsen）曾提出，在丹麦的环堡特雷勒堡附近，多个有下沉式地面房屋的聚居点被用于生产国王随从使用的船帆和服装，也满足本地对船帆的需求以及附近伯格堡垒的侍卫的服装需求。[25] 因此罗德科平格的手工匠人会为了满足自己的日常所需之外的原因生产纺织品，这一点与家庭工业的定义相符。

在维京时代的城镇和贸易港口，如瑞典的奥胡斯和比尔卡 [6] 以及今日德

[5]　伯格堡垒：Borgeby，城堡位于瑞典南部。该城堡建于 11 世纪，维京时代现场建筑物被烧毁。人们认为该遗址从成立到 1536 年都属于隆德大主教。——译注

[6]　比尔卡：Birka，中世纪文献作"Birca"，在维京时代是一个重要的贸易中心，位于比约雪岛上，处理斯堪的纳维亚和中欧、东欧的货品交易。比尔卡和邻岛阿德尔索上的霍高尔登组成考古群落，展示维京人的贸易网络和对斯堪的纳维亚的历史影响。一般认为比尔卡是瑞典最古老的市镇，它和霍高尔登在 1993 年名列联合国教科文组织世界文化遗产。——译注

意志的赫德比 [7] 发现的工具也表明，当地的纺织品生产比家庭生产模式更加多样。在这些定居点，纺织工具也随处可见——其中包括较高比例的轻质纺锤轮，可能用于生产较高支数的纺织品或像头纱那样透明的布料 [26] ——尽管没有来自纺织作坊区域的证据。如果特殊产品在比尔卡和赫德比生产，其生产组织很可能是在比家庭生产（模式）更高的层面，由全职的、具有专门技能的工匠完成。其原材料极为昂贵和独特且有可能是进口的，这表明这类产品的生产需要买家的支持。毫无疑问，高质量的纺织品是在比尔卡和赫德比的富人坟墓中发现的，而这些纺织品应该也是当时在世的人所期望的礼物。

2. 冰岛的生产与分销

冰岛——在 9 世纪被北欧人以快速的殖民过程和一定程度的集权控制占领。[27] 关于其服装和生产的信息可以从法律文本《格拉加斯》（*Grágás*）[8]、被称为"玛尔达加纳"（maldagarna）的教会清单以及冰岛史诗这样的文本中得出。它们都证明纺织品生产是冰岛女人们的主要任务之一。女主人有可能负责组织这项工作，家庭成员、奴隶和雇来的纺织工则会参与其中。[28] 赫尔吉·波拉克森（Helgi Þorlaksson）指出，上层社会的女性并不生产用于日常生活的纺

---

[7] 赫德比: Hedeby, 日德兰半岛南端附近重要的维京时代（8—11 世纪）贸易定居点，维京人在此开展与斯堪的纳维亚、君士坦丁堡、巴格达、爱尔兰的贸易，这里也是沟通北海与波罗的海的物流枢纽。1066 年，斯拉夫军队入侵，赫德比被毁，20 世纪发现该城市遗址。赫德比遗址是迄今最大规模的维京人聚居地遗址。——译注
[8] 《格拉加斯》是冰岛现存最早的法规。——译注

织品，而是纺线并刺绣。[29]《埃吉尔萨迦》（*Egil Skallagrimson's Saga*）[9] 中提到"dyngia"，指的就是女人在其中进行纺织品生产的房间或房屋。当大量的纺织工具和织机配重在同一地方被找到，便可以确定该地方是一处"dyngia"，例如在格陵兰岛的"沙下农场（the Farm Beneath the Sard）"里发现的纺织室（可追溯至 13 世纪）。[30]

　　家庭纺织的布料称为法布，曾是冰岛最重要的支付手段以及中世纪时期的重要贸易品（见本书第七章）。按照法律，在家工作的女人每月可以获得比在雇主农场工作多 25% 的酬劳。根据"Búalög"价格和工资数据，一个纺纱工每周可以纺 5.2 千克羊毛，而一个织布工每周可以生产 22 厄尔 [10] 的面料。[31] 但这是很大的数量，织布工更有可能是每天生产 1.5 厄尔的布料，这取决于纤维的类型。[32] 法规明确指出，纺织工必须不受其他任务干扰地专注于他们的工作，并且生产组织者应该为他们提供良好的光照。[33] 这些女人是职业的手工工人吗？玛塔·霍夫曼（Marta Hoffmann）认为，用"vefkona（纺织的女人）"一词而不是"vinnukona（女仆）"，意味着她们从事的是专业化工作。[34] 珍妮·乔钦斯（Jenny Jochens）认为纺织工人是职业工人，靠工作谋生。[35] 她们显然是为贸易、销售和交换生产纺织品，这是一种超越了家庭需求的生产。

---

[9]　《埃吉尔萨迦》是北欧中世纪的杰出文学作品之一，描写冰岛基督教化时期的历史传奇。"萨迦"是北欧故事文体，是 13 世纪前后用文字记载的北欧地区古代民间故事，反映北欧氏族社会的家族兴衰和古代英雄人物业绩。流传至今的萨迦不少于 150 种，大致分为"史传萨迦"和"神话萨迦"两大类，内容上包括神话和历史传奇两种，语言朴实但多讽刺，善于通过人物语言表现其性格特征。——译注

[10]　厄尔: ell，旧时织造行业专用量布长度单位，后被米制取代，1 厄尔约为 115 厘米。——译注

中世纪盛期的发展

在欧洲各地，纺织品（含服装）在城镇的生产都在 11 世纪末变得更加专业化和细分化。[36] 问题是，谁来控制这样的生产呢？一种关于英格兰和斯堪的纳维亚的纺织生产情况的解释是，庄园的主人仍然掌握着管理权，为纺织工人提供原材料并支付报酬。纺织生产有可能像代工系统那样组织，其有利条件是接近市场。[37] 随着城镇的发展，纺织工作被细分为不同的工种，例如纺织、染色、蒸洗以及剪裁、缝纫，不是所有工序都在同一个作坊中完成。城镇越大，纺织生产的专业化程度越高。纺线仍然是由女人完成：资料中有关于女奴在作坊里纺线的描述，也提到羊毛和亚麻纤维在乡下被分发出去用于纺线，而丝线的纺织似乎是贵族女人的专属。在 11 世纪末，男人和女人都作为纺织者被提及，但男人操作的是一种新型织机即水平脚踏织机，而女性继续在广为人知的立式织机上工作。在这一漫长时期内，纺织生产的重要转变是从自给自足的家庭内生产活动转向一种更加商品化和细分化的生产活动。

中世纪晚期的发展

1. 都市贸易组织的成长

7—8 世纪的阿拉伯征服 [11] 给欧洲贸易带来了很多变化。欧洲的丝绸、棉布、部分亚麻布以及很多其他奢侈纺织品和制成品都是经由穆斯林世界供应或

---

[11] 阿拉伯征服：阿拉伯人对外征服是指 7—8 世纪，穆斯林的统一国家阿拉伯帝国形成后，攻入西亚、北非和西南欧大片领土的军事行动。——译注

在穆斯林世界生产的。在倭马亚王朝统治下，拜占庭帝国的妇女作坊转变为提拉兹（tiraz）作坊，尤其是在亚历山大和叙利亚。提拉兹原本可能是指"刺绣"，随着时间的流逝，其意义变成了编织嵌有用古阿拉伯字母拼写的在位哈里发名字的缎带，这种缎带是荣誉的象征；同时，提拉兹也意指所有的纺织作坊。法蒂玛王朝[12]也建立了生产服装、帐篷、地毯、床上用品及其他皇家使用的纺织品的作坊。这两类作坊都被政府官员严格管制，就像在拜占庭帝国那样。其使用的原材料十分宝贵，有丝绸以及用于编织带金属丝的徽章的金银。[38]克雷蒂安·德·特罗亚（Chrétien de Troyes）在 12 世纪的罗曼史《伊万》（Yvain）中描绘了成百上千名在这类手工作坊里工作的衣衫褴褛的可怜女人，这些内容被广泛讨论。[39]而巴勒莫的诺曼国王罗杰二世（Roger Ⅱ）以"善用"妃嫔和奴隶女孩闻名，提拉兹的生产方式也得到西西里国王的赞誉。[40]（图 2.5）

图 2.5　作为大使礼品赠送的提拉兹织物示例，埃及法提米德，11 世纪。该织物是在亚麻布上织丝而成。The Metropolitan Museum of Art, New York.

---

[12]　法蒂玛王朝（909—1171 年）：北非伊斯兰王朝，又译法提马王朝，中国史籍称之为绿衣大食，西方文献又名南萨拉森帝国。以伊斯兰先知穆罕默德之女法蒂玛的名字命名，10 世纪成为横跨亚非两大洲的强大伊斯兰国家。——译注

　　10—12 世纪，欧洲消费者越加追捧来自西班牙的奢侈品。[41] 西欧和穆斯林世界之间的贸易通路在这一时期受到限制，[42] 但阻碍可以增强欲望。科尔多瓦的哈里发在 929—1031 年统治安达卢斯、西班牙南部和北非部分地区。在倭马亚酋长统治下，这一地区相对而言属于人烟稀少的穷乡僻壤，贸易被法律管制且局限于家庭生产，直到 9 世纪，在哈里发统治下，纺织生产和贸易出现了相当大的扩张，向欧洲提供令人垂涎的丝绸、装饰性提拉兹缎带和织锦面料、印花棉布、有压纹的皮革以及其他像地毯和床单这样的时尚产品。（图 2.6）

　　贸易的一个利好因素是伊斯兰法律在这一时期的地中海地区的广泛覆盖，市场（market）被系统化管制以确保商品质量并惩罚欺诈。从 9 世纪开始，在科尔多瓦就有了有组织的手工企业，其在城镇区域内按照行业分布。贸易的盈余使贵族更加富有，他们将资金投入商业建筑中。修造的奢侈品市集被称为"al-caiceria"，其使购物成为一种具有审美乐趣的活动。这些商业建筑有被

图 2.6　13 世纪伊比利亚丝织品的一个例子。The Metropolitan Museum of Art, New York.

廊柱环绕的开阔中庭。科尔多瓦出产的首饰可与拜占庭和巴格达出产的媲美。被称为"markatal"（注意这个更拉丁化的名字）的服装市场与之相似，通过一条遮阴的道路即可抵达。而穆哈泰希卜（Muhtasib）[13] 也支持像纺织、染色和鞣革这样需要为设备投入资本的行业。企业主提供原材料并雇用符合条件的工人和学徒，他们通常合伙经营店铺，也共同承担成本。他们的教会人员对生产进行管制并确保生产流程一致。批发贸易被专业化的商人（djallas）垄断，这些商人是生产产品的手工匠人与定制产品的朝臣专员的中间人（dallal）。针对外国商人有指定仓库（funduk），它是一个在地面堆满商品且在上方也有库存的场地。露天市场（suk）有专门的成衣摊位，也有二手商品的专门区域。买家也可以把布料交给裁缝定制服装。无论新产品还是二手产品，广告都是由叫卖者（munadat）来完成。[43] 有专门从事亚麻内衣生意的商人，也有化妆师、美发师、香水师：有条件的人可以用很多时尚的手段来装扮自己。在 11 世纪，阿拉伯帝国陷入内战，但相似的商业模式于 13 世纪在西西里出现，也在后来基督教化的西班牙王国（在那里，这些工艺品被保存下来或复兴）以及后来的很多欧洲城镇中出现。

一直到 12 世纪晚期，东方市场对西方工业制品的需求都极少。在那之后发生了一个戏剧性的变化：佛兰芒、法国北部及英格兰部分地区的高品质羊毛面料成为热内亚、比萨和威尼斯商人偏爱的出口商品。他们通常用这些商品换回厚毛呢、丝绸、明矾、染料（尤其是高档胭脂或胭脂虫）和香料，通过意大利船只和驮畜将它们运回西方。这一新的贸易平衡标志着欧洲时尚工业发展

---

[13] 穆哈泰希卜：伊斯兰教早期检查官的称谓。阿拉伯语音译，意为检查者、监督者，负责惩处违反教规（如不按时做礼拜或不守斋戒规定）的穆斯林。——译注

历程中一个重要时刻。[44] 从 12 世纪开始，资料数量稳步增长，学者们可以根据行会和手工业资料、公证材料以及一些法律和税务档案对纺织品生产和分销进行研究。从 13 世纪晚期开始，清单也是重要的研究材料，让我们得以窥见当时的家庭消费情况以及服装和面料如何被分发给下属（即赐服，见本书第六章）。考古学作为 12—15 世纪的资料来源已不在研究材料中占据主导地位。

在中世纪早期，威尼斯被认为是拜占庭帝国的一部分。拜占庭帝国皇帝向这个位于亚得里亚海的前哨委派官员发布指令，并与其有悠久的政治联姻传统。1171 年，在君士坦丁堡的 fondaco（殖民前哨）大约有一万名威尼斯人。大约也就是在这一时期，威尼斯人开始独立于拜占庭这个东方帝国行动，为了自己的利益从事地中海地区的国际贸易。威尼斯的大帆船将黎凡特出产的丝绸运往安特卫普和布鲁日 [14]，以换回佛兰芒的呢绒和英格兰的羊毛。这些船队每年被拍卖给威尼斯出价最高的人。信用系统建立了起来，用以处理贸易中的风险问题，付款可以延迟到船队带着商品胜利返航后。[45]

热那亚和威尼斯是针锋相对的竞争者，在 13—14 世纪二者爆发了四场战争。热那亚和比萨都在 11 世纪因阿拉伯人的侵袭而被摧毁，但恢复后掌控了很多地中海地区的港口。比萨人控制了突尼斯的贸易，而热那亚主要与伊比利亚、西西里和黎凡特进行贸易互动。热那亚人是生丝的主要运输商，生丝被运往各个城市作进一步加工，尤其是在卢卡，那里生产奢华的花缎和锦缎。[46]（图 2.7）

蒙彼利埃成为法国南部以及伊比利亚地区销售这些丝绸的市场，其也销售由意大利船只运回的来自拜占庭、波斯和中国的丝绸。[47] 对欧洲北方市场而言，

---

[14] 黎凡特是地理术语，指地中海东部沿海地区；安特卫普、布鲁日位于今比利时西北部，是欧洲文化名城。——译注

图 2.7 14 世纪制作于卢卡的一块华丽的彩花细锦缎（丝绸）实例。The Metropolitan Museum of Art, New York.

纺织品批发中心是香槟集市 [15] 和巴黎近郊的朗迪（Lendit）集市。

2. 采购、销售和购物

香槟集市标志着西方时尚商业和银行技术手段发展中一个重要的过渡阶段。布洛瓦的泰博伯爵四世 ［Count Thibaut Ⅳ，即香槟伯爵（Count of Champagne）］于 1137 年设立了章程，以确保对商人实行保护。按照"民族"和语言，商人们被安置在专门的临时区域，这些集会成为中世纪欧洲的民族汇

---

[15] 香槟集市：12—14 世纪形成于法兰西香槟伯爵领地上的跨国界集市贸易中心。从意大利来的东方货物和从北欧来的货物在此地汇集，其因而成为欧洲商业中心之一。在 13 世纪后半叶达到全盛。在香槟集市上，货款结算及商业债务偿还已使用清偿余额划汇结算的办法；期票、汇票等信用凭证也开始使用。香槟集市对推动西欧商品货币经济的发展有重要作用。——译注

集地之一。会展要求投入大量的资本：对香槟本地而言，投资来自伯爵们，而其他地区则由教会资助（请注意，如图 2.8 展示的场景夸大了主教的重要性）。

"集市（fair）"一词本身与宗教机构有关，意指吃大餐的日子（feria），购物日程就以它为依据。集市逐渐演变为每年按照固定周期举行，在每个城镇持续两周，确保商业活动的规律进行：1 月在马恩河畔的拉尼，大斋节（Lent）[16] 期间在奥贝河畔的巴尔，受难周（Passion week）[17] 期间在塞尚，5 月在普罗旺斯，圣约翰日（St. John's Day）[18] 在特鲁瓦，9 月末到 10 月在普罗旺斯，11—12 月又在特鲁瓦。集市在开头这段时间专门进行商品展示，随后是购买阶段，再后来是支付阶段——尽管公证记录表明信贷和延期付款也应运而生。[48] 集市以庆祝作为结束的标志，整个批发购物过程成为一次愉悦的经历。集市一直存续到 14 世纪，虽然在 13 世纪末，佛兰芒的航运活动与意大利航运竞争，打开了更多的贸易通路，巴黎地区的集市也出现了竞争。

家庭记录，例如 14 世纪早期关于马蒂·阿托瓦斯（M ahautd'Artois）伯爵夫人的记录，提供了一些关于羊毛面料和丝绸是怎样被制成服装的信息。[49] 为了在诸圣日[19] 和复活节这样一年两度的赐服周期中，给她本人、她的孩子以及其他三四十名家庭成员提供服装，马蒂·阿托瓦斯派出她的财务管家、裁缝

---

[16] 大斋节：亦称封斋节，是基督教的斋戒节期。大斋期由大斋首日开始至复活节前日止，一共 40 天。大斋节被看作一段悔改的时期，人们把灰撒在自己的头顶和衣服上，以表明悔改或懊悔。——译注

[17] 受难周：即受难节，亦称耶稣受难瞻礼，是基督教纪念"耶稣受难"的节日。
——译注

[18] 圣约翰日：每年的 6 月 24 日。圣约翰日又称仲夏节，是西方世界的庆祝活动。据圣经记载，约翰是最早在约旦河中为人施洗礼的人，是基督教的先行者。——译注

[19] 诸圣日：基督教节日之一。初为纪念殉道圣人，后逐渐扩展到纪念所有得救的圣徒。——译注

图 2.8　朗迪集市的再现，画中展示了临时摊位，不同商人之间在对话或批发呢绒的样子，以及教会资助的中心地位。来自 14 世纪罗马教廷的桑斯总教区。MS Lat. 962，fol.264. Bibliothèque nationale de France.

或 "familiers（她的顾问团中的修道士）" 中的一员去大量采购羊毛、丝和亚麻，以及用作衬里的皮毛。有时他们会去位于普罗旺斯的集市，或杜埃、根特、伊普尔、阿拉斯、圣俄墨、爱思丁、巴黎这样的城镇。服装样式和织法的选择由这些代办决定，不过有时她会在书信中交代大体要求。像她父亲罗伯特一样，她雇有一位裁缝来制作外衣和帽子。有时会请来巴黎的裁缝制作内衣、面纱和头巾，其中部分工作也是宫廷女人的工作。手套是在城镇购买。用于固定头饰和服装配饰的针也是在城镇里数以千计地购买。她会给手下的男人们买鞋的钱，因此他们应该是直接从制鞋匠那里订购自己的鞋。她所雇用的较高地位的男人和骑士也会得到俸禄，因此他们应该会花钱选购自己的部分外衣和配饰，并为自己的随从购置衣物。简而言之，有多种服装生产方式在运行。上层人士并不直接与商人互动，而是将这样的事务交给较低级的宫廷贵族去处理。

巴黎在12—13世纪成为西方世界最大的城市。随着它逐渐成为卡佩王朝的首都和主要的大学城，它也成为一个时尚中心，以新奇的产品吸引着贵族、主教以及稳步成长的商人阶级。它是北方毛呢和地中海地区丝绸的交易市场。这里也有生产活动：至少起源于11世纪、13世纪时专门生产被称为"biffes"的中端毛料的羊毛纺织业；一个有分量的亚麻行业。产品包括一种被称为"tiretaine"的混纺织物，其被用于生产两种装饰用的挂毯（使用"Saracen"织机和本土织机，这二者的区别目前尚不清楚）；还有小的丝质奢侈品，如装饰性的荷包、腰带以及头饰。[50]

关于巴黎手工业组织的最早证据来自12世纪，准确地说是1160年。路易七世（Louis Ⅶ）将盈利让给皮革工匠们，包括鞣革匠、缝纫匠、白皮匠（专门处理白色皮革如山羊皮）、皮包匠。国王菲利普二世（Philip Ⅱ）认可了多个手工行业，如布料行业和皮毛行业，在12世纪80年代为修造相关建筑群拨款。[51] 在1268年，路易九世（Louis Ⅸ）[20] 任命的巴黎最早的首长之一艾蒂安·布瓦洛（Etienne Boileau）将巴黎近百种手工行业的规章制度梳理整合。这些，加上1292—1313年的税务记录，为研究中世纪时尚物品的都市生产者和分销者提供了丰富的素材。（表2.2）

---

[20]　路易七世、腓力二世、路易九世分别是卡佩王朝第八、第九、第十一位国王。

——译注

表 2.2　巴黎《行业之书》(Livre des Métiers) 中的纺织品（含服装）生产商，1268 年

古法语	生产商（或工人）	章	相关描述	性别	部分规定
Laceurs de fil et de soie	亚麻和丝带制造商	34	制作饰带（调整衣服用）和可用于多种用途、包括密封文件的丝带	男或女	限制1名学徒，若妻子也工作就可2名，烛光下不工作
Fillerresses de soye a grans fuiseaus	丝织机、大纺锤	35	分、织、捻	女	限制3名学徒，除非是自己的孩子。至少工作7年
Filleresses de soie a petiz fuiseaux	丝织机、小纺锤	36	分、织、捻	女	周末不工作，限制2名学徒
Crespiniers de fil et de soie	亚麻和丝质花边制造商	37	制作女士的礼帽（帽子）、祭坛用的垫子和顶篷	男或女	1名学徒；圣梅里的宵禁钟声响后不工作
Ouvrières de tissuz de soie	丝织品工人	38	装饰性的真丝织物	女	限2名学徒，工作6～10年；丝与亚麻混在一起制作的欺诈性产品必须予以焚毁
Braaliers de fil	亚麻内衣制造商	39	制作主要由男性穿着的宽松长裤和亚麻里衣	男	必须用良好的白线制作；使徒节或维尔京节不工作
Ouvriers de draps de soie, de veluyaus, et de boursserie en lac	兜售丝绸、天鹅绒和锦缎的服装商	40	制作用于钱包的最重要的丝绸、天鹅绒和锦缎	男	法庭规定的计量法；必须通过行会负责人，而不是其他平民或商人
Tesserandes de quevrechiers de soie	真丝方巾编织工	44	制作女人的面纱	女	假期不工作；学徒1名，若是家人就可2名；非成员不得独立工作
Toisserans de lange	羊毛编织工	50	宽泛地涵盖了服装商和染色工，直到1362年他们被分离	男	只有主人才能拥有织机，限制2台宽织机和1台窄织机，可以与兄弟、侄子、学徒一起工作；至少4年

古法语	生产商（或工人）	章	相关描述	性别	部分规定
Tapissiers de tapiz sarrasinois	萨拉森挂毯的编织者	51	制作较厚的挂毯，如东方地毯	男	限1名外聘学徒，服务8～10年；必须使用优质羊毛；女性因为此工作太繁重而被禁止参与
Tapissiers de tapiz nostrez	巴黎挂毯的编织者	52	制作较窄的挂毯，其可能是滑面的，而不是绒面的	男	不限男仆，限2名学徒，最少服务4年；必须使用优质的羊毛；亚麻或大麻只用作边角
Foulons	漂洗工	53	冲刷并搓毛或揉厚羊毛	男或女	限制2名外聘学徒；妇女如果再婚，就必须放弃手艺
Tainturiers	染色工	54	用靛蓝和其他染色剂给织物染色	男	必须使用优质明矾和媒染剂；染色工不能织布
Chauciers	制袜商	55	用亚麻布、丝绸或皮革制成男士紧身裤	男或女	不限学徒数，夜间不工作；不在街上兜售成衣，以免欺诈；星期天不销售
Tailleurs de robes	服装师/裁缝	56	剪裁的羊毛服装 [长袍＝一套外衣，包括短上衣、长罩衫（surcot）和斗篷]	男	不限男仆和学徒数；师父们会调整裁剪得不好的服装
Liniers	亚麻商人	57	按重量批发亚麻，准备好纺纱时出售，经营运输	男或女	限1名学徒，女工数不限；不用来自西班牙或努瓦永的亚麻
Marchans de chanvre et de file	亚麻和麻类纤维商人	58	购买晾干了的亚麻和大麻	男	不限男仆和学徒数；仆人不能参与经商，只有妻子和孩子可以

Chavenaciers	帆布商	59	购买和出售在诺曼底的香波市场（Les Halles）生产的布料，处理运输事宜	男	不可经营餐巾、桌布或袋子
Merciers	布料商	75	出售和装饰精美的面料、帽子、发饰、小钱袋、大头针、花边；不允许生产	男或女	两名学徒或工人；必须使用优质的金线和丝线
Frepiers	二手服装经销商	76	买卖长袍、旧羊毛、亚麻和皮革制品	男或女	在被指控的情况下，必须自愿出庭作证，不得从盗贼那里购买，不能用二次漂洗过的羊毛
Boursiers et braiers	皮革钱包和马裤制造商	77	制作鹿皮、猪皮、马皮和皮质的箱包和马裤	男或女	皮革必须用优质明矾鞣制；限制一名学徒；向高级缝合者（皮革缝制师）报告
Baudroiers	制革工人	83	鞣制皮革，用于制作皮带和鞋底	男	限1名学徒，家庭成员除外；在巴黎圣母院晚祷声响起后不工作
Cordouanniers	皮匠	84	制作以科尔多瓦皮革为原料的高级鞋和高级长筒袜	男或女	不采用羊皮革底和已鞣革的小山羊皮；不限学徒数；寡妇可以买产业
Çavetonniers de petits solers	拖鞋匠	85	用绵羊皮和小山羊皮制成拖鞋	男或女	科尔多瓦皮革被禁止焚烧；寡妇可以买产业
Çavetiers	鞋匠	86	制作和修理质量适中的鞋子	男	对劣质的线或皮革进行罚款

续表

古法语	生产商（或工人）	章	相关描述	性别	部分规定
Corroiers	制革匠，皮带制造商	87	把制革工人处理好的皮革成品制成皮带和其他物品	男或女	除成员的女儿外，不得有女学徒；只有通过婚姻进入职业的女性才可以接收学徒；不在夜晚或烛光下工作；
Gantiers	手套商	88	用羊皮、鹿皮、小牛皮、松鼠皮、灰皮（进口松鼠皮）制作手套	男	鹿皮和小牛皮必须用明矾鞣制；禁止使用二手皮革
Chapeliers de fleurs	花冠、花草帽	90	用花卉和草本材料制作帽子和小花环	女	白天和晚上都可工作，星期天不工作；不值班，因为顾客是贵族
Chapeliers de feutre de Paris	毛毡帽制造商	91	用纯羊毛、羊绒制作毡帽	男	早上或晚上不工作；星期天不销售
Chapeliers de coton de Paris	棉帽制造商	92	用棉花和动物纤维制作帽子	男	不限男仆和学徒数，可以上夜班
Chapeliers de paon de Paris	羽毛帽制造商	93	用孔雀羽毛和金属装饰制成的帽子	男或女	必须使用优质青铜
Fesserresse de chappeaux d'or et d' œuvres a un pertuis	掐丝或珠帽制造商	95	制作饰有金质掐丝和珠子的女性头饰	女	必须在白天工作；用羊皮纸或薄纱被认为是欺诈

然而有的手工行业没有在这些法规中出现，例如皮毛匠，尽管事实上他们人数众多。贾尼斯·阿彻（Janice Archer）的研究表明，丝绸相关工作是女人的专属，很多单身的和已婚的女人是以服装生产或服装生产相关工作谋生。慈善修女（在组织松散的社区中生活的信教女子）也通常是通过缝纫、纺线、制包以及其他类型的纺织品生产活动来自食其力。[52] 随着职业报酬越来越高，这些行业也吸引了更多的男人进入，刺绣行业也是如此。[53]

与此相似，在11—13世纪，英格兰、威尔士和苏格兰的城镇（数量）开始增长，到1300年时，已从大约100个城镇增加到830个。放眼欧洲，在城镇工作以及用自己的手艺吸引更广泛的客户的希望，引起了农村人口大量外流。英国一些乡村完全由纺织者组成，但缺乏多样性服务。这样的多样性只能在商业城镇中才能找到，在那里，商业活动在一周中的某些日子进行，从而吸引流动的商人。就像巴黎那样，伦敦也是奢侈（品）贸易和产品中心，在中世纪晚期有大约175个手工行业[54] 在这样的城市中，人们可以在一周中的任何一天购物，规定在特定的节日或周日各行业强制性关门：人们对新的长袜、方巾和花冠的需求源源不断。（图2.9）

然而购物几乎不可能是一站式的过程：面料必须拿到裁缝店或缝纫匠那里加工，并与装饰品进行搭配。有些裁缝十分贫穷，而有的裁缝则以制作讨巧的服装及值得信赖而出众，且十分富有——其中一些人与巴黎大桥的金匠交往甚密。在伦敦，裁缝行会也与亚麻铠甲制作行会相联系，后者生产穿在金属盔甲下的夹棉衣。到15世纪，这一群体已包括一些富有商人，表明这些创业者通过将不同的手工行业及其客人连接起来而获利。[55]

有一种商人在改进或者改善消费者的购物体验方面表现较为突出，这就是

图2.9 一家14世纪的裁缝店。画上裁缝在量尺寸，一对男女缝纫师在缝衣服。注意衣杆上的各种衣着：头罩、袋子、长筒袜和外套。摘自插画书《健康全书》(*Tacuinum Sanitatis*)。Bibliothèque nationale de Fance. MS nouv acq.Lat 1673 fol.95r.

布料商。流动的布料商将产品带到贵族的庄园里和乡下的村庄。他们的商店为客人选择配饰、小物件以及用于装饰、更新客人自己别的服装所用的装饰品提供了一个单独的空间。在伦敦，有一个被称为"Mercery"的大片区域，那里有多个带顶棚的集市和露天集市以及小店（多达200个）和客栈云集的街道。商人和丝绸女工在那里售卖多种多样的物品：贵重的丝和亚麻线、精纺床上用品、面料以及装饰品。一些布料商在15世纪的商人冒险者中崛起，他们怀着获利的希望，组织与荷兰、西兰、布拉班特和弗兰德斯等国的贸易，并承担极大的风险（这就是"冒险者"的来历），后来获得了英国出口贸易的垄断权。[56]

旧衣商也满足了人们重要的购物需求。贵族和较富有的商人抛弃的旧服装通常是作为礼物给予仆人，不合身的服装可能会被卖掉以便另行购买。对消费者而言，购买旧衣是一种绕过服装商和裁缝而快速获得成衣的途径。巴黎的税务记录显示，一些旧衣商很贫穷，仅缴纳极少的税。他们可能既供应便宜的服装，也为那些同样地位卑微的人提供修补衣服和改衣的服务。有的旧衣商十分富有，其中一个群体就聚集在巴黎大堂（Les Halles）对面的街道上。拥有大总管给予的特殊权利的旧衣商被称为"haubanier"。在伦敦，某些旧衣商在市民和社会生活中表现活跃。[57] 这可能是一个利润丰厚并受到尊敬的职业。艾蒂安·布瓦洛（Etienne Boileau）的法令确实有几页篇幅是关于接受盗窃商品和欺诈现象的，但这也证明了很多人试图维持良好声誉的意愿。

家庭必须谨慎地处理各种资源。尽管贵族通过华丽的服装来体现他们的地位，在中世纪晚期财物清单中也可见其会在每一个重要的社交场合穿上新衣来体现社会地位，但这也意味着高昂的成本，导致他们长期深陷犹太人和伦巴第人债主的债务中。与此相似，在那些不那么富有的家庭里，服装的更新以及对漂亮饰物的追求都意味着对家庭财力的长期挑战。在一本据说是一位较年长的丈夫于约 1393 年给年轻妻子写下的建议书中，丈夫建议妻子和她的贝居因（Beguine）[21] 要始终注意床单、被子、裙子、披风以及皮毛衬里是否损坏，在天气好的时候要将它们放在阳光下通风晾晒，在潮湿的季节把它们包裹起来严防蛀虫，并适当处理油渍和酒渍（II.iii.11）。缝纫师和鞋匠是他的第二类仆人，他们是在一段明确的时间内为家庭完成明确任务的仆人（II.iii.1）。丈夫写下了数页菜谱和持家的经验之谈，但没有给出关于缝纫的切实建议：他似

---

[21] "贝居因"指中世纪出现于北欧的半世俗女修道会贝吉安会的成员。贝吉安会又译作"伯格音派"，无会规和等级制，不要求发誓愿，强调体力劳动，可拥有私产；成员共居，过着小型的半共产生活，通过祈祷和默想为病人和穷人服务，可随意返俗。——译注

乎不期待妻子亲手为家人做这方面的事，他也不期望她完全独立地采购面料、鞋子和其他各种家用物品，而是认为她应该询问为她效劳的男人在价格和讨价还价方面的事宜（Ⅱ.iii.3）。[58]

结　语

中世纪见证了多样的生产方式。从中世纪早期乡村聚居点的基础性家庭所需生产到中世纪后期针对外贸市场进行的规模化、专门化纺织作坊生产，纺织品分销方式随着时间而变迁，但始终运用海运进行服装材料的运输，先是在地中海地区，随后扩展到北海周边。在1 000多年的时间里，人口先是减少，然后逐渐增长。很多城镇兴起，或者说事实上服装生产及贸易的发展催生出新型的雇佣关系，从而创造了很多城镇。尽管一些纺织工作在这一时期都是女性的专属，但随着城市的发展和财富的增长，家庭中的女性不再直接为所有布料和服装的生产负责。不过，她们可以通过纺织工作像男人那样自食其力。当纺织品生产和服装贸易提供了充分的盈利机会，我们看到男性在纺织品生产和管理方面都居于主导地位。

第三章　身　体

吉利梅特·伯伦斯和萨拉·布拉齐尔

历史学家雅克·勒·高夫（Jacques Le Goff）写道："身体为中世纪社会提供了一种主要的表达方式……中世纪文明是一种姿态文明。"在下一段，他补充道："服装具有更显著的社会意义。"[1]我们的目的是从姿态和服装这两个最相关的方面出发，把这两方面联系在一起来研究中世纪的人体。勒·高夫提醒我们，"眼镜是在13世纪晚期才发明的"，他还提出触觉对中世纪的人来说至关重要。[2]如果我们想更好地理解中世纪的人的身体感觉，那么触觉是至关重要的。莫妮卡·格林（Monica Green）在《中世纪人体文化史》（*A Cultural History of the Human Body in the Medieval Age*）的导言中问道："中世纪的人体看上去是什么样的？"[3]我们则想问："中世纪的人体如何感觉，或者说他们的感觉如何？"也就是说，在中世纪的文本资料、言论和艺术作品中，我们能找到什么来帮助我们理解中世纪的人在感官和感知层面获得具身体验的方式。我们将通过研究肌肤、衣服和姿态，卫生、护理和治疗，身体轮廓、步态和腰带，来解决这个复杂的文化问题。我们将考虑服装如何影响中世纪的人的行动方式以及他们跟他人和自身的关系。

平衡、触摸和关怀

衣服塑造了我们感知他人身体的方式，也塑造了我们感知自己身体的方式。首先，织物的质地会引起触觉感知，以最直接的方式影响我们的感觉。《健康表》（*Tacuinum Sanitatis*）是 11 世纪伊拉克医生伊本·布特兰（Ibn Butlan）撰写的健康论文的拉丁文译本（1254—1266 年），该书于 14 世纪末至 15 世纪初在意大利北部被加上了丰富多彩的插图。[4] 其中两幅插图的文字说明描述了羊毛和亚麻在皮肤上的体感。[5]

图 XLVI. 羊毛服装（Vestis lanea）

性质：温暖干燥。上品：佛兰德斯出产的轻薄型。用处：御寒保暖。风险：刺激皮肤。风险中和：搭配薄亚麻布衣服穿着。（Casanatense MS，f.CCVI）

图 XLV II. 亚麻服装（Vestis linea）

性质：凉爽干燥（二度）。上品：轻盈、华丽者。用处：调节温度（散热）。风险：压迫皮肤，阻止排汗。风险中和：与丝绸服装混搭。效果：

帮助溃疡愈合。它主要适合火暴易怒者、年轻人，在夏天及南方地区。
（Vienna MS，f.105v）

《健康全书》是埃尔博查西姆·德·巴尔达赫（Ellbochasim de Baldach）[伊本·布特兰（Ibn Butlan）的别名] 著作的改编本，里面提到："根据最睿智的古人的建议，《健康全书》解释了要阐明食物、饮料和衣服的益处、它们的风险及中和风险之法所必需的六件事。"[6] 中世纪关于健康和生活方式的普遍目标之一是平衡和适度。平衡是体液理论中的一个目标，后者是中世纪关于卫生和健康的所有论述包括《健康全书》的理论依据。在《健康全书》中，"风险"和"风险中和"这样的条目描述了这种持续的关注，其无差别地适用于阐释食物、温度、衣服、日常生活实践（如做意大利面或意大利乳清干酪）、活动（如击剑或散步）或情绪。比如，愉悦（gaudium, Vienna MS, f.104v）被描述为是有用的，因为它提供了"一种深刻的幸福感"，但它具有"如果太频繁就会致死"的风险，其风险中和为"与智者同住"。[7]

13 世纪，锡耶纳的奥尔德布兰迪诺（Aldobrandino da Sienna）在比阿特丽斯·德·萨瓦的要求下创作了《身体的修养》（*The Regimen of the Body*）一书，书中提出适度和正确的措施是获得和保持健康的方法。[8] 所有的自我护理和姿态都必须适合个体性格和肤色，无论是进食、就寝还是性交——性生活过多和过少都可能构成危险。[9] 至于"在蒸汽室和缸里"洗澡，一个人应该"不在里面待太久，但是刚好有足够的时间来清洗自己的身体，把隐藏在身体缝隙（也就是皮肤毛孔）中的来自大自然的污垢清理出来"。[10] 一个人的身体应该是干净的，但不宜过分干净。

护理和治疗涉及触摸，如图 3.1 所示，图中这位医生正在触摸病人。打扮入时的病人站立着，身着紧身裤、长袖衣和头罩，他撩起上衣，让坐着的医生触摸他的腹部。在奥尔德布兰迪诺的养生法中，对孕妇的护理措施包括按摩她们的手和脚。[11] 对于新生儿来说，关于脐带（boutine）的建议是使用一根羊毛拧成的线和一块蘸油的布来处理。[12] 私密护理的这种姿态赋予羊毛重要的功能，即系紧脐带，直至脐带变干并脱落。

《特罗图拉》（*Trotula*）是关于三部萨勒尼坦女性医学著作的拉丁语概要，它"从 12 世纪末到 15 世纪末在整个欧洲流传"。[13] 它以关于妇科病人的护理问题的一段话开始——这个问题极少如此明确地在中世纪的书面论述中提出，中世纪的书面论述一般关注男性：

图 3.1　医生正在检查病人的腹部，来自 *Liber notabilium Philippi septimi francorum regis, a libris Galieni extractus,* 帕维亚的盖伊创作于 1345 年。羊皮纸。Chantilly,Musée Condé（Ms.334,f.272）.©RMN-Grand Palais（domaine de Chantilly）/René-Gabriel Ojéda.

女性，鉴于她们脆弱的状态，出于羞耻和尴尬，不敢向医生透露她们自己疾病导致的痛苦（它发生在这样一个私密之处）。因此，她们的不幸应该得到同情，而且有一位女性特别触动我的心，驱使我就她们的疾病和健康护理给出一个清晰的解释。[14]

在《特罗图拉》里收集的众多治疗方法（有些也适用于男性）中，有一种方法解释了如何在分娩后用丝线缝合三度会阴撕裂。[15] 其他的治疗方法是美容或卫生方面的，比如美白牙齿的配方："采集烧过的白色大理石和烧过的枣核，还有白泡碱、红瓷砖、盐和浮石。将以上所有材料研成粉末，以细麻布包裹湿羊毛并蘸上粉末，由内向外摩擦牙齿。"[16]

希波克拉底和盖伦的体液平衡原则遍及《特罗图拉》，并为男性和女性的生育问题提供解释：

男人的过错和女人的过错都会阻碍受孕。女人的过错是两方面的：要么子宫过热，要么子宫潮湿。子宫由于天然的光滑，有时无法保留注入其中的精子；有时由于湿度过大，会使精子窒息。有时女人无法怀孕，是因为子宫过热烧毁精液。[17]

在男人方面，该书则指出："如果受孕是因男人的过错而受阻，要么是由于推动精子的精气有缺陷，要么是由于精子湿度的缺陷，要么是由于热量的缺陷。"[18] 书中随后推荐了各种汤剂、药膏、熏蒸方式和特殊的食物，例如，据说有助于产生更多精液的洋葱和防风草。莫尼卡·格林强调，产生这些文本的社会"看到了一个与我们不同的身体，不一定是因为身体本身有显著的不同，而是因为他们用于解释身体的知识结构和他们控制身体的社会目标不同。医学史研究的任务是重建他们所看到的世界的图像，以及他们所经历的体感"。[19] 体液系统让身体能够体验平衡的失去和恢复，同时也提供了医学解释和护理建议。[20]

步态和姿势

平衡也表现在一个人的外表、步态和整体魅力上。在让·德·梅恩（Jean de Meun）为纪尧姆·德·洛里斯（Guillaume de Lorris）的《玫瑰罗曼史》（*Roman de la Rose*）所著续篇中（约写于 1235 年或 1275 年），老妇人声称女人不应该把自己关在家里，而应该让人们知道她的美丽：

> Et quant a point se sentira
>
> Et par les rues s'en ira
>
> Si soit de beles aleüres,
>
> Non pas trop moles ne trop dures,
>
> Trop ellevees ne trop courbes,
>
> Mais bien plaisanz en toutes tourbes.
>
> Les espaules, les costez mueve
>
> Si noblement que l'en ne trueve
>
> Nulle de plus bel mouvement,
>
> Et marche jolivetement

De ses biaus sollerez petiz

Que faire avra faiz si faitiz

Qu' el joindront au pié si a point

Que fronce n' i avra point.[21]

当穿戴得当的她穿过街道时，她应该注意自己的仪态，身体应既不过分僵硬也不过分放松、不过分挺直也不过分弯折，在任何人群中都轻松优雅。她应该优雅地移动肩膀和身体两侧，这样就再找不到比她动作更优美的人了。她应该穿着漂亮的小鞋子优雅地走路，鞋子要制作精良，穿在她的脚上时不会出现任何皱纹。[22]

让·德·梅恩在《玫瑰罗曼史》续篇中以诙谐的文风建议女性要谨慎听取这一建议，尤其这一建议是这位老妇人提供的，她总是轻易向女性的美德妥协。然而，即便有些模糊不清，我们仍然可以看出，仪态得当是中世纪（以及其他历史时期）的热门话题。[23] 当然，问题在于根据上下文来确定"得当"的含义是什么，是爱欲意义上的还是宗教意义上的。

无论如何，服装和仪态的质量被视为个人和社会区隔的标志。这一点可以在《贝里公爵财富博物馆》（Les Très Riches Heures du duc de Berry，1411—1416 年）的图画中看出来。如图 3.2 所示，贵族们后背的挺拔被强调——第二匹马上的女人那长长的垂袖和金色的饰物形成的完美垂线进一步增强了这一点。这种突显的垂直与步行的农夫的倾斜姿势形成对比，后者向后扭转脖子，仰望第一个骑手。此外，农夫的衣服下面露出赤裸的大腿。这种类型的局

图 3.2　波尔、吉恩和赫尔曼·林堡，8 月，出自《贝里公爵财富博物馆》，1444—1416 年。羊皮纸。Chantilly, Musée Condé（Ms.65,f.8v）. ©RMN-Grand Palais（domaine de Chantilly）/ René-Gabriel Ojéda.

部赤裸通常与劳动和下层地位联系在一起。在这幅图的背景中，农民们在田野里收割，在河里消暑。游泳者的姿势是贵族理想化姿态的鲜明对立面：他们的体态明显是非垂直的，以各种可能的方式（肌肤和姿势）暴露身体，特别是那个分开腿仰面游泳的男人。

在 14 世纪，宫廷生活中的服装风格发生了变化，新风格的服装没有暴露更多的肌肤，而是展示了四肢的垂直线条，并将身体轮廓拉伸成细长。[24] 依照变化的风格，男性腿部的形状（而不是肌肤）通过紧裹的紧身裤来展示，一直延伸到尖头鞋。胸部通过一件填充的紧身胸衣（pourpoint）保持挺直，胸衣可收紧腹部、增大胸部轮廓，使人体很难不保持挺拔。[25] 男性身体轮廓从下向上膨大，从细长的鞋子开始，向凸出和直挺的上胸部逐渐扩大，而女性胸部被紧裹在一件以高腰带强调的紧身胸衣里，胸衣向下延展成一条宽大的、以越来越长的裙摆（拖裙）结束的裙子。[26] 这种性别动态在 *Renaut de Montauban*[1] 的插画中显而易见。在图 3.3 中，男人的腿细得惊人，（在视觉上）延伸到长度可以踏到女人拖裙的尖头鞋（poulaine）。管状的帽子进一步拉长了男性的身体轮廓，而手杖强化了他们姿势的垂直度。高耸的埃宁帽和填充角状头饰都拉长了女性的身体轮廓。

在维尔弗朗切-乌尔萨纳的贝塞酒店，绘于 15 世纪的彩绘玻璃（约 1430—1440 年，图 3.4）上，埃杜沃德二世和富裕的维尔弗朗切家族成员之一盖昂内·德·拉·贝塞的女儿表现出对该地最新时尚的敏锐意识。这位女士的分叉式埃宁帽是填充角和圆锥形埃宁帽的混合，其将头饰时尚带到了惊人的"海拔"高度。

图3.3 大卫·奥贝特，花园一景，来自 *Renaut de Montauban Cycle*，1462—1470年。羊皮纸。Paris, Bibliothèque nationale de France（Ms.5072,f.270v）. ©BnF, Dist. RMN-Grand Palais/image BnF.

---

[1] Renaut de Montauban 是一个虚构的英雄，这里指以他为主题的插画。——译注

图 3.4　绘有国际象棋玩家的彩绘玻璃，来自美国南卡罗来纳州萨恩河畔维尔弗朗切的贝塞酒店，约 1450 年。Paris, Musée de Cluny—Musée national du Moyen Âge. ©RMN-Grand Palais（Musée Cluny—Musée national du Moyen Âge）/Jean-Gilles Berizzi）.

这个男人戴着一顶时髦的帽子夏普仑（chaperon），帽檐一周覆盖着耷拉尾巴状的装饰，[27] 他的衣服袖管宽大、袖口很窄，鞋子显然已经变成圆头的，他的皮包也一览无遗。[28] 作为一个配件，他的皮包这个被称作"aumônière（钱袋）"的物件是炫耀的噱头（与着装的其他部分相匹配），使得"花钱……成为装扮的中心"。[29] 这位女士的额头进行过大面积的祛发，分叉式埃宁帽的大小和形状使她不得不把头抬起来；她的长袍衣领敞开、腰线高，用大量布料制成，不实用——这是财富的又一个标志。最有趣的是，画中人在下棋。虽然这种肖像题材并不新鲜，但彩绘窗户利用了传统图案中的情欲色彩，图案中的当地富豪身着最新时装（参见 14 世纪早期这种图案中女性的中央褶皱，如图 3.5 所示）。国际象棋游戏这一图像符码被以新的方式运用在这件艺术品中，引出

图 3.5 描绘下棋场景的镜盒。1300 年，象牙制品。Paris, Musée du Louvre. ©RMN-Grand Palais（Musée du Louvre）/Daniel Arnaudet.

人们对画中情境的符号学理解，以及对诱惑如今也可以通过时尚宣言来表达这一事实所具有的新内涵的感知。

这件作品中的姿态也是如此。男人手支下巴的典型姿势和女人举起的右手是整个中世纪艺术中屡见不鲜的符码。前者传达悲伤和关切，后者的意味涵盖从聚精会神到彻底震惊的区间。[30] 尽管如此，两位主人公的另一只手创造了一个更复杂的故事。这位女士的左手触碰到对方的衣袖，表明她的惊讶充其量是轻微的，而身体接触是有意为之（这种可能性显然已经在脚的层面被证实）；男主人公埃杜沃德左肘部的倾斜似乎是为了拉近距离而不是表达悲伤——更重要的是，他正在取走对方的女王棋子，从而赢得这局棋，或许还赢得了他的游戏伙伴的青睐。这种再现展示了服装与姿态及其叙事方式的有机联系。姿态和服装具有表达力。这些力量有运用规则，正是这种规则提供了一个以真正的时尚精神表达意料之外的另类情境的方法。[31]

宗教律令

在《诗篇》（*Psalm*）第十四篇中，问题是探讨谁会寄居在上帝的礼帐里。列出的第一条当选者具备的品质是"行走无瑕疵"（Ps 14:2）。[32] "无瑕的步态"——仪态得当的另一说法——的含义是隐喻性的，指的是无可指责的行为。不过隐喻总是既表达又影响文化观念，而认为一个人的道德品质可以通过他或她的步态表现出来，则与中世纪的意识有关。面部表情和行为举止——我们指的是一个人在互动中的动作和姿态的风格——显然被认为是个性的最重要的表现。[33] 因此，行为举止是一个关注的焦点，因为它联系着如步态（incessus）、面部表情（vultus）、姿态（gestus）、运动（motus）和惯习（habitus）等中心概念。[34] 安德里亚·丹尼-布朗（Andrea Denny-Brown）强调亚里士多德的"habitus"概念的重要性及其与习惯或服装的关系："habitus 同时意味着主体的服装及其整体的存在状态。"[35] 术语"惯习"和"表情"一起被波伊提乌（Boethius）和里尔的阿兰（Alain de Lille）[2] 用来表达人物命运的戏剧性变化。[36] 它们还出现在英文版《马克亚特的克里斯蒂娜》（*Life of Christina of Markyate*，14 世纪上半叶）的一个引人注目的段落中，该段落综合了这些概念在中世纪意识中的关联和极端重要性。

---

[2] 波伊提乌是欧洲中世纪哲学史上的杰出人物，曾任罗马执政官，在狱中写成《哲学的慰藉》一书，该书被誉为中世纪经典作品；里尔的阿兰是欧洲中世纪诗人、思辨神学家。——译注

隐士罗杰最终被克里斯蒂娜卓越的宗教表现征服，同意让她住在他附近的一个隔间里，尽管鉴于外界的怀疑和社会压力，他拒绝见她或与她说话。

　　然而，他们在同一天看到了对方。事情是这样发生的：她匍匐在老人的小教堂里，脸朝向地面。罗杰从她背后跨过去，背着脸，以免看见她。但当他经过时，他侧转头去看她是多么谦卑地准备祈祷，他认为这是祈祷者应该遵守的一件事。然而她于同一瞬间也在抬眼看，以评估这位老人的举止行为，因为她认为在其中有一些伟大的神性的痕迹显现。[37]

这一场景详细描述了一起四目相对的行为事件，并将其呈现为叙事的转折点。引人注目的是，叙述者为主角的互相窥探提供了一种逻辑：两人都认为像祈祷这样的姿势的沉着状态，以及步态和惯习，传达出关于一个人的根本价值和优点的信号或痕迹。同样值得注意的是"facies（脸）"与"vultus（面部表情）"这两个词的区别。脸是器官，是眼睛、鼻子和嘴所在的头部一侧区域，而表情是这个区域在移动、感知和交流时形成的表达空间。例如，"vultus propalabat hilaritas"这个由三个单词组成的句子应如此翻译，"（一想到她的自由，）巨大的喜悦（便充溢了她的心房，）浮现在她那明媚的脸上，所有人都能看到"。[38]

脸是物质层面的，表情是体态语，是关联的。同样的区别也适用于服装。服装既是缝合在一起的一块块织物，又是一个人惯习的体现。由此，它可能是关键性互动事件的核心。在《马克亚特的克里斯蒂娜》中，主角之间的事件通过服装得到了有力表达。在经历了令人鼓舞的圣母玛利亚的神示后，克里斯蒂娜从那个迫害她并想强迫她结婚和性交的男人身旁走过。

> 在她必须下去的地方，伯瑟里德正匍匐在地，裹着一件黑色斗篷，脸朝下。一看到克里斯蒂娜走过，就伸手去抓她，想紧紧攥着她。但是她把衣服拢在一起紧紧地扣在体侧，因为它们是白色的而且会随风起伏，所以她毫发无损地走了过去。当她从他身边逃走时，他瞪着眼紧随着她，可怕地咆哮着，不停地以头撞地以示愤怒。[39]

邪恶男人的黑色斗篷和纯洁女人的无瑕服装是毫不含糊的标志，然而有趣的是，这些标志是以姿态为手段加以戏剧化的。事实上，（前面提到的）克里斯蒂娜的"匍匐"被解读为祈祷时应有的沉着，而在她的迫害者那里，当他突然把手从黑色斗篷下伸出来抓住路过的克里斯蒂娜的脚踝时，"匍匐"传达出威胁的信息。这时，她严密地把自己裹在白色衣服里，以一种电影般的保护性动作在她的身体周围造成足够的褶皱，从而让自己完好无损，而伯瑟里德则在愤怒的沮丧中以头撞地。与后者在情感上的无能表现形成鲜明对比，宗教行为与权威的自我控制感相关联，这种自我控制感不仅可以通过特定服装来表达，还可以通过特定服装来增强效果，比如克里斯蒂娜的白色服装。

在这方面，修道院服装中一个有趣的例子是腰带。5世纪的修道士如约翰·卡西纳（John Cassian），极大地影响了西方的修道禁欲主义。他写道，衣服在防止弟兄们受到不正当欲望的诱惑方面起着突出作用。[40]尤其是腰带，它一再被引述为不仅能为身体而且能为心灵实现这一目标的物品。[41]系腰带在某种意义上被认为有为工作或战斗做好准备的意思，意味着在腰臀部和肋骨之间的某个地方用带子将衣服固定。[42] 然而，腰腹部明显包括性器官，这是被认为在"堕落"后最需要控制的区域。尽管腰带本身是围绕在腰部的，但它被认为影响了人的精神和身体行为。[43] 卡西纳写道：

> 当我们要谈论修道院的习俗和规则时，没有比从修道士的实际着装开始更好的了，因为当我们把他们的外表放在眼前时，我们才能够在适当的时候阐明他们的内在生活。一名修道士，作为一个随时准备战斗的战士，应该总是戴着腰带行走。[44]

正如卡西纳概述的，内在和外在的关联通过修道士的外表得到有效的传达，修道士的腰带控制着姿势和行为，并显示出他的精神和身体的纯洁。当圣经——更具体地说是《旧约》——把修道士描绘成"基督战士"时，腰带的意义在这里得到了维护并发生了转变，他们的战斗是在精神上进行的，因此他们的腰带也是在处于字面意义和比喻意义之间的语境中呈现的。

修道士斯马加杜斯（Smaragdus）在 10 世纪写了一篇关于本笃会规的评论文章。他还认为腰带是修道士日常斗争的重要附属品。在序言中，他将腰带描述为一个具有双重意义的物品，将其双重功能勾勒如下：

> 因此，我们要用信心和遵守善行来束腰。在这里，以最优雅和最具预言性的方式，受祝福的神父本尼迪克特提到修道士专属的双重腰带。他知道没有行为的信仰是死的，没有信仰的行为是空的。所以他希望修道士的腰带不是纯物质的，而是由这两者编织而成。[45]

根据本尼迪克特——斯马拉格杜斯(Smaragdus)称之为腰带的设计者——的说法，如果身心不合作，其中一个完全依赖另一个，修道士就永远不能正确落实奉献的修行。因此，信仰和行动是修道士承诺的两个方面，腰带不仅意味着这一点，而且有助于实现它。斯马拉格杜斯像卡西纳一样，进一步提到了步态在这个过程中的重要性："现在，勇敢地做好准备，要抑制心灵和思想的不洁，不管是在行为上还是思想上。"[46] 因此，腰带旨在影响步态，抑制身体和精神的欲望，并从整体上推动对自我控制的有效行动。

激进的自我控制的宗教律令可能导致施加己身的暴力。"穿毛衫、赤脚、尽量少盥洗、极端节食——可能是自己施加的，也可能是被外界强加的一种惩戒。"[47] 事实证明，女性在这一领域的效率极高，因为在当时，她们的"身体被认为是可渗透的和过度（装扮）的，她们的性格既腐败又堕落"。[48] 通过禁欲运动，欧洲社会发展出"基于将身体封闭在严格的身体和精神界限内"和"完全关闭身体"的"圣洁"模式。[49] 对身体的折磨常常让位于对皮肤的严重虐待。不过，13 世纪早期的《女隐修者指南》(*Guide to Anchoresses*) 中一段有趣的话显示了疏导这种趋势的努力：

除非亚麻布是由坚硬、粗糙的纤维制成的，否则任何人都不应该贴身穿亚麻布。任何人，只要愿意，都可以穿粗羊毛内衣，也都可以选择不穿它。你应该身着长袍就寝，系一条腰带，但要系得足够松，这样你就可以把双手收在腰带里面。除非得到告解神父的允许，否则任何人都不应该在贴身处系腰带，不应该穿由铁、毛发或刺猬皮制成的东西，也不应该在没有告解神父允许的情况下用它们制成的东西抽打自己或者用铅制的鞭子、冬青或荆棘抽打自己，或者抽血。她不应该用荨麻刺自己身体的任何部位，不应该用鞭子抽打自己身体的正面，不应该用刀伤害自己，在任何时候都不应该为了抵制诱惑而采取过分严厉的纪律措施。[50]

在由宾根的莱茵女修道院院长希尔德加德（Hilde gard，1098—1179 年）所写的圣鲁珀特的传记中，服装有着非常重要的表达功能。圣鲁珀特的母亲伯莎摆脱了婚姻的束缚，带着她的儿子来到一个地方。她在那里建了一座教堂。她脱下昂贵而绚丽的衣服，把自己家族和财富、声望抛在脑后。她穿着粗布制成的褴褛衣衫，用束带打上一个结。[51]她在虔诚中把孩子带大，后者成为一个一心侍奉上帝的人：“人类，勤奋是你的意图。”[52]在他 12 岁时，圣鲁珀特决定遵守圣经的告诫“当你看到一个裸体的人时，为他蔽体，不要轻视你自己的身体”（Is.58：7）。[53]他做了一个梦，梦见一个老人在清水里给男孩们洗澡，给他们穿上漂亮的衣服。因为圣鲁珀特希望立即加入这个神圣的群体，所以这个老人敦促他首先为穷人履行使命。因为，“喂养他们，给他们穿上衣服，生命的食粮就会滋养你，你会穿上亚当因背叛而脱下的衣服。成为你内心世界的陌生人，你就可以为自己更好地抉择”。[54]相关的问题以三种相互关联的方式在这本传记中表达出来：自我关注就是通过浸染宗教的惯习让自己疏离尘世；关心穷人意味着为他们蔽体；通过好善乐施来关注自己意味着重拾亚当的原初衣衫。[55]在这三种情况下，衣服都是中心且传达了主角的精神和救世的目标。

圣母玛利亚的触摸

在中世纪晚期的欧洲，服装是圣母玛利亚的身份和其受崇拜的固有特征，也是圣母玛利亚和她的女性奉献者之间的主要接触点。一个典型的例子是，宾根的希尔德加德将圣鲁珀特充满爱心的母亲伯莎比作圣母玛利亚：圣鲁珀特出生时，她"用褪裸包裹着他，就像圣母玛利亚对待她的儿子一样"。[56] 但是玛利亚不仅仅是一个理想母亲的形象，她在所有现代意义上都是一个圣母，凭借自己在中世纪的权力和地位主宰着肖像学。她的主要特征是她的御用服装和标志性的天蓝色斗篷，她让中世纪女性更渴求她那一贯被世人称道的贞洁、谦逊和温柔以外的品质。在她身上，他们还可以看到优雅、稳重和美丽，这与父权制的焦虑、关于过度拔眉和修额的道德论述或与所穿织物的数量和质量有关的法律规定无关。玛丽亚被认为是天堂的女王，因此可以脱去装饰最华丽的外衣或大胆的红鞋，衣服的无数褶皱宣告的是她与上帝的亲近以及她在创造人类救世主中的作用，而不是过度的骄傲或虚荣。[57] 米里·鲁宾在最早的实例中发现了归于圣母的权力，指出在君士坦丁堡，"玛利亚被呈现为一个帝王的形象：衣着华丽、正大光明，有时被作为侍从的天使和圣人拱卫；在罗马，她以玛利亚·里贾纳的形象出现，那是一个身着皇家服装的女王形象"。[58] 布料一再表明圣母在基督教崇拜中的中心地位，正如卡罗琳·沃克·拜纳姆（Caroline Walker Bynum）所写的："中世纪圣母像背后华丽的织物（无论是画的还是贴的）是她神圣品德的框架，是她神圣性的宣言。"[59]

玛利亚身体的特殊性和独特性使她比其他女人更有优势。玛利亚的童贞基于她处女膜的完好性，在神学上被认为在她受孕和分娩的所有阶段（产前、产中和产后）保持不变，为她提供了她既是处女又是母亲的特权悖论。[60]此外，在431年的尼西亚会议上她被宣布为神之母，12世纪的教义接受了圣灵感孕说，提出玛利亚自己的孕育和她儿子的孕育都是纯洁的，从而免除了她所有的原罪。[61]这位第二夏娃，在类型学上被认为是堕落的第一位母亲的救赎性对应物，是女性完美的化身，这可以从她蓬松的头发、贵族式的高眉线和细长的暴露的脖子看出来，所有这些特质都在绘画和雕塑中被包裹着她宝贵身体的奢华织物强化。[62]

洛伦佐·维内齐亚诺（Lorenzo Veneziano）的《圣母与孩子》（*Madonna and Child*）或者叫《圣母德拉·罗萨》（*Modonna della Rosa*）（1357—1379年）（图3.6）完美地体现了这些方面。在这幅画中，圣母主宰着画面，是唯一一

图3.6 洛伦佐·维内齐亚诺创作于1357—1379年的画：《圣母与孩子》。面板上的蛋彩画。Paris, Musée du Louvre. ©RMN-Grand Palais（Musée du Louvre）/Gérard Blot.

个与观者有眼神交流的人。明亮的金色光轮环绕着她并突出了她金色的头发，在她头顶部的一排多彩珠宝营造出一种加冕的效果。

极其美丽和精心装饰的服装进一步突显了玛利亚的精致——粉红色的短裙上覆盖着金叶刺绣，在脖子、上臂和手腕处衬有金色或蓝色的带子。覆盖在裙子上的深蓝色斗篷也画有类似的金色纹饰，金边和穿过圣母膝盖的柔软的绿色衬里进一步加强了颜色对比。她温柔地抱着站在她腿上的儿子，儿子的手摩挲着玫瑰和胸针。[63] 在整个中世纪，玫瑰尤其频繁地与玛利亚联系在一起。

正如罗斯玛丽·伍尔夫（Rosemary Woolf）所言：

> （玫瑰的）花朵形象……暗示了她（玛利亚）的美丽以及她的谦逊和贞洁。圣经关于这一形象的权威描述存在于《雅歌》（Song of Songs）中，也存在于关于耶西之树的解释中——根据这一解释，圣母是生长花朵即耶稣的茎或枝，尽管她自己偶尔也是花朵。[64]

玫瑰这个象征符号，加上玛利亚右手第四根手指上戴着戒指的事实，让世人将圣母玛利亚定位为基督的新娘。安妮·温斯顿 - 艾伦（Anne Winston-Allen）概述《雅歌》中的新娘"已被普遍认为是圣母玛利亚，她是教会的一个典型形象……因为她被视为基督的第一位新娘，因此，她是每个信徒的楷模"。[65] 玛利亚同时是王后、母亲、处女和新娘，洛伦佐·维内齐亚诺的杰作说服了观察者。[66]

女性除了在高雅的绘画、装饰和雕塑中可以看到玛利亚，玛利亚的衣服遗迹也为她们提供了一种照顾和打理自己身体的方法。[67] 12 世纪的两件关键文物，存于沙特尔大教堂的圣内衣和著名的存于意大利托斯卡纳的普拉托大教堂的圣母腰带，[68] 出于风格和健康的原因受到妇女的崇拜。让·勒·马尚（Jean le Marchant）在《沙特尔圣母院奇迹》（*Miracles de Notre-Dame de Chartres*）中把这种内衣描述为其在圣母分娩时接触过她的皮肤。法国女王们穿着用丝绸制作的这种内衣，这也许是为了帮助她们分娩，也许是出于这种内衣在她们想象中是其女性偶像所穿的"必备"物品。[69] 勒·马尚写道：

[…] Qu（e）' en meesmes l' enfantment

la dame ce seint vestement

Avoit vestu, celui meïsmes,

Si haut, si precïeus, si seintimes,

Quant le v（e）rai fifi lz Dieu enfanta.

Domques di ge qu' a l' enfant a

Touchié celle seinte chemise,

Croire le devez sans faintise

Que la chemise, ce me semble,

Toucha a l' un et l' autre ensemble.

Donc c' est arguement necessaire

Que c' est plus haut saintuaire

Qu' en nul leu puise estre trovez;

Par miracles est esprouvez.[70]

这位女士分娩时就穿着这件圣衣，当她生下上帝之子的时候，这件圣衣是如此高贵、珍贵、神圣。因此，我说孩子碰到了这件神圣的衣衫，你必须相信，这件衬衫，在我看来，碰到了他们俩（母亲和孩子）。因此，得到一个必然的结论，它是天底下最崇高的圣迹；它已经被它所创造的奇迹检验和证明。

勒·马尚所强调的圣衣最重要的特点是衣服、圣母的身体和基督的身体之间的接触。这件物品的突出价值在于，在圣母孕育救世主的过程中，它触及了两具身体。圣物，尤其当它不是一个圣洁或神圣的身体本身时，会通过与神圣身体的直接接触获得权威和力量。因此，正是与圣母的皮肤（在一首早期的诗中提到她裸露的皮肤"sa char nue"）和基督的亲密接触，以及圣衣参与其中的过程，赋予了极大的威望，吸引了许多忠实的朝圣者。[71] 此外，事实上，玛利亚和耶稣（基督）都被认为已经直接进入天堂，因此没有留下死后（或进入天堂后）的有形文物来供人崇拜，这使得这些次级的圣物更加重要。[72]

触摸被认为是在有生命的（或以前有生命的）身体和物体（比如圣衣）之间传递力量的手段，物体由此被认为拥有了自己的力量。甚至像教堂的钟和圣徒的雕像这样的事物也被认为具有将神圣的力量传递给其他物体的神圣能力。[73] 玛丽·菲塞尔（Mary Fissell）指出，一条腰带通常被缠绕在圣母像上，然后女人在分娩时佩戴它，她的证据是英国国王亨利七世的王后（约克的）伊丽莎白在自己怀孕期间就实施了这种做法。[74]

事实上，女人，无论贫富，在分娩过程中都经常使用腰带。正如大卫·克雷西（David Cressy）指出的那样，修道院发放这种物品是为了保护孕妇和婴儿免受分娩带来的多种危险，他以萨默塞特布鲁顿修道院为例："我们夫人的布鲁顿红色丝质腰带是送给产妇的庄严圣物，保护她们在分娩时不会流产。"[75]不过，这不是一项免费服务，罗伯塔·吉尔克里斯特（Roberta Gilchrist）认为，这种腰带后来仅限于来自较富裕家庭的妇女使用。女人也有其他选择，比如"贫穷的妇女从她们的教区教堂借来物品——通常用来装饰圣人雕像的服饰。或者，她们可能使用自己的腰带作为分娩护身符，她们先将腰带缠绕在教堂的钟上，试图借此让神圣的力量传递给他们"，再通过这个方法给各种物品注入保护力量。[76]

　　腰带，无论被认为是圣母佩戴的还是被圣母以某种身份赐福的，对分娩中的妇女来说都至关重要。它被包裹在准妈妈的肚子上，神父写的祈祷文常常被放入其中，以提供进一步的调理力量。[77]正如玛格丽特·帕斯顿写给丈夫约翰的信中所显示的那样，腰带对妇女怀孕期间的舒适度同样重要。玛格丽特写信给不在她身边的丈夫，要求他给她买一件新的、更轻便的衣服，因为她现在穿的冬天的衣服已经显得太沉重了，以至于她在怀孕后期无法承受。1441 年 12月 14 日，玛格丽特写信给约翰：

　　　　恳求你知悉，我的母亲去我在伦敦的父亲那里取一块料子给我做一条长裙……我请求你，如果不碍事的话，你同意买下它并尽快把它送回家吧，因为除了我的黑色和绿色长裙之外，今年冬天我没有别的长裙可穿了，它们太笨重了，穿着太累了。[78]

　　信中说的料子是一种被称作"Muster-de-vilers"的羊毛呢，产于诺曼底的蒙蒂维利耶，通常是灰色的，在这里受到的喜爱胜过利耶尔（来自布拉班特）的布料，后者通常是黑色的，大概是由较重的材料制成的，因为玛格丽特认为这种布料制成的裙子太笨重，她无法继续穿着。[79]玛格丽特接着要求丈夫不要忘记给她带一条新的腰带，目前家里只有一条腰带适合她：

> 至于我父亲答应给我的腰带……如果你愿意自己承担，我恳求你在你回家之前做到；我从来没有像现在这样需要它，因为我长得太胖了，除了一条腰带之外，我可能再没有别的腰带可用了。[80]

玛格丽特承认她的身体变化和不适是一种亲密的行为，这种交流只有在家庭成员之间才会发生。她这封急迫的信强调了从合体和舒适的角度出发穿着合适的衣服的重要性，并指出妇女在怀孕期间根据自己的身体状况调整着装的事实。

吉尔克里斯特进一步证明，当时有专门为孕妇制作的服装，尽管这似乎不是玛格丽特所要求的："一个女人向母亲身份的转变是以特殊的服装为标志的……孕妇穿着'抹胸'，这是一种附着在紧身胸衣前部的三角形织物，用来隐藏她们系在膨胀的腹部的系带。"[81]在诺里奇的圣彼得·曼克罗夫特教区教堂的彩绘玻璃画（约1450—1455年）就是这方面的一个例子，画上展示了玛利亚和伊丽莎白见面的场景[3]。（图3.7）

在这幅画中，玛利亚典型性地揭开了面纱，一头金发，五官精致，穿着她

---

[3] 这里描绘的是"圣母往见（Visitation）"的场景，圣母往见是指玛利亚感孕后探望怀孕的表姐伊丽莎白。——译注

图 3.7 "圣母往见"彩色玻璃画，来自诺里奇的圣彼得·曼克罗夫特教区教堂，约 1450—1455 年。 ©Mike Dixon, photographer.

惯常的深蓝色斗篷，她细长的脖子也是光秃秃的。而伊丽莎白，除了脸和手，全身都被衣服遮住了，她的孕态比玛利亚的明显得多，覆盖在明显可见的肚子上的衣服系带，从髋部一直延伸到她长袍的顶部，这充分考虑到了她身体局部的生长需要。

通过分析艺术、修道院和大教堂的记录以及勒·马尚的诗歌可知，有明确的证据表明，妇女使用与圣母有关的服装来维持好的身体和精神状态，特别是在怀孕和分娩等不确定时期。圣母的身体以及她的衣服，为女性提供了保护和调解的指导，而她美丽的、精心设计的服装可以激发女性更多的审美能力而不是实用能力，让她们相信自己的美丽并非原罪的象征。

结 语

在这一章中，我们试图概述中世纪文化中服装和身体之间的关系，重点是感觉和知觉这两个相关标准。服装的形状与身体接近，其不仅仅是一块块的织物，因为服装改变了穿着者的身体体验，反过来又是外部感知身体的一个重要方面。正是基于这些立场，通过触摸、平衡理论（它涵盖保健、卫生和治疗诸领域）以及关于步态和怀孕的思考，我们探讨了肌肤和布料之间的联系。

服装既是物质的，也是意识形态的；它对身体有实际的影响，但也可以表示指示具体主体特殊性的抽象概念，例如在修道士的腰带这一例子中。姿态在身体和服装的交集中起着关键作用，因为它们经常引发特定文化所认可的关于身体概念的阐释。感知和感觉使得关于姿态和服装的叙述有血有肉，由此产生的持续过渡的连贯性，为具身体验奠定了基础。

第四章　信　仰

安德利亚·丹尼·布朗

　　关于服饰和时尚的理念，从关于人的生存、道德、美德以及幸福等雄心勃勃的哲思，乃至关于社会礼仪，身体保养和自我风格等的日常考究，以各种各样的方式影响着中世纪的信念系统。本文追溯了中世纪信念系统中的一个重要主题，即将《创世记》（3:21）部分中上帝创造的皮肉之衫与当时的服装时尚结合的主题。这一个案所揭示的是，或许并非意料之外，特定的圣经服饰乃是西欧许多服饰时尚的文化信念之谱系源头。重要的是，对中世纪男女服饰的追溯，还显示了服饰理念在关于人类生活理念的更广泛的组织中所扮演的重要角色。就皮肉之衫这一个案而言，我们可以看到在《创世记》（3:21）这一部分中服饰是区分人性与神性的重要物质标志，同时服饰也是人类生活中调节和支配（mediate and dominate）区隔与关系的准则，诸如在生与死、道德与不道德、适当与不当、夏季与冬季、开化与未开化、阳春白雪与下里巴人、运动员与观众之间。

肌肤、荆棘、束腰外衣

在关于人类进化的讨论中，工具或武器的发明通常被放在首要地位，然而正如地理学家和经济学家简·雅各布斯（Jane Jacobs）[1] 所指出的那样，冶炼术在被用于制造所谓有用的刀具和武器之前很久，就首先被用于将黄铜打造为装饰品。1 在西方的创世神话中，服饰或身体装饰所扮演的基础性角色也支持了这一论点，其不仅表明了服装作为原初本能需求的重要性，也指出了服装对基本的人性概念及其表述的重要性。《创世记》中的著名片段告诉我们，当亚当和夏娃最初意识到自己的赤裸时，就自己制作了无花果叶的衣衫覆体 [《创世记》(3:7)]。现代读者所知更少的是关于他们第二套服饰的故事，也就是在亚当和夏娃被驱逐出伊甸园时所身着的，由上帝制造的、用于替换他们的无花果叶围裙的皮肉之衫（tunicas pellicias）：

> 上帝用皮子做衣服给亚当和他妻子穿。上帝说："那人已经与我们相似，能知善恶：现在恐怕他又伸出手来摘取生命树上的果子吃，就会永远活着。"上帝就把亚当赶出伊甸园，去耕种他所自出之土 [2]。于是上帝把亚

---

[1] 简·雅各布斯 (Jane Jacobs, 1916—2006 年)，美国地理学家、经济学家，代表作有《城市经济学》。——译注

[2] 圣经故事中，亚当是上帝用土做的，上帝派他去耕种的土地就是他"出生"的地方。——译注

当驱逐出去，又派基路伯 [3] 在伊甸园的东边拿着四面旋转、冒火焰的剑，把守通往生命之树的路（Genesis 3:21-4）。[2]

对基督教统治下的中世纪而言，《创世记》（3:21）中皮肉之衫所标志的人类命运的戏剧性转折点将把服装服饰与堕落的世界这一概念永远捆绑起来，特别是与人生命的有限性和道德性理念捆绑起来。从《创世记》最早的基督教译者、犹太教译者和阐释者，一直到中世纪晚期乃至以后，作家和思想家们都将这些皮肉之衫的象征符号作为理解人性的钥匙。问题不仅在于上帝在创造亚当和夏娃服饰时所扮演的积极角色——事实上他扮演了裁缝的角色——还关系到它所用的特殊材料：皮肉（pellis）。[3] 来自不同传统的早期圣经阐释者都认为这些皮肉之衫不应仅从字面理解，即其不仅应理解为动物的毛皮制作的衣衫，而应被隐喻地理解为上帝在亚当和夏娃犯下原罪后为其所创造的凡人的身躯，这种身躯代替了亚当和夏娃在这一事件之前所拥有的荣耀的天堂之躯。[4] 正如加里·安德森（Gary A. Anderson）[4] 指出的那样，尤其对早期的基督教思想者而言，穿上这些（人类）皮肉不只是对亚当和夏娃的原罪的诸多惩罚之一，还是最重的惩罚，因为只有通过这一惩罚，其他的惩罚包括劳累、生育、痛苦、死亡才能被正确理解。[5]

因为这些思想家将《创世记》（3:21）中的皮肉之衫理解为凡人身躯的源头，他们有时将这些皮肉描述为生理上的难受或痛苦。4 世纪，杰出的叙利亚诗人

---

[3]　基路伯，基督教中上帝座前的智天使，即有翅膀、服从上帝的天物，一个超自然的物体。——译注

[4]　加里·安德森，著名学者，代表作有《圣经外传中的皮肤服装》。——译注

和神学家圣厄弗冷（Ephrem）[5] 将皮肤的转换想象为瞬间的过程，在亚当和夏娃完成无花果叶围裙的制作前就发生了，然而他也将肌肤的创造比拟为荆棘和蓟的创造［来自《创世记》（3:17）］，暗示它们具有粗糙和惩罚性的物质特性。6 其他早期思想者将这一对皮肉的穿着想象为一个更加缓慢且可感知的过程，比如 4 世纪的虚构作品《宝藏窟》（*Cave of Treasures*）[6] 将皮肉想象为从头到脚绑在亚当和夏娃的身体上，从而给他们带来了一种直接的身体上的痛苦：

> 这天深夜，亚当和夏娃受到了惩罚：他为他们制作了皮肉之衫并给他们穿上——也就是绑在他们身体上的皮肉，并且这给他们带来了各种各样的身体上的疼痛。7

将皮肉之衫理解为给人带来身体的各种疼痛和痛苦的观点，在很多文本中都有所体现，例如在虚构作品《亚当和夏娃》（*Life of Adam and Eve*）中的阐释，这一文本列数了 70 种令人痛苦的疾病，这些痛苦将侵扰刚穿上皮肉之衫的人类。8

4 世纪时，教主安布罗斯（Ambrose）[7] 也将《创世记》（3:21）中的皮肉之衫阐释为凡俗的和承受痛苦的人类身体，"腐朽之衫"，但同时也对这一定

---

[5]　圣厄弗冷（Ephrem of Syria, 306—373 年），叙利亚神学家，被天主教及东正教奉为圣人。——译注

[6]　《宝藏窟》，有时简称《宝藏》，是《圣经·新约》中的一本书。——译注

[7]　安布罗斯（340—397 年）从 374 年起任米兰主教，是 4 世纪基督教著名的拉丁教父之一，还被罗马公教公认为四大教会圣师之一。——译注

义进行了扩展，从而将情感经验本身概念化和实体化——将皮肉之衫作为"情感之衫"。正如汉奈克·儒林（Hanneke Reuling）[8] 所指出的，安布罗斯也将此衣衫看作真正的衣衫，特别将其作为一种因服，如他在《论悔改》（De paenitentia）里所说的，"上帝在亚当犯下原罪后立刻将其抛出伊甸园，他没有拖延而是立刻将亚当与美味之物隔开，让亚当可以悔罪；上帝立刻为亚当穿上了皮肉之衫，而不是丝绸之衫"。9 亚当和夏娃的衣衫既在传达其罪也在促使其悔罪的这一观点，对后世的道德家们产生了深刻的影响，这一点我们将在下一节讨论。与此相关的是安布罗斯也对这些最初的皮肉与其他豪华物料（如丝绸）做出区别，表明了一个重要的早期概念链条，即在服装与社会礼仪之间的链条，这一链条将从中世纪一直延续到现代。

受安布罗斯的深刻影响，奥古斯丁（Augustine）[9] 也表达了对圣经中提到的皮肉之衫的双重理解，他一方面将"皮肉"阐释为人类获得的肉身，另一方面将其理解为象征着肉身有涯的由动物皮毛制成的实际衣物：

> 作为亚当的后代，我们从此都将上帝命令亚当不要去吃生命之树的果实时加诸我们的死亡威胁归因于自然；皮肉之衫是这种死亡的前身。亚当和夏娃以无花果树的叶子为自己做了围裙，但上帝为他们做了皮肉之衫，也就是说，由于他们放弃了真实而去寻找欺骗的愉悦，上帝将他们的身

---

[8] 汉奈克·儒林，著名学者，代表作有《伊甸园之后：创世记》。——译注
[9] 奥古斯丁（353—430 年）又名希波的奥古斯丁（Augustine of Hippo），基督教早期神学家、教会博士，新柏拉图主义哲学家，曾任天主教会在阿尔及利亚的城市——安纳巴的前身希波的主教，他死后被天主教会封为圣人和教会圣师，也被东正教会等奉为圣人。——译注

体变作凡人之躯，而欺骗之心就藏匿其中。那么与我们从死去的动物那里得来的皮毛相比，还有什么能更加清楚地指出我们在凡人的身体中所能体验的死亡呢？因此，当人不是通过正当的模仿而是怀着错误的骄傲，去违逆上帝的命令并试图成为上帝时，他就被贬到了动物的生命之境。[10]

奥古斯丁将皮肉之衫看作人类欺骗（源自拉丁词"mentior"，欺骗）的原因和象征——他引入了在中世纪形成的另一个重要的文化理念，而这一理念在西方关于服饰的理念系统中是最为深刻的观念之一。[11] 根据这一观念，我们的最真实的自己、我们的存在和生存模式是深藏的、内在的而非外在的，与此相对应，一切作为身体表面标志的服饰都是微不足道和不值得信任的。服饰不仅是亚当和夏娃欺骗的象征，而且在本质上就是具有欺骗性的，是基于其掩盖的属性而被发明出来的。

文化人类学家丹尼尔·米勒（Daniel Miller）指出，这种认为服饰和其他表面物质都是必然具有欺骗性的——以及内在的都是必然真实的理念，可称为深度本体论——这一理念长期被西方文化误认为是普世真理，但实际上这一观念具有特定文化的特殊性，尤其是为那些在种族、阶级和性别方面拥有建制僵化历史的文化所特有。[12] 米勒将特里尼达的当代服饰的所有权和展示作为一个重要的案例。他指出，在这一文化中，无家可归的人即便没有水或者电，通常也拥有至少 20 双鞋，这表明一些文化实际上持有另一种信念——可以被称为一种表面本体论。按这一理论，被隐藏的内部是欺骗、谎言之所在，而表面才是真实、诚信和解释的场所。圣经中关于最初衣衫的故事所凸显的服装与欺骗之间的联系提供了一个有用的起点，成为帮助我们重新思考并理清西方文化关于内在和外在真实的最强有力的理念之一。

白麻布圣职衣、粗毛衬衣、皮衣

《创世记》（3:21）中出现的皮肉之衫的道德象征及其被后世的圣经阐释者和思想者们赋予的理解，对中世纪乃至后来的基督教世界都产生了深远的影响。尽管接下来的这几节主要探讨中世纪晚期英格兰的案例，但对圣经中的皮肉之衫的兴趣在中世纪欧洲的历史和文学档案中比比皆是，无论是在视觉的、造型的或装饰艺术品中，还是在出现于这一时期的关于服饰和时尚的观念系统中都可以找到。

在英格兰，尽管"皮肉之衫象征着人类身体"这一神学理念一直存在，但在更多的时候其与当代服装的材质和风格是联系起来的。当15世纪的本笃会神父罗伯特·雷彭（Robert Rypon）[10]将皮肉之衫描述为一种不断演化的服饰质地的起点——而每一项新的发明都是罪恶的加深——时，他遵循了一种布道文学的传统：

> 以前，赤裸的身体没有羞耻感，但犯下原罪后，整个赤裸的身体立马被赤裸的羞惭包裹，由于人缺少覆体之物，因此首先有了皮肉做的衣衫，这意味着由于人的原罪，人变得如同野兽，因为野兽就只穿着皮肉而已。但后来随着自尊心的增强，人开始使用羊毛制作的衣衫。再往后通过肉身

---

[10]　罗伯特·雷彭，15世纪的本笃会传教士。——译注

快乐的滋养，他们开始使用以大地上的植物即亚麻作为原料的衣衫，再后来使用蠕虫分泌之物做成的丝绸衣衫。如今所有的服饰还出于虚荣和夸耀的目的，而不仅是为了自然的生理需要，服装上有无穷无尽的花样装饰试图勾起男人和女人的欲望。[13]

服饰对人性提出的道德问题是如此根本，以至于所有服饰都可能成为道德怀疑的对象。

因此对那些宗教领域的人而言，必须创立新的区隔将神圣服饰和世俗服饰区分开来。法国神学家、主教威廉·杜兰德（William Durand, 1230—1296年），在他的《祭礼论》（*Rationale Divinorum Officiorum*）中，反复使用《创世记》（3：21）中的皮肉之衫这一符号来帮助他表述在当时被仪式化了的神圣服饰和世俗服饰间的区别。这一著作是宏伟的神学论述，在整个中世纪晚期一直到 16 世纪都具有巨大影响。在描述"tunica alba"或"奥布（alb）"即修道士和刚刚接受洗礼的人所穿着的传统的白色及地束腰亚麻布圣职衣的意义时，杜兰德这样写道：

奥布——一件亚麻外衣，从远处看仿佛是用死去动物的皮毛制成的，也就是亚当犯下原罪之后所穿的那种。它象征着基督在洗礼时所拥有、所启发和所给予的生命之新，关于这种新，使徒说："去除旧人身上的沉寂并穿上新衣 [Col 3:9]，换上按上帝方法创造的新人。" [Eph 4:24] [14]

在此杜兰德依靠的是这样一种理念，即祭礼的服饰既对抗也替代了人从亚当那里继承的原始服饰。而与此同时，他也清楚地表明奥布自身仍然携带残留的痕迹，也就是它所要取代的服饰的外形，正如这一段所指出的，就其本质而言，在中世纪文化中能够引起道德紧张的不是服饰的风格，甚至不是服饰的质地，而是服饰本身。

中世纪晚期的道学家们在亚当和夏娃的最早衣衫的意义这一问题上有不同的意见，但关于这些衣衫的道德讯息在他们看来并不总是负面的，例如14世纪英格兰的一个颇有影响的神父——多明各派的多米尼加·约翰·布罗玛德（Dominican John Bromyard d.c., 1352年）将皮肉之衫描述为代表了简约裁剪的一种早期理想，因此其是一种去除了精美服饰和奢华宝石的服装标准，它与十字架上基督的赤裸相呼应，人们应该向他看齐，抛弃自己豪华的服饰。[15] 与此相似，奥古斯丁派的约翰·米尔克（Canon John Mirk d.c.,1414年）[11] 在他广为流行的以民族语言写成的祷文集中，将皮肉之衫描述为上帝对最早的人类慈悲的物质证明："因为亚当和夏娃是赤身裸体的，上帝怜悯他们，并用皮衣为他们覆体，皮衣也就是用死去的野兽毛皮做成的服装。"[16] 在图4.1—图4.5 中，我们可以看到这些皮肉之衫的形象在整个中世纪时期被频繁呈现且大相径庭，从仍然带着动物的头、尾就被人搭在肩上的、粗糙的、未经处理的动物皮毛（图4.3），到各种颜色和长度的简单缝制的衣衫（图4.1、图4.2、图4.4），再到几乎没有剪裁的毛茸茸的有皮带的束腰外衣（图4.5）。

总的来说，米尔克和其他英国作者在翻译或讨论《创世记》（3∶21）中的皮肉之衫时使用了"pilch"（中古英语），这个中世纪英文单词有着道德上的

---

[11]　奥古斯丁派的约翰·米尔克是英国宗教作家，也是一位很有影响力的奥古斯丁神职人员，代表作为《节日》《教区神父指示》。——译注

图 4.1　上帝为亚当和夏娃穿衣服，给亚当穿的是蓝色衣服，给夏娃穿的是绿色衣服。《叶》，威廉·德·布雷里斯（William de Brailes）著。英格兰，1230 年。Musée Marmottan Monet, Paris, France/Giraudon/Bridgeman Images.

图 4.2 左：亚当和夏娃穿着无花果叶被逐出伊甸园。右：天使为正在耕作和纺织的亚当和夏娃穿上浅棕色外衣。绘于英格兰，1305—1310 年。Spencer MS 002, f.3. New York Public Library.

图 4.3 左：上帝为亚当和夏娃穿上还保留着头和尾的粗糙动物皮。右：亚当和夏娃穿着兽皮被逐出伊甸园。绘于法国，1372 年。The Hague,Meermanno Museum, Koninklijke Bibliotheek, MMW, 10 B 23, f.11v.

图 4.4　手拿白色衣服的亚当和夏娃被一个天使赶出伊甸园。绘于荷兰，1479—1480
年。MS Royal 14 E V, f. 13v. ©British Library.

正面含义。作为一种在冬天里男人和女人都穿着的皮质或毛质的衣衫，"pilch"
通常被关联到苦修者所穿的毛衫或其他服饰，这可能主要是因为它与简单、粗
糙服装的联系。[17] 写于 14 世纪晚期和 15 世纪，并被女修道院和俗家信众使用
的中世纪英文版女修道院规则《亦善论》（*De institutione inclusarum*）里，
"pilch" 被指认为一种修女可以在冬季穿着的服装。[18] 与此相似，英格兰神秘

图 4.5　亚当和夏娃在耕作和纺织时穿着毛茸茸的灰色皮毛衣裳，背景是孩子。创作于英格兰，1485—1509 年。MS Harley 2838, f. 5. ©British Library.

论者玛格丽·肯普（Margery Kempe）[12] 在她的自传中论及她最为绝望的时刻时提到同样的服装，那是在她计划去西班牙的朝圣圣地——圣地亚哥·德·孔波斯特拉（Santiago de Compostela）朝圣的那个漫长的寒冬，以及在她重

----

[12]　玛格丽·肯普（1373—1438 年）被认为是中世纪英格兰的一位神秘主义者，代表作为《玛格丽·肯普之书》，该书是对中世纪英格兰中产阶级妇女生活的不寻常的描述。——译注

病以为自己会死掉的时候。她提到，一个好人忽然给了她 40 便士，她用这个钱立刻给自己买了一件皮衣，这件事给她留下了深刻的印象。[19] 有另一个大众文化方面的案例，15 世纪的《梅林散文》（*Prose Merlin*）[13] 提到野人梅林穿上同样的服装，一直作为隐居者生活在森林中，当他最后被捉住时，他身体肮脏、衣衫褴褛、胡子拉碴、赤裸双脚，"只穿着一件粗糙的皮衣"。[20]

然而在中世纪的时尚世界，即便是简单的皮衣也可能被误用，正如乔叟（Chaucer）[14] 在写于 14 世纪晚期的那首被称为 "Proverbe" 的短小却一针见血的诗歌里所指出的那样。在这首诗里，皮衣所具有的经典象征意义为一种隐含的批评增加了力度，这种批评是指向当时在夏天身着冬季裘皮的伦敦风尚的批评：

> 在这个炎热的夏日，这么多的衣服该怎么办呢？
> 盛夏后是寒冬，没有人会丢掉皮衣；
>
> 世界如此广阔，我的双手无法盈握；
> 无论谁试着去捕获，都将一无所获。[21]

正如笔者曾在别处更加深入地讨论过的，在这首诗里乔叟提出了在这一时

---

[13]　《梅林散文》创作于 13 世纪上半叶，它被认为是用英文散文体写的、最早的关于亚瑟王的文学作品。——译注

[14]　杰弗里·乔叟（Geoffrey Chaucer，1343—1400 年），英国中世纪作家，被誉为英国中世纪最杰出的诗人，也是第一位葬在西敏寺诗人角的诗人，代表作为《坎特伯雷故事集》（*Canterbury Tales*）。——译注

期的英格兰存在的一种常见的批评，即人们拥有并穿着太多服装，并且有太多不同的风格样式。乔叟单单拎出皮衣来进行批评是十分有趣的，因为皮衣让乔叟既可以讨论当前的时尚，又可以引用亚当、夏娃的教训，而这似乎是一个罕见的乔叟式道德说教瞬间。[22]

白色皮革、寿衣、裹尸布

14—16 世纪在英格兰各处表演的系列剧为我们提供了十分有用的案例，由于其对创造性戏服和主要圣经事件的戏剧化处理。从这些案例中我们可以看到亚当和夏娃的衣衫并不只是存在于想象中，还被物质化生产并呈现给观众。一些演员扮演邪恶或在道德上令人反感的圣经角色，例如庞蒂乌斯·潘拉多（Pontius Pilate）[15] 和基督的折磨者，他们通常穿着过度风格化的戏装，这些服装意在象征这些角色的扭曲的道德，但毫无疑问，它们也旨在对观众和这些演员自己穿的时尚服装作出评论。[23] 乔叟对阿伯斯龙（Absolon）进行过著名的描绘。阿伯斯龙是《坎特伯雷故事集》（*Canterbury Tales*）[16] 中的一个教会人员，也是一位时尚男士，他的服装在《坎特伯雷故事集》中是最花哨也最时尚的，在对他的形象刻画中提到他将圣保罗大教堂一扇窗户上的图案刻绘在他的鞋子上。乔叟还让他在当地的神话剧中扮演了浮夸的暴君希律

---

[15]　庞蒂乌斯·潘拉多，又译般雀·比拉多，是罗马帝国犹太行省第五任巡抚，他最出名的事迹是判处耶稣钉十字架刑。——译注

[16]　《坎特伯雷故事集》由杰弗里·乔叟在 14 世纪用中古英语写成，是一部诗体短篇小说集，汇集了 24 个故事，这些故事大多数是以诗歌的形式写成的。——译注

(Herod)[17]:"他在一个脚手架上扮演希律。"[24] 当时的道学家和史学家们也支
持将圣经中的恶棍和浮华的时尚联系起来,他们常抱怨时尚的服装让人们"看
起来更像那些折磨基督的人,甚至更像魔鬼而不像人"。[25] 在刻画基督殉难的
戏剧中,对基督身边角色的戏剧化服装进行处理时也着意将过于时尚的服装
与十字架上赤裸的基督进行对比,基督的牺牲则被类别化地与亚当和夏娃的
赤裸联系起来。

在那些刻画《创世记》事件的戏剧中,被用于模拟亚当和夏娃堕落前赤裸
状态的传统服装是白色的皮革紧身戏服,它们是由白色皮革鞣制工或工匠制作
的,它们被称为"whittawers"。[26] 这些紧身戏服的皮革质地增强了早期关于
皮革与凡俗肉身的神学联系,尤其是当这些剧不仅将亚当和夏娃的裸露通过白
色皮革戏服进行了戏剧化,随后还演出了《创世记》(3:21)以及上帝用原初
的皮肉之衫为亚当和夏娃覆体,例如 15 世纪的切斯特戏剧《创世记与亚当和
夏娃》(The Creation, and Adam and Eve)。接下来笔者将着重对该剧进行
讨论。

这部切斯特戏剧侧重于服装与皮肤的主题被纺织行会(可能还有皮革鞣制
行会)资助这一事实强化。在这部剧中包含了一段上帝向亚当和夏娃解释皮肉
之衫意义的讲话,此时他正在为他们穿上皮肉之衫,这段话的前两节被拉丁语
的舞台指示分开,可以将其重构和翻译如下:

上帝:如今你们要离开这个保护,

---

[17] 希律(约公元前 74—公元前 4 年),是罗马帝国恺撒大帝时代前以色列王国全境的统
治者。——译注

你们应当有所覆体；

我想死去动物之皮，

你们最好常披；

因为你们从今都是凡人，

死亡无法躲避；

此衣最适合你的等级，

因此你将永披。

（然后上帝以皮肉之衫为亚当和夏娃覆体。）

亚当，现在如你所愿，

因你所求无它，

只愿知善恶；

从此劳作你必须尽力。

你将知道愉悦和苦痛：

因为它们与你一同坠落，

因此你必须离去，

去满足你所欲。[27]

  在上帝的这段话中，我们可以看到对圣经的早期阐释中的很多主题，尤其是皮肉之衫象征着死亡、动物性以及人的欲望的毁灭性。相对不那么明显的是，抓住和引导观众注意力的过程，它不仅突出了这个服装事件的重要性，也凸显了其文化意义。在上帝话语的头两句，例如亚当、夏娃从上帝的保护中被驱逐出去及他们需要衣服的庇护或保护的明显的因果关系，不仅有一种诗意的共鸣，而且这种共鸣具有操作性，因为正如前面一节讨论的那样，《创世记》（3:21）中的皮肉之衫通常被理解为一种在冬季用于保暖的日常服装。这段话的另外一个中心是迫切性，即亚当和夏娃被即刻驱逐出伊甸园以及他们服装的伴随性变化，其通过"现在"这一个词被形象地重现，而且这个词在这段话中反复出现。这种对迫切性的强调与这段话本身的拖延的特点构成对比，我们看到这段话长达三节，三节之后亚当和夏娃才被赶出天堂，并且可以想象这个过程被表演者在台词间换戏服的动作进一步延长了。上帝的话、对"现在"的强调以及被拖长的话语和表演加在一起，则戏剧化地强调了上帝给予的保护性服饰这一理念，从上帝构想它一直到完成它。

关于这部剧中对亚当和夏娃的皮肉之衫进行仔细处理的另一种潜在的解读，可以基于这一事实：这部剧是由切斯特当地最有权势的服装生产者——即纺织者和早期鞣革制作者——所制作的。[28] 这两个行会都由以原材料制造服装的手艺人组成，纺织者用羊毛织出毛料，鞣革者用牛皮制作皮革。在此意义上，他们为这部剧的服装提供材料的能力以及他们的职业跟《创世记》（3:21）中上帝的行为相互呼应。从这一视角看，在舞台上将皮肉之衫戏剧化，正是强调切斯特的服装生产者和服装业所拥有的文化权威的神圣来源。进一步说，如果我们具体地考虑鞣革制作者行业，那么强调这个场景就是要确保观众聚精会神地看到这个行会商品的双重展示，首先是身着白色皮革紧身衣的亚当和夏娃的身体，其次是上帝随后给予的为他们覆体所用的粗糙皮革。这两个行会与这部剧的关联可以让对《创世记》（3:21）中这个场景的呈现形成一种关于当时日常生活中衣着实践的评论。

在这部切斯特戏剧中，上帝讲话中的其他两个主题也将《创世记》(3:21)部分跟这一时期的物质文化意义联系起来。首先穿着的服装清楚地标志了人的社会经济地位，其次服装作为人类的设计或意志的体现，与人类的技艺紧密相连。在上面引用的第一节中，皮肉之衫两次被上帝描述为亚当和夏娃在新环境下的最好选择，这个词与其他几个词组成了一个押头韵的词汇群，包括 beast、best、(to) bear、(to) be, 而这个词的使用表明皮肉之衫的意义被塑造为社会礼仪和社会组织。更直接地说，上帝所说"这些服装最适合你的等级"，尽管在表面上是提醒亚当和夏娃其已经堕落的身份，但同时也引出了关于欧洲控制消费的法律的言论和意图。从 13 世纪开始，消费控制法在法兰西、意大利、伊比利亚和德意志以及其他地方施行，试图约束由各种服装和新的服装展示形式带来的社会失序。²⁹ 更具体地说，当该剧上演时，中世纪晚期和现代早期的英格兰法律试图按照特定的社会经济类别来对服装的物料和风格进行管制。重要的是，他们是通过复制"每一个人应穿着与等级相符的适当服装"这样整齐划一的话语来灌输这种思想。而这种修辞最初是在英格兰于 1363 年出台的消费控制法中浮出，这部法律的开头是一个声明，声明指出，很多人"不顾自己的地位和等级"，穿着令人无法容忍的和逾越的服饰。³⁰ 这样的话语在英国接下来长达两个世纪的服饰管制中几乎被原样照搬，例如，1463 年爱德华四世（Edward IV）[18] 的立法告知人们"只能按其等级"着装，亨利八世

---

[18]　爱德华四世（1442—1483 年），约克公爵理查·金雀花之子，是英格兰约克王朝的首位国王。——译注

(Henry Ⅷ)[19]1533 年的立法仍要求人们"按其地位……和等级"着装，而在他的女儿伊丽莎白一世（Elizabeth Ⅰ）[20]推出的许多关于消费控制的宣告中，重点放在"各个阶层等级混乱"之上。[31]因此，这一时期的切斯特戏剧的观众在听到亚当、夏娃被告知皮肉之衫"最符合自己的等级"时，很可能会听到消费控制法的回声或者戏仿。由于制作这部戏剧的人都是在这些规章制度下生产和销售服饰的人，所以这样的一个演出就显得更有意义了。[32]

最后，这段话中关于制衣的焦点还因为在切斯特戏剧中上帝在第二节用到的"wrought"（锻制）这个词而得以延伸。在这段话中，这个词的重要性来自它与其他关键词构成的押头韵所带来的联系，包括"willing""will""wayle and woe"（愉悦和苦痛）和"now"与"knowing"。就在以皮肉之衫为亚当和夏娃覆体之后，上帝对亚当说，"如今劳作是你的工作"，这在塑造亚当自我选择的能力与他的第一件衣衫之间建立起了一个精彩的联系。[33]早在一首 13 世纪的诗歌即中古英语版《创世记》和《出埃及记》中就可以看到这个词与《创世记》（3:21）中的皮肉之衫的联系，这首诗将亚当和夏娃的皮肉之衫描述为由天使制作的，"两件皮衣由天使制作，又带给亚当和夏娃"。[34]此外，考虑到行会与这部剧的关系，中世纪英语中的"wrought"这个词就运用得尤其适当了，因为它不仅有手工造型和制作的含义，还有制作和完成服装与纺织物料的

[19] 亨利八世（1491—1547 年）是英格兰国王亨利七世次子，都铎王朝（都铎王朝是 1485—1603 年统治英格兰王国及其属土的王朝，由亨利七世建立）第二任国王。他推行宗教改革，积极鼓励人文主义研究，使英国教会脱离罗马教廷，国王成为英国最高宗教领袖，有权任免教职和决定教义，英国皇室权力达到顶峰。——译注

[20] 伊丽莎白一世（1533—1603 年），亨利八世的女儿，英格兰与爱尔兰的女王，也是名义上的法国女王，是都铎王朝黄金时代的缔造者。她战胜过西班牙无敌舰队，是不列颠帝国海上传奇的奠基人，也是英格兰宗教改革平和化及民族统一的坚决倡导者和执行人。——译注

具体含义。尽管在整个中世纪时期，"wrought"这个词的动词形式都被用于代表缝纫和编织，但在15—16世纪，也就是切斯特戏剧被制作和表演的时候，这个词的形容词形式已经被用于形容那些经过了某种人工处理或生产的原材料，例如已经织好的丝绸和已经加上刺绣和装饰的普通宽布，也就是指那些纺织者所从事的最后工序。[35] 英格兰于1463年颁布的消费控制法将大量的保护性力量花在将在英格兰以外地区制造的成衣和手工艺品非法化上，宣称其目的是保护"被赤贫化和受阻碍的英国工匠"，这表明对地方的手工业文化和经济而言，未经许可就制作的服装具有怎样的分量。[36]

在本节的结尾，需强调的是，尽管切斯特戏剧《创世记与亚当和夏娃》对《创世记》3:21中的皮肉之衫的象征和意义给予了大量的语词和表演上的关注，但很多其他系列剧在涉及同样的圣经事件时，完全忽视了皮肉之衫，而选择将焦点放在了无花果叶做成的衣衫的手工艺艺术象征意义上。这些剧通常也使用了"wrought"这个有分量的词，正如在《约克之谜》[21]的《人的堕落》（*Fall of Man*）篇章[22]中，上帝在最初看到身着无花果叶的亚当时说道："这个物件，你为什么要锻造（wrought）？"[37] 或许没有与任何行会组织相关联的《N镇戏剧》（*N-Town Play*）[23]呈现了最为阴暗的、堕落后的服装符号之一，剧中上帝不仅没有制作皮肉之衫，还让亚当和夏娃"赤身裸体，饿着肚子，光着脚"度过余生。[38] 在这部剧的末尾，织布成为对夏娃的独特惩罚。亚当和夏娃分别做出以下表述：

---

[21] 原文是"York"，从上下文推断应该是指的《约克之谜》（*The York Mystery Cycle*）。
——译注

[22] 《人的堕落》，用中古英语创作的具有代表性的戏剧之一。——译注

[23] 《N镇戏剧》，起源于15世纪后期的东安格利亚，是一部基督教戏剧。——译注

亚当：让我们走向大地：

用正当的劳作寻找我们的食粮，

用我的双手耕作和挖掘来哀悼我们的快乐；

让我们的幸福黯然失色，让我们的忧虑黯然失色。

妻啊，从今以后你要学着纺织，

把我们赤裸的身体包裹在布里。

直到一些来自上帝的宽慰和恩典，

开解我们沉重的精神，

来吧，我们走吧，妻啊。

夏娃：我们已经犯下这个罪，

也为了赢得我们身体的延续，

你必须耕种，我将会织布，

我们将这样生活。[39]

亚当耕作、夏娃织布（图 4.2、图 4.5）是中世纪晚期英格兰对这对堕落后的圣经夫妻的最广为人知的描绘，反叛领袖和神父约翰·鲍尔（John Ball)[24] 在 1381 年的起义中曾用它来抗议社会经济差距。[40] 如果我们以"堕落"所产生的服装观念系统作参照，就可以看到另外一种联系，最为明显的就是在戏剧第 327 行中的动词"winden"，暗示夏娃未来的纺织和制衣行为必然与

---

[24] 约翰·鲍尔，一位激进的神父，是 1381 年英国农民起义的领袖。——译注

包裹突然间被笼上死亡和腐朽的阴影的人类身体有关；因为它与死亡的内在联系，所有随后的人类服装在此都被描绘为必然与裹尸布有关。[41] 与这一理念相关的是，这部剧称夏娃将织布来遮挡他们的凡人身体，直到上帝赐予某种宽慰来疏解他们的困境，这句话则预示着基督另一种形式的保护。[42]

花冠、手套、柔软的服装

如果要将亚当和夏娃的皮肉之衫推到类型学的极致，那么基督为人类所做出的奉献——化身（来自拉丁语 incarnare，意为用血肉覆盖）——就是一种专门被构想为具有保护性的肌肤或衣服。这一流行的意象在中世纪英语诗句中有所体现，例如"我会穿着基督的肌肤"，或如英国神秘主义者诺里奇的朱利安（Julian of Norwich）[25] 所说，"他是我们的衣衫，为了爱，将我们包裹"，这里他同样用了前面提到的《N镇戏剧》中"to wind"这个词的双重含义。[43] 这一在服装意义上的联系也意味着，穿错了服装的人将可能有惹怒基督的风险，在乔叟的《坎特伯雷故事集》中，帕尔森（Parson）在布道时说，穿着丝绸服装的妻子们不应该期待（耶稣）基督的化身，也就是说，身着华服的妻子不应该期待（耶稣）基督的保护。[44]

与此相关的是，穿着时尚服装这一劣行——时尚服装是亚当和夏娃的皮肉之衫的后裔——被放置在基督化身的对立面，在被称为"基督哀叹"（Jesus

---

[25] 诺里奇的朱利安，诺里奇为地名，是英国历史上著名的古城，11世纪时曾是全英国仅次于伦敦的第二大城市。朱利安被认为是英国14世纪末至15世纪初的神秘主义者，最早用中古英语写作的女性之一，其代表作为《向一位虔诚女人展示的异象》《启示录》等，这两部作品讲述了在1373年她年轻时遭受致命疾病所经历的一系列异象。——译注

does Bemoan）的诗句中，大约 1400 年，基督比较了时尚人士的服装与他自己在十字架上的形容。在下面这个段落中，基督要求人们将他们美丽的花冠、精美的白色手套与基督的荆棘王冠、被钉住的双手进行比较。

> 耶稣哀叹
>
> 并对有罪之人说：
>
> "你的花冠是绿色的，有很多花朵；
>
> 我的则是荆棘制成，
>
> 它使我形容憔悴。
>
> 你的双手被手套包裹，白皙而洁净；
>
> 我的双手则被铁钉刺穿，钉在十字架上，我的双脚也是。"[45]

在随后的一节中，基督将自己体侧有伤口的身体与佩戴着装饰性质的刀、身着时髦的开衩两件套的时尚男士进行了对比：

> 你有开衩的衣衫，
>
> 开衩又长又宽；
>
> 为了虚荣和骄傲，
>
> 你的长刀也高挑——
>
> 你是时尚人群的一员；
>
> 我的身旁是尖利的矛，
>
> 几乎刺到我的心脏，

我的身体累累伤痕，

被击打得遍体鳞伤。[46]

正如对基督伤口的沉思为穿着华服的罪过提供了道德上的平衡一样，对基督服装的沉思也提供了一种保护，它使得一个曾经穿着华服的人可以在追悔中抵抗华服的魅惑。在中古英语写作的基督武器诗歌《哦，圣面像》（*O Vernicle*）中，作者让读者尝试着想象在圣经描绘的基督被嘲笑的场景中基督的无缝衣衫和紫色袍服，以祈求免受因使用（在该诗的某些版本中用的"滥用"一词）华服引起的道德后果。这首诗是从有罪的人的视角写的：

无缝的白衫

和精制的紫袍，

它们都是我的救星和我的援助，

因为我穿过柔软的衣服。[47]

这首诗的另一个版本直接请求对服装过失予以治疗和宽恕：

主啊，请治愈我，

如果我曾因为虚荣和骄傲

用了我的衣服。

仁慈的主，请宽恕我。

正如这些案例所显示的，在中世纪西方文化里，穿衣这个行为本身从来不是一个单一或孤立的事件，它被默认为处于特定象征系统内。就像前面的切斯特戏剧和其他已讨论的文本那样，这些诗歌使得读者或听众依照服装类型来阐释自身的衣着习惯，即这些行为应该放在神圣历史——尤其是在亚当学和基督学——的丰富象征意境里去理解。

这种关于服装符号和意义的关系性和关联性的观念，在《创世记》的服装诞生的双重戏剧中得到了充分的体现：在此，一个双重行为——首先是无花果叶，然后是皮肉——确保了服装这一观念本身以及随后关于服装的行为都始终指向一个早前的覆盖动作。将亚当和夏娃的皮肉之衫与基督的展示之间的概念联系起来，则进一步加深了这一认知，并建立起一个道德比较体系，用于选择穿在身上的服装材质。

如此，在中世纪文化中，服装成为一个关于选择实践（practice of choice）的符号——无论是道德上的还是其他意义上的。切斯特戏剧《创世记与亚当和夏娃》强调了选择主题隐含在《创世记》场景中的方式，在这个场景中，上帝的选择即他所认为的最好的选择，以及亚当的选择即被他的意志和欲望所驱动的行为之间的紧张关系，发展成为服装和服装象征系统的内在组成部分。中世纪晚期的道学家，可以说是依靠着同样的含蓄观点的，比如当他们恳求人们运用自己的智慧、技能和自由意志来为自己选择合适服装的时候。[48] 消费控制法同样试图按照社会和经济类别规范服装选择、限制材料和装饰，于是最大的选择自由给予了贵族的最上层，而最贫穷的劳动者只得到最少的选择，而这些规范的实施通常都会由于民众不服从或被废除而失败，这也表明了服装在这一文化中所拥有的不同寻常的力量。随着西方中世纪时期走向终结，在这些不同的方面，服装和涉及服装、时尚的观念系统都介入有关人的自主性与责任的文化波动中。到这一时期结束时，正如哲学家吉尔斯·利波维茨基（Gilles Lipovetsky）[26] 所指出的那样，关于时尚衣着的冲突揭示了人类为使自身成为他们生存处境的主宰的努力。[49] 通过将服装这一媒介一方面放置在人类的艺术、物质创造性才能的框架内，另一方面放置在人类的更高道德经验的框架内，中世纪对亚当和夏娃的皮肉之衫的持续评论也为物质世界中人类争取自主的斗争贡献了最持久的信念之一。

[26]　吉尔斯·利波维茨基，1944 年 9 月 24 日出生于米洛，是法国著名哲学家、作家和社会学家。——译注

第五章　性别和性

E. 简·伯恩斯

克里斯蒂娜·德·皮桑（Christine de Pizan）[1] 著于 15 世纪的《妇女城》

（*the City of Ladies*）[2] 讲述了一个睡着的男人醒来后发现自己穿着一件裙子

的故事。这个故事的主旨是避免无知蒙蔽作者，使她无法辨别心中明确的真

理。[1] 但这个故事也显示了，一件简单的衣服可以在何种程度上创造性别：当

这个睡着的男人醒过来并看见自己身着裙子，他确信自己成为女人。尽管这个

---

[1]　克里斯蒂娜·德·皮桑是欧洲中世纪著名的女作家，她极力反对中世纪艺术中对女性
的污蔑和偏见，她是欧洲历史上第一位以写作为生的女作家。她的作品体裁多样，有诗歌、
小说、传记等，内容涉及政治、军事、教育、伦理、女性问题等诸多方面。——译注
[2]　《妇女城》是克里斯蒂娜·德·皮桑在 1405 年所著的一部女性文学作品。该书反对仇
女观点，反对关于女性具有"天然"低劣性的观点，专门讨论了历史和神话中所记载的那
些出色的女性的"天然"优越性。此书被誉为既是"文艺复兴时期为女性的权利与地位勇
敢呐喊的第一力作"，又是"代表女性文学文本性质的开篇之作"。——译注

男人是这个恶作剧的受害者，那些戏弄他的人告知他他已经转换了性别，这条裙子在他对作者称之为"他自己是什么"的问题的认知上扮演了关键角色。一眼就看见的他身着的服装胜过了其他证据——他的过往、他的生理结构，以及在此之前他所相信的自己的性别、男性特征。他看见自己身着女人的裙子时的反应为理解中世纪时期以及当代性别观念的运作方式提供了有说服力的范例。的确，这一件轶事不仅强调了服装传达乃至创造性别的力量，还强调了视觉在这一过程中扮演的关键角色。在此我们联想到当代性别理论家凯特·伯恩斯坦（Kate Bornstein）曾经指出的，"性别本身是不可见的"，它需要模式和隐喻帮助我们使它变得可见。[2] 这些模式中的一种——事实上有可能是所有模式中最易于辨别的，就是服装。

这不是说服装能准确地反映穿着者的性别。与此相反，笔者认为事实上性别无法离开那些唤起它存在的模式与隐喻、行为与阐释而单独存在。作为一个结果，服装可以唤起、传达并且创造各种各样的性别身份，这些性别身份则构成了一条长长的、由各种可能性构成的光谱，而这些可能性并不一定受到任何生理解剖学意义上的基础性差异制约。

中世纪的文学文本提供了许多支持这一观点的案例，我们可以从两位中世纪的女英雄开始讨论，她们分别是女扮男装的虚构故事中的人物——写于13世纪的《塞仑斯罗曼史》中的塞仑斯，以及15世纪的历史人物圣女贞德。虽然两位都身着男性的服装，但她们都不相信"她"就是"他"，尽管其他人这样认为。

女主角塞仑斯（Silence）是被她的父母女扮男装的，因为他们希望以此来保护他们的遗产免遭圣谕的剥夺，当时圣谕禁止所有的女性后嗣继承家庭财产或爵位。这对父母的计划指向一种策略性的欺骗。书中通过运用男孩的服装，告知读者："他们将会有一个男孩而不是女孩，一位男性子嗣而不是这个女儿。"[3] 的确，当塞仑斯拥有了男性的服装和外貌，其视觉效果是如此令人信服，以至于女王也爱上了塞仑斯。此时塞仑斯被描述为"一个曾经是女孩的男孩"，尽管这一转变只是暂时的，塞仑斯在故事结尾时重归她所谓的"天然的性别"，在叙事的过程中我们目睹了一名身着男性服装的女性身体在社会的、职业的及法律的意义上"成为一名男性"。女扮男装的塞仑斯作为一个卓越的骑士和杰出的吟游诗人获得了名望。她这样解释自己的复杂处境，这段原文在古法语中至少有两层含义。首先，"要么我是塞仑修斯（Silencius）[3]，要么我谁都不是"意味着"我"的名字"塞仑斯"（"silence"也有"使噤声"的意思）反映了"我"出生时的"女性"性别被隐藏或噤声，所以"我"可以假借一个男性子嗣的性别和法律身份。这句话还有另一层意思，如果其中的"nus"这个古法语单词取它的第二层含义，我们可以将塞仑斯的话理解为"我是塞仑修斯或者我赤身裸体"，也就是"我"必须维系一个男性的服装和假面，否则"我"的女性身体将暴露。如果塞仑斯被剥夺了她"相当大众化的年轻男子服饰"，她将失去一切——不仅是继承遗产的法律权利，对我们而言，更重要的是她将失去作为卓越的骑士的能力以及作为吟游诗人的杰出技能。可是怎会如此呢？

塞仑斯的困境只有在一个二元对立的结构里才可以被理解，在这一结构中身体要么是被覆盖的，要么是赤身裸体的，而性别也被理解为两个彼此排斥的类别：男性和女性。然而塞仑斯的话也指出性别可能被重构或者重新想象为

---

[3] 塞仑修斯：一个男性名。——译注

超越这种非此即彼的——将自然与人为对立的，以及决定了她的生存状况的二元模式。尽管塞仑斯通过隐藏自己的女性身体，使自己呈现为一个社会主体，以这样的方式解决自己的困境，但她的故事也指出在二元对立的元素之间构建第三元素的可能性，即在穿着与赤裸，以及男性和女性之间。正是这一严苛的二分法使得本章开始的故事中醒来的男性如此困惑。归根结底，塞仑斯"是一个出色的骑士和吟游诗人"，她是英雄塞仑斯。在这部《塞仑斯罗曼史》的大部分篇幅中，她在视觉、社会以及职业的意义上是一个"他"的同时也是一个"她"。[4]

第三种性别身份的可能性或许在贞德这位历史人物身上得到了更有说服力的例证。她坚持保留她的男性服装以及拒绝穿着"女人的裙子"，她的顽固惹怒了她的审判者。贞德的目的从来不是欺骗那些眼看着她纤细的、性别模糊的身体穿着典型的男性服装的人。贞德在整个审讯过程中都将自己作为一位身着男人服装的女人。在玛乔丽·嘉伯（Marjorie Garber）[4] 看来，正是她的立场的不确定性，即这一事实——她在视觉上并且公开坚称自己既是男性又是女性，使控告她的人不安。[5] 审判档案的每一页几乎都支持了这一观点，指出"她"是如何公开地扮成一个"他"：贞德完全抛弃了女人的衣服，头发剪成年轻男子的短圆样式，她身穿衬衣、衬裤、两件套，还穿着连裆长袜。[6]

"衬衫和衬裤"这一内衣组合通常在中世纪文学叙述中相伴出现，正如我们稍后将看到的那样，其是男人的必用内衣。而两件套（gippon）和连裆长

---

[4] 玛乔丽·嘉伯，哈佛大学英语以及视觉与环境研究教授。其中一本著作《性格：文化迷恋的历史》于 2020 年出版，探讨了性格问题涉及的道德、社会、政治和文学方面。——译注

图 5.1　中世纪晚期的"男性"轮廓：两件套和连裆长袜，欧仁·埃马纽埃尔·维奥莱－勒－杜克绘制，出自一本关于从加洛林王朝到文艺复兴时期的法国家具的推理词典。Paris: Gründ et Maguet, 1854-75. Vol.3, 271.

图 5.2　中世纪晚期的"女性"轮廓：及地修身长裙，欧仁·埃马纽埃尔·维奥莱－勒－杜克，出自一本关于从加洛林王朝到文艺复兴时期的法国家具的推理词典。Paris: Gründ et Maguet, 1854-75. Vol.3, 275.

图 5.3 "丝绸甘比松",如塞仑斯所穿。出自一本关于从加洛林王朝到文艺复兴时期的法国家具的推理词典。Paris: Gründ et Maguet, 1854-75.Vol.5,441.

图 5.4 胄甲袜,如塞仑斯所穿胄甲袜。出自一本关于从加洛林王朝到文艺复兴时期的法国家具的推理词典。Paris: Gründ et Maguet, 1854-75. Vol. 5, 275.

袜（chausses）为紧身的外层衣物，它们勾勒出与这一时期女人的拖地长裙迥然相异的显著的男性轮廓。塞仑斯也穿着典型的男性两件套和紧身袜。在她那里，它们构成了她的铠甲的一部分：适合穿在锁子甲和胄甲袜下的丝质两件套。在这些衣物之下，塞仑斯也穿着衬裤，衬裤是她向男性转化的关键标志之一。（V.2056）

这些衣物在塞仑斯那里是用来遮盖和模糊她的女性身体的，而15世纪的贞德所穿着的两件套和紧身长袜则发挥着不同的功能。在她的审判全程中，贞德公开挑战普遍的文化观念，即什么性别的身体就应该穿着什么性别的服装。的确，当贞德这位解救了奥尔良的围困并为法兰西国王赢得重要胜利的年轻女英雄坚持保留她的铠甲和"奥尔良少女"这一称号时，她所穿着的典型男性服装表达的就不再是不可置疑的男性阳刚气——它们也不意味着女扮男装的"女人"。正如马瑞娜·沃纳（Marina Warner）有力地指出的那样，贞德并不被她身边的士兵看作一个性别化的女人。而让这些士兵以为自己是一个男兵也不是贞德的目的。在贞德那里，男性服装使她进入第三种（third）或者说杂糅的（hybrid）性别类别。[7] 作为骑士铠甲的一部分被塞仑斯穿着的两件套和紧身长袜可以被理解为重新定义了掩盖其下的"女性"的身体，而贞德穿着的相似服装则导致了性别类别的更加彻底地扩展。她在同一时间里公然是"男性也是女性"。

我们无论讨论中世纪的哪种服装，从内衣或日常服装到婚礼礼服或加冕袍服，都会发现，服饰既可以强化它们通常被用于传达的那些性别类别，也可以扰乱或挑战那些性别类别。文学作品在揭示中世纪服装更为微妙的功能方面尤为有用，因为它们向我们展示了服装在特定——即便是想象性的——语境中的运作情况。例如中世纪服装的文学再现，让我们看见服装可以如何被用于传达地位或政治优势，可以如何被用于显示财富或身份，可以如何被操作以获取影响力或权力或者被当作礼物来表达一系列的情感。在文学作品中关于服装的描绘，对于我们理解性别与性尤其有用，这不是因为它们准确地记录了中世纪服装的历史使用情况——它们有可能做到了这一点，也有可能没有——而是因为它们表达了关于欲望、焦虑和关切的文化样态。事实上，中世纪文学作品通常呈现的模糊性和性别流动性很难在视觉再现中得以表达。例如贞德的唯一幸存的视觉图像为我们呈现的是高度女性化的，身着肩带、紧身胸衣的女性躯干。这一图像是由一个从未亲眼见过贞德的神父绘成，因而反映了仅从名字推断出的性别假定，却没有告诉我们关于贞德对自身所处的复杂性别地位的理解。[8]

令人好奇的是，本书提到的法国建筑师欧仁-埃马纽埃尔·维奥莱-勒-杜克的绘画在事实上没有传达多少性别限制。诚然，他的百科全书式的表现中世纪建筑和家居物品的图像在很多方面存在问题，特别是因为它们通常透过19世纪中世纪主义视角对中世纪进行高度浪漫化的描绘。但是笔者仍然选择收入他的图像，因为它们对于我们理解中世纪的性别表达不无帮助。事实上，在那部词典中许多插图的服装极为惊人，因为它们脱离了被性别化的穿着者而独立存在。例如，如图5.5所示男女都穿的中性衬衫，甚至是如图5.4所示据称是男性紧身衣的服装。如果没有人类主体，这些图片本身并不能传达性别或性信息。那么，如果我们要将这些以及维奥莱-勒-杜克的目录中的其他中世纪服装插图看作潜在地非性别化的，那将会怎样呢？我们会看见什么？如果拖地长裙可以用来遮盖任何身体，那么锁子甲不也可以被任何性别或性的个体穿着吗？如图5.6所示的金属手套呢？

这些衣着不正是可以被那些许许多多的、用德尼丝·莱利（Denise Riley）的话说拥有"不同的性存在密度"的个体穿着吗？[9]这当然不是维奥莱－勒－杜克所希望的其图像被解读的方式，这也不是我们被训练的解读它们的方式。然而有鉴于在许多中世纪文学作品中所描述的多样化、性别化的服装，维奥莱－勒－杜克的图像可以被理解为提供了一些原材料，在这些原材料的基础上，性别化的行为和身份可以被创造出来。按照这一逻辑，我们甚至可以重新考虑如图5.1所示身着两件套和紧身长袜的人物形象。如果脱离了他增加的人物头像，维奥莱－勒－杜克的服装绘图本身并不能传达性别或性信息。如果我们放弃我们的假定，即只有男人才穿着铠甲或两件套和紧身长袜，我们对这一图像的看法可能就不同了。我们可能将这些服装本身看作非性别化的。

数年前，克里斯丁·德尔菲（Christine Delphy）曾提出或许只有当我们可以想象无性别情况的时候，我们才可以真正地思考性别。这一任务到目前为止都十分艰难。[10]然而作为中世纪的研究者，我们不妨以如图5.4、图5.5中欧仁－埃马纽埃尔·维奥莱－勒－杜克为紧身长袜和衬衣绘制的图像以及如图5.6中的金属手套为支撑，开始重新想象中世纪服装能够提供的性别选项。

文学作品中的一些服装比别的服装具有更为鲜明的性别化特征，例如中世纪晚期女性的拖地长裙或中世纪早期的男性衬裤。然而在很多文学场景中，即便是那些原本具有性别化标志的服装，最终也推动了一系列的性别化身份和性向的发展。

比如以罗伯特·德·布卢瓦（Robert de Blois）写的12世纪的弗洛里斯（Floris）和莱里奥普（Lyriope）的故事为例。这一对背运的恋人全凭一件寻常的袍子才成功走到一起。[11]弗洛里斯与自己的双胞胎姐妹弗罗丽（Florie）

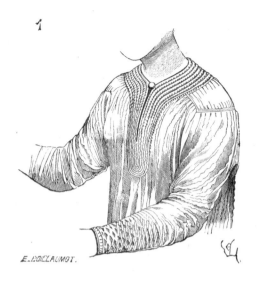

图 5.5　衬衫，欧仁－埃马纽埃尔·维奥莱－勒－杜克，出自一本关于从加洛林王朝到文艺复兴时期的法国家具的推理词典。Paris: Gründ et Maguet, 1854-75. Vol.3, 175.

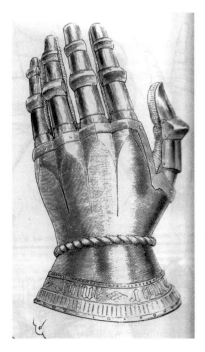

图 5.6　金属手套，欧仁－埃马纽埃尔·维奥莱－勒－杜克，出自一本关于从加洛林王朝到文艺复兴时期的法国家具的推理词典。Paris: Gründ et Maguet, 1854-75. Vol. 5, 456.

更换衣服之后偷偷潜入他所爱之人所在的女性生活空间，（"把你的袍子给我，"弗洛里斯对弗罗丽说，"你穿我的，我会以你的样子去那儿，而你以我的面貌留在这里。"）这次服装的更换，与塞伦斯的暂时性和策略性的伪装或者贞德对社会将两件套和紧身长袜从女性的服装世界中排斥这一规定所进行的个人挑战相比，有着更为长远的影响。在罗伯特·德·布卢瓦的叙述中，事实上更换袍子有助于爱情的邂逅，它帮助弗洛里斯以女仆的身份留在莱里奥普的身边，对她微笑、和她手牵手，躺在她的腿上并触摸她的肌肤（vv.909-912）。他们亲吻、拥抱，直至莱里奥普宣称："我从来没有听说过两个女仆这样彼此相爱，但我不认为我会像爱你这样爱上任何一个男人，也不会有任何男人的吻会像你的亲吻那样让我愉悦。"（vv.1010-1015）

这场爱的幽会由男主人公穿上姐妹的袍子引出，呈现了一个异性恋结合的场景，但其中充斥了一系列可商榷的性别身份。如果弗洛里斯的亲吻正如弗洛里斯的服装并非典型的男性服装那样，那么他的亲吻也并非男人的亲吻。而且，如果正如故事告诉我们的那样，"他现在是一个她"。（v.878），那么我们必须提问，在这一个关于体面恋情的故事中，究竟是什么创造或决定了性别身份？在这一案例中，文雅的爱似乎依赖于——如果不是必然要求——所谓的"自然的性别与服装之间的非一致性"。莱里奥普爱上了一个女人，对她的爱比对任何男人的爱可能更深。即便这个人恢复到他作为弗洛里斯的身份，莱里奥普仍然爱着他。这两个情人在服装之下的——导致他们"迥异天性"的解剖学差异——在这层意义上几乎无足轻重。

事实上，身着女人服装的弗洛里斯第一次宣告对莱里奥普的爱，是通过将他自己比作二人正在阅读的一个故事中的男性恋人皮拉默斯（Piramus） （vv.992-997）。然后弗洛里斯以一个女性恋人的口吻，描述了将两个女性联系起来的爱的纽带之强大，"我们，在我们疯狂的激情中，都感受到了如此强烈的愉悦，比异性恋人的愉悦更加怡人、更加可口"。我们可能会问，在这里究竟是谁的愉悦：两个年轻女人之间的爱？还是将一个女人和一个男人联系起来的欲望？对我们的目的而言，最重要的是服装在这个故事中扮演了关键的角色，它将性别从其解剖学的锚定上解开。

当然，人们可以引用无数中世纪文学案例来说明服装有助于更为标准的异性情爱达成：声称在披风下感觉到她的男性恋人的女性情诗诗人；[12] 在让·雷那（Jean Renart）的《布列塔涅画廊》（*Galeran de Bretagne*）中，男主人公热烈地亲吻他心爱的人送给他的刺绣袖子，仿佛那是她的肉体；[13] 通过歌唱和缝纫表达欲望的香颂女郎；[14] 在《克里格斯》（*Cligès*）[5] 中女主人公索雷达摩（Soredamor）把她的头发缝进送去的衬衫里作为爱情象征。[15] 在所有这些案例中二元的性别立场（binary gender positions）保持不变。

在《弗洛里斯和莱里奥普》（*Floris and Lyriope*）中，我们面对的则是一条由多种性别化主体位置和情爱关系构成的光谱，其基础是高贵的身体本身，与其说是其生理结构所决定的，不如说是服装决定的。[16] 在故事中的某一处，男扮女装的弗洛里斯甚至提出，"如果我们当中有一个是年轻男人，那么我们的快乐一定是可值得炫耀的"（W.1035-1037）。作为读者，我们可以理解将弗洛里斯假定性地变作一个"男人"将会产生一对异性恋情侣，但如果莱里奥普——她也是"我们中的一人"——成为一个年轻男人，（比如像弗洛里斯的

---

[5] 克里格斯是中世纪法国的一首诗，可追溯至 1176 年。这首诗讲述了骑士克里格斯的故事以及他对叔叔的妻子菲妮丝的爱。——译注

姐妹早前所做的那样，穿上男人的"袍子"），那么二人将成为两个男人。所有这些不同的"成为"男性或女性的方式，以及做阳刚或阴柔的情人的方式，在这个故事以及其他早期中世纪文学故事中之所以是可能的，是因为角色所穿着的服装。的确，这些案例为朱迪斯·巴特勒（Judith Butler）[6]那如今广为人知的论断，"在性别的表达后面没有性别身份"[17]，提供了中肯的注脚。对巴特勒而言，性别是由表现行为创造的，而表现行为是被文化常规和实践规制的，而不是由身体构造决定的。[18]因此在《弗洛里斯和莱里奥普》中，这对恋人通过服装的穿着与褪去而形成意料之外的情爱组合，而这些与服装相关的行为经常对基于生理差异的类别构成挑战。

少女的袖子

写于 13 世纪的圣杯故事最后一卷《亚瑟王之死》（*The Death of King Arthur*）中的一件小衣物——少女的衣袖——提供了一则关于服装如何使性别欲望复杂化的突出案例。[19]女主人公不可救药地爱上了亚瑟王的最优秀的骑士兰斯洛特，并将自己的衣袖赠予他，让他在一次比武大会中戴在头盔上。通常对于骑士来说，佩戴一位情人的衣袖是极为有利的，因为这件衣物作为情人的替身会为骑士带来灵感和力量。然而在这一案例中，兰斯洛特并不爱这位女士，他同意佩戴她的衣袖只是因为被早前的誓言约束。后来的结果在意料之外。[20]

---

[6] 朱迪斯·巴特勒，1956 年出生于美国，当代最著名的后现代主义思想家之一，在女性主义批评、性别研究、当代政治哲学和伦理学等学术领域成就卓著。其所提出的关于性别的"角色扮演"概念是酷儿理论中十分重要的观点，她也因此被视为酷儿运动的理论先驱。——译注

尽管这一件衣物强化了规范的性别角色即骑士通过为女士战斗来树立自己的阳刚气，但这位女士的衣袖在事实上削弱了读者抛开这件女性衣物将兰斯洛特判断为骑士的能力。在这次比武大会中，兰斯洛特仅仅被称为头盔上带着女士衣袖的骑士。作为一名众所周知的优秀骑士，他的阳刚气却不再依赖他自己的名字或英勇的事迹，而是依赖一个女人的一件衣物，一个将其欲望以及意志强加在世界上最优秀骑士身上的女人的衣物。她的举动在诸多方面创造了性别困境。它挑战了一个长期存在的风雅传统，这一传统在诗歌和罗曼史中都有所表达，即只有男性才能展开的爱的攻势，女人的角色是接纳。

然而，通过少女衣袖的公开展示，温切斯特比武大会上的观众所看到的却是少女对兰斯洛特的不当影响。因如此瞩目地、公开地身着一个女人让他穿上的衣物，兰斯洛特被标识为"她的"，这非他所愿。尽管他在比武大会上的风范证明了他作为骑士的无可比拟的技艺，附着在他头盔上的衣袖则表明他面对一位少女时的无能为力。诚然，女主人公的激情和愉悦在随后的故事中被残忍地打断，她像奥菲莉亚（Ophelia）[7] 一样死于相思。然而，在那一苦难时刻到来之前，她成功地让世界上最优秀的骑士穿上了一件她的衣物，公开宣示了她的——而不是他的——欲望。

在这个故事中，骑士高汶肆无忌惮地跨越了规定的性别藩篱。他把自己想象为要给出一条衣袖的少女。讲到兰斯洛特在温切斯特比武大会的不同寻常的壮举时，高汶告诉少女，"如果我是一名少女，我会希望那条衣袖是我的，而

---

[7] 奥菲莉亚是著名悲剧《哈姆雷特》中的角色。她与哈姆雷特陷入爱河，但她哥哥警告她，王子的政治地位会使他们无望结合。作为哈姆雷特疯狂复仇计划的一部分，她被哈姆雷特无情抛弃，加上父亲的死让她陷入精神错乱，最终她失足落水溺毙。——译注

戴着这条袖子的男人与我相爱"。如果我们也可以想象穿着少女服装的高汶将
衣袖赠予战斗中的骑士,那么骑士"善战"——因为他们被一个女性恋人鼓
舞——这一传统含义就显著地发生变化了。从这一个案来看,身着女人服装的
骑士事实上也可能是为了其他骑士的深情而战斗的。

这一故事表明就连少女的衣袖这样细微的衣物,无论是像兰斯洛特那样穿
起来还是像高汶所想象的那样,都具有挑战和扰乱性别化欲望法则的能力,即
便这样的法则规范了亚瑟王时代的罗曼史世界。

配饰:荷包和腰带

其他可以干扰或者使人们对性别与性的期待复杂化的小物件包括荷包与
腰带。在古法语和 13 世纪的浪漫文学和贸易档案中,关于这一对搭档的描述
通常是用贵重的丝绸制成的荷包悬挂在本身也由华丽的丝绸制成的腰带上的。
小荷包可具有装很多小物件的功能,包括药草、油膏、药品,乃至圣饼或缝纫
用品。

不过,古法语文学作品也经常涉及有着繁复刺绣的丝质荷包。作为携带贵
重戒指、胸针和珠宝的容器,有时丝质的荷包会成为男性恋人的标志物,如在
纪尧姆·德·洛利思(Guillaume de Lorris)[8] 的《玫瑰罗曼史》(*Roman de*

---

[8] 纪尧姆·德·洛利思:法国作家。——译注

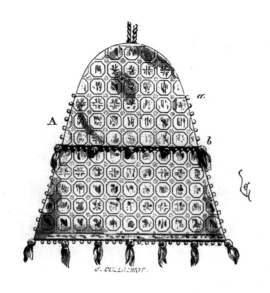

图 5.7　荷包，欧仁·埃马纽埃尔·维奥莱－勒－杜克，出自一本关于从加洛林王朝到
文艺复兴时期的法国家具的推理词典。Paris: Gründ et Maguet, 1854-75. Vol.3, 27.

la Rose）[9] 中那样，女士们通常在繁复的服装之上搭配这件贵重的饰物。[21] 中
世纪图画经常描绘商人货架上供出售的荷包，就像图 5.8 中那样，它们通常是
作为非性别化的配饰出现的。

　　总体而言，贵族的荷包不同于通常挂在农民或商人皮带上、后来被称为钱
包（bourses）的皮质钱袋或小包。皮质的钱袋用于携带钱币，在古法语的故
事中被描绘为由集市上的商人、市场上的顾客、酒馆的客人或城镇的店家和商
家所用。[22] "钱包"这个词也时常出现在伴随着男性性能力和充满色欲的视觉
影像的笑话和露骨故事中。例如，其情色意蕴清晰地出现在一幅 14 世纪的货

---

[9]　13 世纪法国寓言长诗，分上下两卷。上卷作者纪尧姆·德·洛利思以玫瑰象征贵族妇
女，写了一个诗人怎样爱上玫瑰却受到环境阻碍的故事，洛利思死后，民间诗人让·雷那
续成下卷，叙述诗人在理性和自然的帮助下，终于获得玫瑰，并以理性和自然的名义批判
了当时社会的不平等和天主教会的伪善，表达了下层市民的社会政治观念。——译注

架绘像中，图中，待售的钱袋和皮带与一对正在交合的男女的形象并置。[23]

在这一背景下，我们可以探究，让·雷那（Jean Renart）续写于13世纪的《玫瑰罗曼史》中，女主人公丽诺尔（Lienor）在一次法律审判中使用荷包与腰带作为物质证据，证明自己清白这一案例。[24] 丽诺尔被一个心怀叵测的管家诬告不是处女。管家声称看到她臀部上绘有一朵玫瑰。丽诺尔聪明地运用她的私密配饰——她的腰带和荷包——解救了自己。在法庭审判前，她精明地将这两件物品放在了管家身上，谎称它们是来自第戎的城堡女主人的爱情信物。丽诺尔将这些物件连同一枚胸针一起寄给管家，并告诉他，如果他要见到这位女士，就必须将这条腰带佩戴在他的衬衫下面。在法庭上，当这位管家声称自己夺去了丽诺尔的贞操时（vv.3585-3589），丽诺尔则断言，这位管家也抢走了她的荷包、腰带和珠宝（vv.4783-4787）——事实上，管家并没有抢走她的任何一件东西。当他声称自己无辜、并没有靠强力夺走她的贞操或她的腰带和荷包等时，他就推翻了自己之前所说的话——他夺去了丽诺尔的贞操。

管家无法为他的指控提供任何物证，丽诺尔却有支持自己的物质证据。尽管她编造了腰带和荷包被盗的故事，这些物件却可以成为呈堂证供。故事的讲述者注意到，正如所有人可以看到的那样，管家将腰带紧紧地贴身穿在自己身上。在这一案例中，正是腰带与荷包（在这里主要用"腰带"一词指代）使得女主人公可以得回公道。康拉德皇帝的男爵对此质疑，因为腰带是如此寻常之物，它可能属于任何人，丽诺尔则证明这条腰带表面的刺绣是它独一无二的标志。

最终，通过对这些男女通用的日常贵族服装配饰的运用，丽诺尔成功地证明了她作为未婚配的处女这一不可动摇的事实，将焦点从被过度关注的她的身

图 5.8 12 世纪的明尼桑格诗人迪特玛·冯·艾斯特（Dietmar von Aist），在海德堡大学图书馆的曼内斯法典中被描绘成一个小贩，14 世纪早期，f.64 r。

图 5.9 丽诺尔使用的腰带，欧仁 – 埃马纽埃尔·维奥莱 – 勒 – 杜克，出自一本关于从加洛林王朝到文艺复兴时期的法国家具的推理词典。Paris: Gründ et Maguet, 1854–75.Vol.3, 107.

体转移到管家的身体上。她也反击了关于脆弱的、被凌辱的年轻女性的性别刻板印象，并将另一种性别上的脆弱性加在男性指控者身上。丽诺尔正是运用由自己装饰并标记为自己独有的服饰物件来达成这一目的的。

加冕袍服和婚礼礼服

有的服装会讲故事。有两个高度性别化的案例，分别是 12 世纪的罗曼史《艾瑞克和爱尼德》(*Erec and Enide*)[10] 中艾瑞克的加冕袍服以及我们刚刚讲述的故事中丽诺尔这位女主人公穿的婚礼礼服。[25] 这两套服装都有着神奇的魔力，据说它们是仙女制作的，而且都和古典世界中的人物有关。这些服装所传达的性别化讯息十分显著，但同时也十分传统。当艾瑞克在亚瑟王的宫殿里加冕时，他身着代表古代四大才艺的形象的袍服，仿佛具有了神奇的力量。这四大才艺是几何、算术、音乐和天文。作为智慧的治理才能的象征，这些才艺的形象用金线织入艾瑞克那富丽堂皇的袍服。尽管在加冕之前我们就听说"王后为爱尼德的装饰，倾尽了优美、精细之力"(vv.6762-6763)，但没有任何华美袍服的描述可以与艾瑞克的披风的描述所体现的眼界和威望相比。关于王后的着装只有一条简短的描述；然后他们为爱尼德加冕（v.6824）。

当丽诺尔与康拉德皇帝成婚时——在她成功地在法庭上证明她的纯真和贞操之后——她的长裙令人惊奇地用着迷和强奸的故事作装饰。普利亚的女王

---

[10] 它不仅是克雷蒂安·德·特洛伊的伟大骑士浪漫小说中的第一部，还是最早的关于亚瑟王的诗歌之一，通常被认为是最早将圆桌介绍为传说中的重要元素的亚瑟王作品。克雷蒂安是 12 世纪的法国诗人，西方文学中浪漫主义诗歌最有影响力的人物之一。——译注

在这件仙女织成的布料上绣下的是特洛伊的海伦的故事：她被帕里斯劫持，古希腊人在试图解救她时触发特洛伊战争（vv.5332-5350）。这一关于劫持和强奸的漫长故事，对于在特洛伊罗曼史影响下的中世纪观众来说是耳熟能详的，而丽诺尔的经历则大相径庭。我们前面看到，在法庭的场景中，她以不同寻常的能力和智慧解救了自己。而她那同样华丽和昂贵的婚礼礼服以完全用金线刺绣而成的视觉图像将这位正直体面的女主人公包裹在一个属于别人的、不和谐的、神话的过往中。在某种意义上，丽诺尔在法庭上的出色表现如今被繁复的帝国婚服笼罩和遮蔽，这一情节提供了关于海伦性侵犯的另一种叙述方式。当艾瑞克和爱尼德的故事中的骑士英雄披上绣有知识与权威故事的王权披风时，让·雷那的故事中的女主人公丽诺尔则被期待穿上一件婚纱，从而将女性描绘成在一个更大的战争与复仇计划中的脆弱生物。

以上是中世纪服装所讲述的故事中最为高度性别化的故事。这些故事提供了服装制定和强化性别现状的例子。

内　衣

内衣在很多情况下也是如此。与袍服和长裙相比，内衣具有较低的能见度，但中世纪的内衣在传达性别化的社会身份方面有着同样重要的位置。内衣在中世纪文学中的运用，倾向于强调阳刚时要求遮蔽身体，而强调阴柔时则要求暴露身体。[26] 衬衣，正如我们前面看到的那样，是男性和女性都可穿着的服装，通常由亚麻布制成，有时还有褶皱。它既是睡衣也是内衣，是最贴近皮肤的一层。对女性而言，衬衣的领子通常要高于外衣的领子。但是女性内衣的最显著特点是其完全没有与男性衬裤相对应的物件。实际上文雅的女士通常被描述为"nue en sa chemise(只是身着衬衣)"。

与此形成反差的是衬衣和衬裤这两个词通常作为语言上的一对,用来形容男性的内衣。在法文版《兰斯洛特故事》(Lancelot)中,兰斯洛特回绝一个女人的引诱,正是通过拒绝脱掉他的衬裤和衬衣。[27] 的确,在很多时候,男性的衬裤成为介于社会体面与社会失格之间的视觉分界线。例如,在《圣杯之旅》(Quest del Saint Graal)中,当珀西瓦尔发现自己与一个赤身裸体的女人躺在床上时,他弄伤自己的大腿,然后发现自己除了衬裤以外身无寸缕。唯有内衣"站"在他与象征着道德败坏的赤身裸体之间。与此相对的是,当亚瑟王允许自己被《兰斯洛特故事》中的引诱者卡米尔迷惑时,内衣却没能留住他的体面。这位国王来到夜间幽会处时仅身着衬裤,但他无法在 40 名全副武装闯入寝宫的骑士面前为自己辩护,"国王尽量地向上跳起,因为他只穿着衬裤"(Micha 8:443)。这些案例都反映了一种部分赤裸的逻辑,其中的男主人公被视为要么穿着衣服,要么赤身裸体,也就是说,他要么是符合礼仪、社会化的,而且肉眼可察地作为特定文化群体成员在活动;要么是去社会化的,并在众目睽睽下从社会可接受的行为场域中被边缘化了。

身体的裸露对骑士来说意味着脆弱和危险,但对文雅的女士而言,身体的暴露程度则取决于她们的身份高低。女性衬衣所传达的与其说是远离赤裸的自我保护,还不如说意味着它的反面,即诱惑和赤裸本身。就连那些穿着严实且繁复的贵族女人,看上去也是赤身裸体的。对 12 世纪的女主人公的标准化文学描绘,通常从她可爱的脸庞开始,从头发、前额、眉毛、眼睛、鼻子、嘴巴到牙齿、下巴,同时也会描写她喉咙和胸部的具有诱惑力的白皙皮肤。而

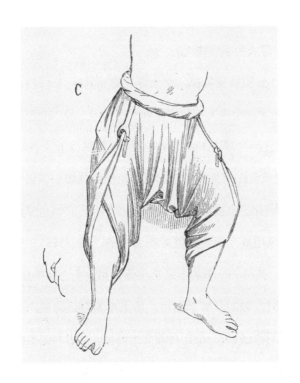

图 5.10 "衬裤（Braies）"，欧仁－埃马纽埃尔・维奥莱－勒－杜克，出自一本关于从加洛林王朝到文艺复兴时期的法国家具的推理词典。Paris: Gründ et Maguet, 1854-75. Vol.3, 78.

这样的描述通常会继续以细节描摹那些事实上被隐藏而不可见的身体部分，例如浑圆的胸部、曼妙的腰肢、精致的臀部和被文雅地称为"其他部分"的一切。这是另一个例子，它表明，和视觉图像相比，文学作品更善于有效地表达一种文化上关于女性的模糊性，即女性在社会意义上是着装端正但又赤身裸体的。

在外层衣物几乎不会显示性别差异的时代，男性和女性内衣方面的显著差异显得十分重要。在 12—13 世纪的体面文学中，男性和女性的标准室内衣服是一种两性通用的套装，称为袍服。对法国上层社会的精英成员而言，袍服一般包含一件穿在表层的宽松带袖长衣——称为布劳特（bliaut）或克特（cotte）——和一件在颈部系牢的长披风或者斗篷。有时一件无袖上衣（surcot）就穿在上述宽松长衣和斗篷之间。如图 5.12 显示了塞仑斯这位女主人公身着男女通用的长衣和无袖上衣，学习成为游吟诗人。

与中世纪晚期的男性穿两件套和紧身长袜、女士穿长裙显著不同，衬衣、长衣和披风套系为贵族男女创造了一个惊人相似的轮廓。而实际上他们的服装也经常是可以互换的。例如我们在《兰斯洛特故事》中看到，鲍斯骑士 [11] 来到王宫时，"身着由无袖上衣和披风组成的外衣，它们以红色丝绸制成，以貂皮做衬里"（4：374）。桂妮维亚 [12] 女王也被描述为有着相似的穿着，"那是深色的丝质外衣，由无袖上衣和披风组成，两件都以貂皮为衬里"（4：385）。男女通用的袍服的最外层部分——披风——事实上经常在骑士和女士之间换穿。当旅行中的骑士在城堡中留宿时，他们会卸下盔甲，换上更为舒适的室内服装。在《兰斯洛特故事》中，赫克托就被一位年轻的女士迎接。后者卸去他的盔甲并呈给他一件短披风，而这件短披风与她自己的室内服装一模一样。还有一个更加极端的案例，欢迎克拉伦斯公爵的年轻女士拿了一件她自己的衣服给他穿上：从她自己肩上脱下一件"深色的羊毛斗篷"，并将它围在这位男性客人的肩头和颈部。[28]

在上流社会中，女人们的社会身份与其说是表现在她们所穿的衣服上，不如说是表现在她们的穿着方式上。《兰斯洛特故事》中的一个段落强调了对男人的身体的遮蔽，而女人的身体应该放在众目睽睽之下。这个场景是将两列全副武装的骑士和一位骑在马背上的女士进行对比，后者"穿着一件红色丝质

---

[11] 亚瑟王传说中的骑士之一，圣杯三骑士之一，属于兰斯洛特家族。亚瑟王（King Arthur）是英格兰传说中的国王，圆桌骑士国的首领，在罗马帝国瓦解后率领圆桌骑士国统一了不列颠群岛，被后人尊称为亚瑟王。——译注

[12] 桂妮维亚，又称格温娜维尔、格尼薇儿、桂妮维尔，是传说中亚瑟王的王后，因为与兰斯洛特的私情而饱受舆论谴责，最终成为修女。——译注

图 5.11 宫廷"袍服（robe）"，欧仁－埃马纽埃尔·维奥莱－勒－杜克，出自一本关于从加洛林王朝到文艺复兴时期的法国家具的推理词典。Paris: Gründ et Maguet, 1854-75. Vol. 3, 288, s.v. "cotte," fig. 7, after an image of king Philip III the Bold in a manuscript, *Histoire de la vie et des miracles de Saint Louis*, end of the thirteenth century.

图 5.12 塞仑斯学习成为一个游吟诗人，来自一本罗曼史和故事集，约 1200—1250 年。Manuscripts and Special Collections, The University of Nottingham, WLC/LM/6，f.203 r。

长裙和胶皮衬里的披风，头部完全没有遮蔽，而且有着令人惊叹的美貌"。戴着头盔的骑士被完全包裹在铠甲中，这位女士的服装却是典型性地敞开着（未带头饰），让她那美丽的脸庞可以被看见。不是说这位女士未着寸缕，而是说皮肤本身构成了贵族女性的必备服装的关键元素。[29]

当然也有一些有趣的例外。《兰斯洛特故事》中有一位少女，她认真地引导兰斯洛特穿过森林后，忽然改变了说话方式，开始一边展露她的肌肤，一边引诱这位毫无疑心的骑士。"她对他所说的一切都是为了让他热血沸腾；她反复解开她的头饰以露出她十分美丽的面容，同时唱着布雷顿歌曲和其他诱人的曲调。"（1：317）不过，这位少女没有被简化为肌肤迷恋的客体，因为她尝试进入了欲望主体这一位置，在她与兰斯洛特之间建构了一个情欲的场景。稍后，在这一场景中，当她潜到胆怯且轻信的兰斯洛特的床上，兰斯洛特回绝了她的诱惑，说他从未听说过"一个试图用强力占有骑士的女士"（1：323）。也就是说，在效果上，"女士不穿铠甲，也不能女扮男装为骑士"，她们至少要遵循管制这种低调的异装行为的规范。按照宫廷礼仪的主导规则，女士都只应穿着一件外衣——一件宽松的摇摆的长裙，而且与骑士的铠甲完全不同，它应该被系在赤裸的性别化的身体上。然而，陪同兰斯洛特穿越森林的少女已经不识趣地越过了将盔甲和皮肤隔开的那一条假想线。作为一个在隐喻意义上已经女扮男装的"骑士"，她在文雅世界中引发性别方面的问题，不是因为她像塞仑斯那样穿上了实际的铠甲，而是因为她作为一个女人的同时做了骑士可能做的事，用兰斯洛特的话说，仿佛她能"凭借力量占有一名骑士"。这一场景引导我们进一步考虑实际的兵器和铠甲在性别化身份上赋予社会价值的其他方式。

铠 甲

一般来说，为骑士着装的是侍从，但是任何一种组合都是可能的。在 12 世纪的罗曼史《艾瑞克与爱尼德》中，未来的女主人公亲手为骑士着装，为他穿上一件铁甲衣，戴上具有下巴护具的头盔，在颈部周围系上盾牌，给他手上握一柄长枪。事实上，正是通过持续地穿衣和脱衣，宫廷骑士的身体才能获得并且保有了必要程度的阳刚身份。[30] 这一点在另一部 12 世纪的罗曼史《珀西瓦尔和圣杯故事》(Perceval ou le Conte du Graal) 中得到了最为清晰的体现。这一故事表明兵器和铠甲并不一定可以与真正的骑士的身体分开来。在这个故事中，英雄珀西瓦尔 [13] 杀死红骑士之后解释说，他必须把已经死去的人千刀万剐，把红骑士大卸八块，以脱下他认为如今应该属于自己的盔甲。他解释说，"红骑士的盔甲和身体贴合得如此紧密，以至于二者无法分开"。对于珀西瓦尔来说，似乎的确"红骑士和他的盔甲融为了一体"。这一故事提供了一具着装的身体——由服装和肉身共同构成的身体的尤为中肯的案例。的确，珀西瓦尔的言论表明在何种程度上，所有的骑士铠甲都具有一种作为社会皮肤的功能，它覆盖也创造了骑士的身体。

这一点在法国最早的一首关于骑士身份理论的古诗《骑士勋章》(Ordene de Chevalerie) 中有着完全不同的体现，这首诗的背景是萨拉丁 (Saladin) [14] 在 1179 年历史性地俘虏了法国太巴列的骑士休（称为"Hue de Tabarie"）。[31]

---

[13] 珀西瓦尔是亚瑟王传说中寻找圣杯的圆桌骑士之一。——译注

[14] 萨拉丁：中世纪穆斯林世界杰出的军事家、政治家，埃及阿尤布王朝的创建者。——译注

两个对手之间的谈判最终导致萨拉丁要求学习"骑士是怎样炼成的"（v.80）。令人惊讶的是，休并没有用言辞回答，而是开始展示一段繁复的着装仪式。作为对萨拉丁的回应，休实际上把萨拉丁变成了一个骑士（尽管萨拉丁不是一个基督徒）——通过将萨拉丁包裹在一系列服装中，还配有金色的马刺、一柄剑以及一方通常戴在头盔里的头巾。个人服装包括白色亚麻内衣、红色长袍、黑色丝质长袜和窄边白色腰带。的确，如果不为这位东方国王的身体着装，那么休可能无法"教会"萨拉丁"骑士是如何炼成的"。这些服装与休自己及西方宫廷其他骑士的服装没有什么不同。在这一事例中，我们看到地中海两岸的骑士的身体无论在何种程度上都被理解为"服装的身体"。

盔甲或许对于性别问题来说是最为重要的，因为尽管它表面上是中世纪男性气质的典型标志，但它也是整个中世纪服装中唯一覆盖整个身体的服装。因此盔甲可以潜在地包含任何一种性别化的存在，而我们怎么会知道呢？这个问题在《塞仑斯罗曼史》接近尾声的地方有所表述。当伊宾斯（Ebains）国王召唤塞仑斯——此时她被认为是"法兰西最优秀的骑士"（vv.5209-5210）——去平定一场暴乱。"她"身着以下装备：一件有垫层的丝质两件套，一件精致的连甲衣——轻便且无法被穿透，用同样精密的金属环制成的护腿，金色的马刺以及挂在腰间的一柄剑。（vv.5336-5348）在骑士整装待发时，助手们合上了其头盔上的通风口和系带。骑士的这顶头盔是世间绝无仅有的，它镶嵌着打磨过的宝石，有一圈极其昂贵的黄金以及装饰鼻部的红玉。这具完全被遮盖的身体具有了骑士的全部外观以及获取胜利的全部技能。

我们可能会问，那么亚瑟王世界中的其他骑士又如何呢？——那些在战斗和比武大会中有尊严地表现出色的骑士，他们是否可能就像塞仑斯一样也是

图 5.13　头盔，欧仁－埃马纽埃尔·维奥莱－勒－杜克，出自一本关于从加洛林王朝到文艺复兴时期的法国家具的推理词典。Paris: Gründ et Maguet, 1854-75. Vol. 6,111.

"女人"呢？或者，更恰当的问题是，如果他们像塞仑斯一样技艺卓越，如果他们像所有骑士那样无可辩驳地、公开地证明自己的强大力量，他们是否也可能在某些时候成为杂糅性别的典范，处于人们所认为的不可争辩的男性气质与女性气质类别之间的某个位置？的确，这是很多中世纪文本反复提出的问题，即便这些文本同时也在推广并支持关于男性阳刚和女性阴柔的更为严苛的区分观念。如果在与文雅邂逅的世界中，骑士们身着盔甲而女人们显露肌肤，那么当女性肌肤也被包裹在甲胄和金属里面以至于我们无法看见时，那又将如何？如果一个"女人"几乎被掩盖和藏匿在一个阳刚的外壳之下，而她并不在公众注视之下卸下这种阳刚的外壳，那么除开我们所能看到的服装，我们无法"知道"或"界定"她／他的性别。

　　这并不意味着服装"把她变作了男人"，就像高汶想象自己是兰斯洛特的女情人并不意味着他变作了一个"女人"，而是说服装在这一些案例以及在很多其他案例中的运用能放宽并且延展"男人"和"女人"这两个基本范畴。的确，我们已经看到中世纪文学对服装的再现能够在何种程度上以强有力的方式创造独立于生理结构的性别。关于虚构人物所穿着、展示以及操纵的服装的文学描述通常针对我们关于性别化身份和性别化存在（gendered being）的假定提出了根本挑战，这些假定或许是本章开头故事中那个醒来穿着裙子的男人与我们共有的。他是"他"还是"她"，他希望知道。通过服装解读性别可以帮助我们理解一点：还有其他更具有价值的问题可以提出。

第六章　身份地位

劳雷尔·威尔逊

任何形式的服装都显示着穿着者身份地位。身份，可以简单地理解为一种社会差异，是服装可以有效地以视觉方式向他人呈现的一种社会关系。[1]古代晚期到中世纪晚期，服装与身份之间的关系历经了多次调适。在中世纪早期，身份的区分变得较为宽泛，与罗马帝国时期相比不那么细致，而服装也相应地变得较为简单，因此其作为身份标志的作用也不那么重要。在中世纪后期，在身份和地位的光谱变得逐渐细分的同时，服装也变得更加复杂，展示出更为微妙的差异。[2]12 世纪贵族男性的日常服装在经历多个世纪几乎缺乏变化之后，被较长的、相对来说无性别差异的服装取代；到 13 世纪，这种服饰被组合为袍服或套服。[3]在 14 世纪，更为复杂的服装形态出现了，通常是以组合的服装形式出现，因而穿着时需要选择和组合。这一新的复杂性与 14 世纪 40 年代开始发生的风格的急剧变化一起，标志着服装作为身份标志的作用的重要性逐渐增加，在笔者看来，它标志着从服装到时尚的转化。[4] 因此本章的主要目的就是审视 12—14 世纪服装与身份之间关系的变迁。

中世纪服装的证物有其自身的限度。很多证据都是再现性的，即艺术的或文学的再现，其自身就具有局限性（见本书第八、第九章）。关于服装表达身份的方式的最好的证据档案包括消费控制法、制服名册以及服装描述，它们通常是关于材质的描述而不是实际服装的描述。根据现存的证物，我们难以得知在贵族和富有的资产阶级以外的情形。当劳动阶级或农民的服装在艺术或文学作品中出现时，它通常是被刻板化的。[5]

在本章的讨论中，焦点主要放在男性服装上，因为男性服装在中世纪经历了剧烈的变化，而女性服装的变化则是更为渐进的。这并不意味着女性服装完全处于静止状态，也不是说女性对服装的变化毫无兴趣，而是说男性服装在 18 世纪前一直是欧洲时尚的引领力量。[6]

服装的变化

从中世纪早期得来的关于男性服装的视觉证据可以粗略地分为长款服装——它们通常是贵族的服装，和通常被描述为缺乏外形特征的短衫——除了有较为明显的腰线。后者也长期被艺术家用来指认劳动者或农民。最常见的长款服装是一种有裙摆的服装，外加披风或斗篷。圣经人物、圣人和国王们通常被描绘为身着长袍，长袍通常由昂贵的织物制成，在许多文化中意味着尊贵和隆重，并且基于这些原因通常用于加冕或类似的仪式。[7] 出于多种原因，宗教和世俗的服装在中世纪早期开始分化，随着这一分化，修道士的服装总体保持长款，而世俗服装变得越来越短。[8] 艺术再现则进一步放大了长款服装的重要性，用它们来显示富贵和隆重，还用它们来显示神圣和英雄气概。[9]

另一种比较短的世俗男性服装在中世纪早期的某个时候出现，并在随后的数百年间被使用。它包括一件及膝束腰上衣，上衣轻微敞口，并且通常在底部有装饰性的镶边，穿在着色的、带装饰的或被十字吊袜带固定的长裤之上，另加大的方形披肩。可将这种搭配称为"束腰外衣套服"，其最早出现于 6 世纪的艺术再现中，并一直延续到12 世纪。[10] 与前面提到的农民的束腰外衣不同，这一套装在艺术中通常被细致描摹，从而可以辨析其在材质、颜色和装饰上的差异。

尽管服装这一轮廓基本保持不变，但其作为身份标志的意义发生了相当大的变迁。到 9 世纪，束腰外衣套服不仅被持续用于描绘军事服装，还呈现为日常服装，从而与具有较高地位的男性以及修道士所穿的长袍相区别，同时也与劳动者或农民的外衣相区别。查理曼大帝的辅臣艾因哈德于 814 年查理曼逝世后不久将束腰外衣套服描述为查理曼偏爱的服装，并将其归类为与普通人所穿的服装相似。[11]

在第 9 世纪的百年间，束腰外衣套服的意义发生了变化。在一幅大约在 850 年创作的图画中，王座上的光头查尔斯旁边站的男人们都穿着这类套服，而在一份于 870 年为光头查尔斯创作的手稿中，他被描绘为穿着这种套服，隐喻其皇权天赋。[12]

在接下来的几个世纪里，（在艺术作品中）越来越多的国王、圣人甚至天使被描绘为穿着这类套服的某个版本，与此同时，这一套服饰是各界男性的日常服装。[13] 如图 6.1 是一幅来自 12 世纪的法国图稿，它按照伴随文本描绘了"国王们、王子们和商人们"以及处于底层的乐师们，所有人都穿着这类套服，尽管其材质因穿着者的身份而不同。[14]

在 12 世纪，服装作为身份的标志有了新的重要意义。男士服装的形制发生了变化：主要的服装仍然是束腰外衣，但它变长了，有裙摆且更为修身。在艺术再现中，这一服装是如此紧贴身形以至于肚子的轮廓都清晰可见。这一类绘画被艺术史家称为"湿褶"，因为服装看上去像打湿了。实际上服装的紧身效果可能是通过系带达成的，但很难确定绘画中出现的服装的紧身效果在多大程度上是一种绘画传统。[15] 那时的服装通常有着宽大的袖子以及暴露男性的腿和袜子的侧边开衩，透过开衩可以看到有着夸张的尖头的新款式鞋(图 6.2)。和大多数有裙摆的服装一样，这种新的形制在外表上显得男女同形，这一点比前面提到的套服更加明显，而且有可能正是出于这一原因，在女性服装中出现了相应的一些变化，例如服装更加紧身、腰线下沉以及身体轮廓被强调。

关于这种新的服装，我们有约 1130 年以后的视觉证据，以及来自受到惊吓的修道士们的记事提供的确认信息。[16] 事实上，修道士们的道德的歇斯底里早在 11 世纪就出现了，这主要是头发和胡子样式的改变所导致的，但同样也因这些记事所称的服装之短而引发。在 12 世纪，随着服装变得更长，记事的修道士们也同样因为新的长款服装感到困扰，声称长服"将地上的垃圾都扫起来了"，因此让男人们无法好好地走路或做有用的事情。[17] 显然他们是在谈论年轻的男性，而这一点有着视觉证据：有图画表明，这类服装的穿着者们不只年轻，而且正从事漫无目的的贵族活动，例如养鹰。[18] 新的服装风格也被用于描绘那些参与坏的或有罪行为的人，正如 12 世纪中期于英格兰绘制的一

图 6.1 国王、王子和商人为 11 世纪晚期巴比伦圣塞佛教堂的陷落而悲叹。MS lat.8878,fol.195r. Bibliotheque nationale de France.

图 6.2 养鹰（日历页，5月）。英语版，12 世纪的前 25 年（细节）。《沙夫茨伯里的诗篇》。Lansdowne 383, fol. 5r. ©British Library.

幅关于《诗篇》第一篇的插图中所呈现的那样，"不信上帝的男人（ungodly man）"穿着这种最新的服装，与身着长袍的信徒形成了反差。[19]

这些反应的强烈程度表明服装已经有了新的意义，而文学方面的证据给这一结论提供了支撑（见本书第九章）。12 世纪的罗曼史通常将具有高贵地位的角色描绘为穿着华丽无比的服装，例如在克雷蒂安的《艾瑞克和爱尼德》结尾时艾瑞克所穿的典礼袍服，服装被描述为由四个仙女制成，仙女们为服装绣上了象征几何、算术、天文和音乐这四大才艺的图案。[20] 这意味着服装是如此重要，以至于超自然的力量也被引入，这样才能充分表明其极高贵的地位。

在这一文学作品中，身着服装或赤裸、穿衣或脱衣的动作以及为某人穿衣的动作都被赋予了身份意义。给予服装或服装的面料一个确立或强化相对身份的动作，因为总是较高地位的个体给予服装给较低地位的个体，因此通常其结果是提高了接受者的地位。帝王赐给家臣作为礼物的服装通常称为"赐服"，其也在这一时期出现。

在视觉证据的基础上可判断出，束腰外衣套服和新的服装在同一时期存在。来自 12 世纪中期的英格兰的圣埃德蒙（St.Edmund）的生平图画表明，新的服装形制已经被部分吸收到束腰外衣套服之中；它们也呈现了关于这一套服可能代表的不同地位类别的清晰图景，正如图 6.3 所呈现的那样。埃德蒙的国王坐在王座上，穿着长袍，这一长袍看上去是标准的皇家服装，而不是上述新款式。他正在给乞丐分发救济品，三个乞丐身着套服的不同版本，有的光着腿，有的穿着及膝的长袜，有两个乞丐穿着用有兽毛的兽皮制成的披肩。而与之相对照的是，左手边的侍臣显然具有相对较高的地位，虽然其也穿着套服——更像新形制的服装（除长度外），而不是传统的款式。

图 6.3　国王埃德蒙分发硬币给乞丐，关于圣埃德蒙生活的杂记。伯里·圣埃德蒙，约 1130 年。Morgan Library, MS M 736, fol. 9r. ©2016. Photo: Pierpont Morgan Library/Art Resource/Scala, Florence.

　　到 13 世纪，男性的长款服装基本上已经普及——除了一些骑士服装以及较低阶级和农民的服装——12 世纪的紧身形制已经演变成较宽松的服装，其通常有多层。在多数情况下，这些成套制成的服装被称为一件袍子或一套袍子，包括多件搭配的服装（图 6.4）：一件长袖的紧身外衣（cotte）、长罩衫（通常无袖）以及一件斗篷，如果其主人有相当的财资，斗篷会有皮毛镶边（正如衣架上所呈现的那样）；对劳动者而言，衣服会较短，也较为粗糙（例如那些在图画右下方驱赶野兽的人）。[21]

图 6.4　13 世纪的"长袍"套装。大卫的生活中的细节,《阿布索隆与皇室嫔妃们》, 约 1250 年。羊皮纸上绘有彩绘和金箔。MS Ludwig I 6, recto. The J. Paul Getty Museum, Los Angeles.

　　尽管图画中呈现的 12 世纪晚期和 13 世纪的服装所表明的仍然是相对粗略 的身份类别,但其他史料表明服装的意义以及它作为身份标志的深刻改变已经 在发生。对于谁可以穿什么的越来越多的控制如消费控制法,以及服装作为文 学象征的重要性的增强,都表明服装与身份之间的关系达到了新的重要程度。

　　13 世纪的文学越来越注重描述服装,服装经常被描绘得更加写实。例如 《玫瑰罗曼史》是一部 13 世纪广为流传的诗歌,其中就充斥着关于服装的意识。 服装在这首诗里被反复作为一种富有寓意的符号,或用于表现人物特性,这表明了在这一时期服装被赋予的表现力。[22]

在一段时间后，服装在实际上的巨大变化对服装意义的变迁做出了回应。进入 14 世纪以后，当更为细微的身份差别在欧洲社会出现以后，男性服装才具有了展现无穷差异的属性。如图 6.5 是来自 14 世纪早期的英格兰图画，它呈现了一系列这样的变化：注重装饰性的扣子、一顶顶风帽以及服装前面的打褶的开衩。在这幅图中还可以看到人的态度的变化：图中的男性具有优雅的姿态，他们戴着手套、穿着华丽的鞋，图画的作者似乎显然想让这些人显得时髦，抑或是不无愚蠢的时髦。

男性服装真正的激进的变化发生于 14 世纪 30 年代，那时前两个世纪的长款、有裙摆的服装被短的、紧身的以及有裁剪的服装替代。纪尧姆·德·马肖 [1]（Guillaume de Machaut）写于 14 世纪中期的《财富记》（Remède de Fortune）的一份法语手稿清楚地表明这些服装以多么明晰的方式突出了性别的差异——先是通过展现男士的腿，在该世纪晚期则通过展示他们的臀部。[23]男士服装日益增强的组合式特征也可以在阐述中看到。尽管可拆卸的服装元素已经存在一段时间，但此时有更多的服装元素可以被混合搭配：上衣、下衣、袖子、帽子、披肩、袜子和鞋既可分开运用，也可以不同的颜色或图案进行搭配。

在这一时期变得重要的另一时尚元素可以在马肖的手稿及如图 6.6 中看到：服装中的装饰性剪裁，例如切口、流苏以及饰边（在面料上剪出某种形状的或扇形的边缘）。在此前的数百年间以低等身份标志呈现的元素，例如饰边、流苏以及蒂皮特披肩，还有下垂在肘部的长条布料，如今变成了时尚的标志，

---

[1] 纪尧姆·德·马肖（1300—1377 年），法国诗人、作曲家，新艺派音乐风格的代表人物。——译注

图 6.5 男人越过巴比伦之门（细节），《玛丽皇后启示录》。英格兰人，14 世纪早期。
Royal MS 19 B XV, fol. 34v. ©British Library.

图 6.6 卡罗尔，《玫瑰罗曼史》。法国人，14 世纪中叶。MS fr.1567, fol. 7r. Bibliothèque
nationale de France.

其也招致道德家的谴责，并在服装管制中被禁止或控制。[24]

这一全新形制突然对男性服装的主导发生得非常迅速，1338—1342年被称为《史密斯菲尔德教令集》[2]（*Smithfield Decretals*）的英文手卷描绘了这一变化的实际过程，包括服装自身以及服装被用于指示身份的用法的变化。[25] 新式服装之短对其时尚地位至关重要，这些图画也表明，这些变化发生得如此迅速以至于在一段时间内其身份含义含混不清且难以区分。在一幅图（fol.310v）中两名骑士相互拥抱，他们的侍从则和马匹在旁等候；一位骑士的服装是长款的，不过它时尚地搭配有蒂皮特披肩，而他的同伴的服装则是短款、紧身的。在这一部分的另一幅图中（图6.7），一位国王被两名骑士引领着，而这三个具有高贵地位的人都穿着不同长度的服装。[26]

服装变化发生得不仅突然和深刻，还引发了一段服装持续且迅速变化的时期，而这又为服装的身份表达增添了另一层变数，因为当时要想赶上变化，就既需要金钱，也需要知识。作为所有这些变化所导致的结果，新的服装可以被用于表达那些束腰外衣套服或长袍套服都难以表达的、更为细致的等级差异。服装的新的表现性、它作为身份标志的新的重要性以及身份本身的进一步被细分，和新的服装款式一起催生了一位学者所说的对于服装的管制行动的爆发，例如消费控制法、服装规范的出台以及赐服实践的变迁。[27]

---

[2] 大概成书于14世纪的羊皮书手抄本，其中主要是罗马教皇颁布的敕令、教谕，与教会的教规一起作为教会立法的主要来源。手抄本得名于伦敦的史密斯菲尔德，因为这部书曾经收藏在史密斯菲尔德的圣巴多罗买大教堂中。手抄本的图像记录了西方中世纪的民间生活，比如农民在公共烘烤箱里烤面包，还有各种宗教典故，以及一些民间讽刺画。——译注

图 6.7　国王被两个人引领着。格列高利九世法令，《史密斯菲尔德教令》。Royal MS 10 E IV,fol.308v. ©British Library.

消费控制法

消费控制法旨在控制与社会身份相关的公共消费和展示。这类法律在很多社会都有，而且尽管这些法律的侧重点因文化和语境而不同，除了将服装作为主要焦点以外，它们还以实物消费、宴饮和仪式作为其管控目标，例如生日宴、婚宴、葬礼。[28] 由于它反映了一个特定社会的想象的地位层级，消费控制法是审视该社会服装与地位的理想工具。13 世纪出现在伊比利亚各王国以及意大利各个城市的消费控制法是在大约 750 年的时间里的第一批非宗教的消费控制法。[29] 从那时开始，消费控制法在欧洲如雨后春笋般出现。中世纪欧洲消费控制法的快速发展清楚地反映了服装与身份之间的关系的强化。[30]

服装应该毫无遮拦地揭示社会地位是中世纪消费控制法的普遍关切，就像对奢侈的或昂贵的面料（例如金质的面料和皮毛）的规定那样。这些法律的目标和结构却有着极大的不同。在其中一端是将其焦点放在服装的面料和装饰上，例如西班牙和意大利的消费控制法。[31] 在佛罗伦萨的案例中，这一焦点可以称为一种执迷。以发布于 1356 年的佛罗伦萨《务实法》（Pragmatica）为例，[32] 尽管它设置了关于昂贵的皮毛和金质及银质面料标准的禁令和限制，但其真正的焦点似乎是在对装饰性的服装、腰带以及头饰的限制和规制上。许多段落是关于被许可使用的流苏的尺寸及位置，以及它可以装饰的一系列服装；衣袖的长度也有规定，而且扣子的功能、外形以及位置都有详细规定，以至于曾有人指出，袖扣的位置是女性地位的最清楚的标志。[33]

社会地位却不是意大利消费控制法的真正焦点。显然，在 13—14 世纪，服装在意大利具有了新的意义，但是这里没有在同时代的其他消费控制法中激增的社会地位类别。女仆和妓女以外，唯一被提到的身份是那些免于被这些法律管理规制的人：骑士、法官和医生。[34] 更准确地说，由于意大利的消费控制法几乎完全是针对女性的，所以事实上骑士们和医生们的夫人才在这些法典中得到豁免。的确有极少的法律也对男性有效，但他们仍然包含在关于"女性的装饰品"这一类别之下，并由女性官员来执行。因此在绝大多数情况下，意大利男性可以有丰富的时尚着装而不受任何处罚。

在某种意义上，女性也是这样：尽管意大利的消费控制法通常被认为得到了严格执行，但事实上起诉的记录相对较少。富有创造性的抗争肯定是部分原因，但经济利益有时也会压倒地位。法律的禁令倾向于演变为一种执照，尤其是在其涉及的乡社需要财资的时候。在佛罗伦萨，自从 1299 年第一部相关法律颁布以后，就有一个注册和罚款系统，而到 1373 年，在之前的法律中被当作"被禁止的事物"的物件已经成为"袍子和服装以及其他可收税的物品"。[35] 尽管没有其他专门关于可收税服装的身份的讨论，但是有可能拥有这类服装本身就是一种身份的标志，因为这些服装都是极为奢侈的。[36]

意大利的这些法律源自各个乡社的自治机关，而西班牙的消费控制法源自国王。[37] 然而，西班牙法律与意大利法律在它们以装饰品和有装饰的面料作为焦点上是一致的，此外对奢侈面料的禁止和管制也是一致的。西班牙法律还限制了每年可获得的面料的数量。在一部从13世纪中期以来实施的卡斯蒂里安消费控制法中，就具体规定了贵族每年得到的服装不能超过四套袍服，而相关饰品也被严格限制。[38]

国王被免于以上全部限制，他也是唯一被允许穿着红色雨袍的人。这反映了在西班牙法律中对染料和服装颜色的独一无二的关注。这些法律不只规定了什么颜色不能穿以及谁不能穿，还规定了在特定场合必须穿什么。例如，侍从不能穿红色长袜，不能穿着红色、绿色、深褐色、浅绿色、褐色、橘色、粉红色、血红色或任何深色服装；而年轻的骑士则必须穿颜色鲜艳的服装，例如红色、绿色和紫色的，因为这些颜色表现了心灵的轻松，他们要回避深色，因为这类颜色带来悲伤的感觉，而这一理念在一些意大利法律中也有类似的表述。[39]

这些法律按照等级对特定的饰物和染料进行了规定，尽管其中并没有随后将会描述的英国和法国法律中那样详尽的列表，但社会层级仍然清晰可见。在社会顶端是国王，尽管他被给予了特权，但他也必须遵守特定的禁令，尤其是那些与食品有关的禁令。[40] 在国王以下是他的兄弟（但不包括他的姐妹，在大多数这样的立法中性别都不是一个考虑的因素），以及公爵、侯爵、王子、伯爵、子爵，他们都作为一个整体被称为"老富（ricos omes）"。在他们之下是普通贵族和护卫，也就是骑士阶级。骑士身份实际上是西班牙消费控制法的主要关注对象，其原因可能是适当时防御伊斯兰教侵入的需求。而这一法律规定了骑士的行为，包含应该做的和不应该做的，也包括应该穿着的服装色彩乃至骑士斗篷的制作、穿着以及捆系的方式。[41]

到 13 世纪，军阶也获得了政治权利，和别处一样，新的阶位也在出现。原本骑士阶级仅包含骑士和侍从，但最终更多的阶位出现了，包含各种级别的贵族骑士、较为普通的贵族骑士，以及在意大利来自富有的资产阶级的骑士及都市或城市骑士。城市精英的权利也在 13—15 世纪不断增长，导致更多的都市阶位出现，例如议员、骑士和市民。[42]

在英国法律中，骑士又一次获得了显要的地位，尽管其发展时间线与西班牙、意大利都不同。[43] 英格兰最早的消费控制法直到 1337 年才颁布，这是一部体量相对较小的法律，并且有一种保护性的侧重点，包括对进口服装的穿着限制，除了皇室成员以外，其他人都受到限制；它也将精致皮毛的穿着限制在皇室成员和上层贵族内。这一法律之后，是 1363 年的一部全面的消费控制法（该法律内容的细节见表 6.1）。

然而，在紧接着的议会上，这部法律被撤回，导致其执行仅历时一年，尽管有着不断的努力；直到 1463 年，才有全面的消费控制法通过，距离上一部法典整整 100 年。[44] 正如在佛罗伦萨那样，经济利益似乎战胜了"让地位明显可见"这一社会考量。有可能在英国和意大利（佛罗伦萨）这两个案例中，法律的制定都不是源于执政者，而是源于包含了商人的代表机构。[45]

英国的消费控制法的源头位于国王（如西班牙）和城市力量（如意大利）之间。英国的消费控制法始于下议院的请愿，随后需要上议院及国王的通过。这些法律在内容上也位于中间地带，其中，社会地位的拆解比在西班牙法律中细致得多，而与这些地位相对应的服装则是通过售价而不是装饰品来区分，

表 6.1　1363 年的英国消费控制法

骑士 (Knights)	绅士 (Esquires)	神职人员 (Clergy)	平民	规定的用布上限	限制
			车夫，庄稼人，牧牛人，"庄园里各种各样的人"，所有拥有不到 40 先令的物品的人	赤褐色毛毯（12 便士）	默认除了前述允许以外的一切物品
			马夫，领主的仆人，就像魔术师和工匠的仆人	每件 2 马克（= £1.6.2/3）	昂贵的布料，金银的，刺绣的，珐琅的，丝绸的饰品；女性也一样，不能戴价格超过 12 便士的面纱
			手艺人，技工，自耕农（可能包括富有商人和工匠的仆人）	每件 40 先令	宝石，丝绸，银质布料，指环，搭扣，腰带，扣环，吊袜带，胸针，缎带，链子，图章，以及其他金或银饰物等，任何刺绣或珐琅或其他丝绸面纱；对女人来说，不能戴金丝绸的面纱，只能用家用线质织成的面纱，不能穿华丽的毛皮；只能用黑羊，兔子，猫或狐狸皮
	骑士阶层以下的各种绅士，拥有每年高达 100 英镑的土地或租金	每年少于 200 马克[1]的神职人员	商人，市民，议员，工匠，在伦敦和其他地方拥有价值 500 英镑的货物和动产的手艺人	每件 4 1/2 马克	丝绸，金银布，刺绣等制成的饰物，戒指，扣环，金胸针，缎带，腰带，金银或宝石饰品，无半丽毛皮。妇女和儿童都一样，不能穿皮草

商人、市民、议员，工匠，拥有价值 1000 英镑的货物和动产的手艺人 拥有每年 200 英镑或以上土地或租金的绅士	每件 5 马克	特别允许的：丝绸和银质布、缎带，腰带，以及其他合理地用银装饰的配件；女人们可以穿皮革，除了貂皮和"lettice"[3]，也可以用皮草饰品，但只能在头上戴珠宝饰品
每年拥有土地和租金 200 马克的骑士[1] 每年多于 200 马克的神职人员[1,3]	每件 6 马克	金线织物、白毛皮的衣服，貂皮袖子、绣着宝石的衣服；对妇女和儿童来说，毛皮装饰是可以的，但不能用貂皮或"lettice"，宝石只能用于头部。这类骑士和职员冬天穿毛皮衣服，夏天穿亚麻布衣服
骑士和女士拥有 400~1000 英镑的土地或租金[2]	没有限制	不能穿貂皮和"lettice"，珠宝首饰只能作头饰，除此之外没有其他限制

所有信息都来自"1363 年议会"，载于 Given-Wilson,《中世纪英格兰议会名册》。

1 相当于 £133/6/8。

2 相当于 £266/13/4－£666/13/4。

3 大教堂、联合教堂或学校的神职人员以及需要毛皮的王室神职人员，应按照他们自己的制度、规则行事。

[3] "Lettice" 是一种古董皮草面料的名称，指一种白灰色毛皮，专门用于服装的镶边或用作衬里。 ——译注

但这些法律也包含了一些关于禁止或管制服装及饰品的细节的规定。

在1337年的法律中,位于皇室成员以下地位的是那些上层贵族,也就是被免于穿着裘皮的禁令的阶级:高级神父,伯爵,男爵,骑士和每年至少有100英镑现金的神父。在1363年的法律中完全没有列出上层贵族。在列出的约30个阶层中,阶层的分类是基于出身、社会地位以及收入。法律明确地指出每一个阶层(从富有的骑士和他们的夫人开始向下,一直到猪倌)被允许使用的每一块(这是布料的一种标准化单位)布料的最高价格。

和欧洲其他地方一样,在英格兰,较为细致的社会区分在这一时期出现——既在贵族内部,也在贵族以下。爱德华一世在1272年登位时,国内只有两个贵族头衔:伯爵和男爵;但15世纪中期时已经有五个阶位,新的阶位是从1337年的议会开始出现的,正是这一议会通过了表6.1所提到的消费控制法,也就是在爱德华三世任命六位新的伯爵的同时创造了英国第一位公爵(duke)的时候。[46]值得注意的是,所有这些阶位在1363年的法律中都未提及,尽管这部法律涉及从猪倌和送货的马车夫一直到手工匠人这样的较为低级的社会阶位。然而这一法律的焦点是"社会的中上层即骑士、执事(esquires)、绅士(gentlemen)和议员(burgesses)",虽然这一焦点群体在事实上远远超过这些人在总人口中所占比例。[47]

这一时期的下议院正是由这些群体组成的,这一点或许并不令人惊讶。[48]在这些社会中间群体中也发展出更细致的阶位,正如在贵族阶层内那样:执事这一阶位在1363年的法律中首次出现,[49]绅士在15世纪早期首次出现。鉴于社会群体(尤其是刚刚提到的这些社会群体)内部逐渐增加的区分中所必然含有的摩擦,这一法律很快就被撤销,并且长时间消失在人们的视野中,这也是意料之中的。

在法国消费控制法的历史中也有一个相似的空白期，尽管它开始得更早：在13世纪晚期，两部全面法分别出台，一部是1279年由菲利普三世颁布的，一部是1294年由菲利普四世颁布的。[50] 随后出现了一段100多年的空缺，直到1485年新的全面法出台。[51] 就其内容而言，法国的这些法律与意大利的法律迥异，虽然其中社会阶层的区分与意大利服装的区分一致，但具体的服装从未被提及。就法国的法律而言，重要的是任何特定阶层每一年被允许的服装数量以及单位服装被允许的最高支出。

在法国，社会阶层数量也在增加。1279年的法律列出了14个阶层，从公爵开始，经过上层贵族、骑士阶层到资产阶级，以及各种修道士阶层。到1294年，阶层的数量高于倍增量，达到了32个。主要增加的是骑士阶层，从基于收入加以区分的两个群体增长到11个骑士阶层，从骑士（knight）和封臣（banneret）一直到侍从（squires）。在修道士内部的区分也增多了，从两类增加到六类。[52]

尽管这些法律从物料细节到阶层的细分强调的重点各有不同，但它们的共同点在于坚持这二者应该匹配。"应该"，这是因为执法证据是普遍缺乏的，这暗示消费控制法并不是一种实际的社会控制方式，它应该同服装与地位间的其他调适如服装规范以及赐服制度一并研究。

服装规范

服装规范和消费控制法经常被视作同一个现象，因为二者都将服装作为身份识别的手段，但实际上二者有着重要的区别。消费控制法是规定不穿什么，而服装规范则是关于应该穿什么的。消费控制法通常是针对立法者自身的，很少强制执行；服装规范则是从上至下的，而且通常得到强制执行。消费控制法具有更强的象征意义，而服装规范具有更强的工具性：它们是一种群体内或群体外身份、正面或负面的身份确认形式。

很多中世纪的服装规范是负面的，是作为较为次要身份群体的识别标志的，例如犹太人、娼妓和麻风病患者。这些群体通常以相似的方式被打上烙印，而在这些相关规定中可能存在着对污染和玷污的恐惧。[53] 自从 9 世纪开始，在穆斯林世界就存在着对犹太人和基督徒的服装规范；但到 13 世纪，对群外人员的识别更多地与许多基督教国家对于异族污染的恐惧联系起来。

在 1213 年的第四届拉特兰公会议 [4] 上，英诺森三世教皇下令，规定犹太人和穆斯林应有显著不同的着装，以防止基督徒在不知情的情况下与其发生性关系。[54] 在教皇旨谕发布之后，对犹太人（以及穆斯林，当情况适用时）的服装规范在欧洲流行开来，它们大致上与消费控制法出现于同一时期，不过它们并不像消费控制法那样逐渐消退。

关于犹太服饰的标志各有不同：它可能是一件特定的衣服，例如罗马要求男性穿的红色无袖外罩（red tabards）和女性的红裙子；或者是在所有衣服上都要佩戴的一种标志，例如黄色的徽章（源于中世纪，但因德意志纳粹而臭名昭著）；或者像英格兰规定的代表法版的形状或只是一种特定颜色，而这一颜

---

[4] 指第四次在罗马拉特兰宫举行的第十二次大公会议，由教皇英诺森三世在 1215 年召开。会议不仅确立了教会生活与教皇权力的顶峰，也象征教廷的权力已支配拉丁基督教界的每一个方面。——译注

色可能随时间推进而变化。[55] 饰物也可能扮演特定的角色，例如曾一时被人们骄傲地佩戴的耳环或男女佩戴的帽子，在另一个时期则成为被外部强加的耻辱的标志。[56]

犹太服装规范这一问题因犹太人加诸自身的消费控制法而变得更为复杂。犹太人被嫉妒的基督徒认为都是富有的且把财富都炫耀性地展示在身上，在视觉艺术中将时髦的服装当作犹太人的负面标志也并不罕见（如图 6.8 所示的犹太人束腰外衣的衣褶）。犹太领袖推行自我管制的法律可能是为了驱散负面的刻板印象。1418 年在意大利福尔利城举行的犹太领袖会议所推行的那些法律就禁止使用以皮毛镶边的服装，除非皮毛被放在衣服里面。[57]

妓女也被反复要求用服装来标明自己身份，尤其是从 14 世纪开始。在 14 世纪 50 年代的英格兰，首先在伦敦城，随后在全国推行的法律要求妓女都穿戴有条纹的风帽，并禁止她们穿着大多数皮毛。[58] 在比萨，妓女必须以佩戴黄色发带的方式标志自己；在佛罗伦萨，头纱、手套、高底鞋以及铃铛都是服饰要求。在意大利很多城市，包括锡耶纳[5]、费拉拉[6]和帕多瓦[7]，妓女则被允许穿着受尊敬的女人所不被允许穿着的时尚服装，这些规定似乎是希望那些受人尊敬的女性拒绝时尚的装束，以免与妓女混为一谈。这些管制或许会导致

---

[5]　锡耶纳：意大利托斯卡纳大区城市，建立于公元前 29 年，历史上是贸易、金融和艺术中心，现为锡耶纳省的首府。——译注

[6]　费拉拉：建于 1135 年，位于意大利中北部，费拉拉省省会。波河三角洲农业中心；第二次世界大战期间工业有很大发展，主要有化学、食品（罐头、糖）、玻璃制品、橡胶、制鞋等类别。城中有中世纪教堂与美术学校。——译注

[7]　帕多瓦：意大利城市。位于意大利北部，为帕多瓦省的首府及经济和交通要冲、农产品集散地、商业与工业中心。帕多瓦与威尼斯时常共同被视为帕多瓦－威尼斯大都会区的一部分。帕多瓦融汇了现代和传统的艺术与文化，是意大利东北部商业和服务业的中心。——译注

图 6.8 布尔日的犹太人，"圣母的奇迹"，《霍恩比时间的内维尔》。英国，约 1330 年。
Egerton MS 2781,fol.24r. ©British Library.

相反的结果：圣·博纳蒂诺就讲述了一个专门让裁缝照搬妓女服装的妇女的故事，她的目的是让自己的装束更加时尚。[59]

修道士的服装则通过服饰规范传达了另一套身份差异。一项新近研究指出，中世纪的修道士服装不仅仅是世俗服装的一个子类，还是一种有着不同的历史分期和发展的独特文化。[60] 修道士的独特服装一般基于罗马时代的市民服装，在 4 世纪时开始出现，并在 6 世纪前就得以确立。[61] 这类服装在初期是十分朴素的，但在 9 世纪时，修道士服装变得较为繁复和奢侈，这或许是一种展示上层修道士高贵地位的方式。在 11—12 世纪，修道士服装与地位之间的关系开始发生变化，繁复的服装只会在教堂里穿着，从而建立起在盛世场合的奢侈服装与在其他场合的朴素服装之间的区别。在同一时期，更大的服装差异在教会阶层内部出现，并导向了服装的更多差异。

这一发展比世俗社会的服装分层变得越来越仔细要早一个世纪左右，并与后者平行发展。在这两种情况之下，变化都来自同样的因素：一方面是对由服装所定义的地位的考量，另一方面是地位和阶级细分的加强。这些变化经历了较长的过程才在社会中变得清晰可见，因为修道士的服装是服装规范的一个经典范例：它从上至下被强加，具有可执行性，而且被严格地执行。而与此相对，在更为广阔的社会文化中，服装却是非中心化的，因而其变化也就来得更为缓慢和模糊。

赐　服

就揭示服装与地位之间的复杂关系而言，赐服能与消费控制法揭示一样多的信息。在某种意义上，赐服与消费控制法是互补的两面。它反映了时尚的实践，而不是其理想状态。赐服是物品，通常是食品和服装或服装的生产材料，由帝王或贵族分发给他们的家臣和官员用以替代粮饷或作为粮饷之外的补充。它们被仔细地按照身份地位来测算并以不同的数量和价值分发给不同个体。[62]

在 12 世纪，赐服主要是一种恩赐的表现，也是一种在 12 世纪的文学中得到赞誉的特殊的、慷慨的行为。恩赐是对于骑士上层的期待，比如，玛丽·德·弗朗切斯（Marie de France）的《兰瓦尔》（*Lanval*）[8] 描述了一个神奇地变得富有的骑士将美丽的衣服和奢侈的礼物赏赐给他的家人的事。[63] 赏赐的美德也在真实世界中有所呈现，或许是作为对相关文学描述的回应，分发贵重的礼物逐渐成为一种贵族气的行为，其因此是一种特权。[64] 在 13 世纪，一位英国骑士因抢劫被起诉，其恩赐行为也被指控——他分发恩赐，"仿佛他是一个男爵或伯爵"。[65]

赐服的分发无论如何都只是有钱人的特权，因为它是极为昂贵的一项开支，并要求复杂且有效的组织：在最大的宫廷，赐服的分发有可能涉及数百人。除了恩赐之外，可能还有其他的原因，尤其是皇家或贵族展现自我形象的需求，成为驱动因素。比如，衣着得当的下人对于维持帝王的形象是如此重要，以至于在为未来的爱德华三世准备的一篇文章中有一段是描绘国王出现的，但没有描绘他以威严的形象出现，而是描绘了他正在向他的骑士分发赐服的形象（图 6.9）。[66]

赐服对接收者来说也有利。身着帝王赐予的袍服被社会各阶层视为一种荣耀。[67] 它是一种有利的工具，并且被作为工具运用，正如英格兰的爱德华一世在 1304 年强迫议员们在一个偏远地区参加议会时所做的那样。在这次议会上他分发赐服，在给保管员的指示中他专门增加了一条——"我们希望你记住，除了那些和我们在一起的人，没有人会得到袍服或其他衣服"。[68] 爱德华可以

---

[8] 玛丽在 12 世纪后期写了这篇精彩的文学作品。玛丽被认为是法国最早的女诗人之一，但她可能活跃在英国。《兰瓦尔》讲述了传说中亚瑟王朝一位名叫兰瓦尔的骑士。他是一个拥有美丽和勇猛等伟大品质的骑士，因此受到许多骑士的羡慕与嫉妒，兰瓦尔过着悲伤而孤独的生活。《兰瓦尔》从本质上讲的是一个被驱逐者的故事，爱、忠诚和慷慨的主题在抒情诗歌中表达得非常明显。玛丽成功地运用丰富的图像和优美的语言来呈现这些主题。——译注

图 6.9　骑士们接受国王的赐服，"Secretum Secretorum"[9]。英国，约 1326 年。
Addl MS 47680，fol. 17r. ©British Library.

将赐服作为一种工具，因为它的侍臣以及服装的保管员都理解赐服是这种场合下的一种期待，因为赐服清楚地意味着互惠的责任，它也同样可以作为一种由下至上的权柄。[69] 一个世袭爵位的拥有者如果没有收到预期的赐服，他就会因此拒绝为帝王提供相应的服务，这样的案例并不罕见，正如一个 12 世纪晚期的案例所表明的那样。[70]

赐服的功能和使用方式随时间而变化。在宫廷和大家族中，社会地位开始与功能分开，而在其他的情况下分层开始加剧，因此在赐服的分发中加入更加细分的可见的身份标志成为新的需要。[71] 除了要将布料和皮毛的数量、种类与接受者的身份仔细匹配以外，更多的可见标志可以通过布料的颜色、图案尤其

[9]　"Secretum Secretorum"为拉丁语，即"The Secret of Secrees"，中世纪博物专著，可译为《秘书》，作者不可考，书中讨论的话题非常广泛。——译注

是条纹来实现，并越来越多地通过使用两种或多种有着不同颜色或图案的布料来实现。[72]

最初，这些可见的差异只是群体内部的标志，被选用的颜色没有特定的含义，而最终的服装产品对群外人而言也并不标志着一个特定家族的成员。在 14 世纪的发展过程中，赐服逐渐被赋予了新的维度，最终成为一种外人清晰可辨的效忠和从属的标志。[73]

除了社会因素以外，技术的发展也使赐服变成更为一致的标志手段。赐服在很长时间里都依赖于并且可能激励了具有显著特征和一致价值的纺织品的稳定供应。一旦染色质量变得更加稳定，购买大量同色布料就更为容易了；而一旦编织多种条纹、格纹和其他图案的技术达到了工业化的程度，就有可能创造能单独识别的不同类别的身份标志，尤其是运用于大家族中的底层人员的身份标志。特定的图案和搭配最终与特定的身份联系起来，条纹布或灰色布与仆人联系起来，而混合图案的布料原本是由较高身份的人穿着，最终也成为较低身份的标志。

结　语

在 12—14 世纪，随着社会区分在西欧变得更加细分化，身份也变得更加流动。身份的难以琢磨与西欧的商品化或者所谓的中世纪晚期商业革命同时发生，甚至部分归因于后者。[74] 贸易的增加以及在中世纪晚期兴起的新工业尤其是纺织工业，影响了社会结构，提升了富裕商人的社会和政治地位，并催生出新的社会群体，例如行会成员，并最终降低了纺织工人和其他工人的地位。在社会系统中，随着群体的兴衰，政治权利的获得与丧失以及群体意识的增强，不同阶层间的摩擦加剧。

这点在社会的中层和中上层尤其准确。尽管上层贵族变得更加正式化，但贵族下层、骑士以及富有的商人在不断流动，仿佛在一个巨大的音乐椅游戏中不停调换位置。商业和工业的发展也生产出多得多的商品，并创造了更多可以用于购买商品的财富，因此，曾经作为贵族标志的商品如今可以被任何具有足够财力的人购买，而与此同时，很多贵族可能挣扎在生存的边缘。

随着社会流动性的增强以及身份类别的增加，地位的可见标志具有了越来越重要的意义。因为与之相应的服装和服饰品的一种多样性同时也在发展，服饰作为身份标志也具有了极大的重要性，最终引向我们称之为"时尚"的这一动态。

第七章 民 族

米歇尔·豪尔·史密斯

　　视觉外观位于文化身份表达的基础层级[1]，而服装可以被看作人类经验最根本维度之一——"归属"的表达。[2] 尽管身体被认为缺乏将个体区分开来的物质特征，但通过有意地改变其外观，人类成功地对人群的归属进行了区分。[3] 更具体地说，服装也可以成为在一个特定文化内关于社会身份和地位、性别角色、态度、神圣或世俗关联，乃至年龄以及个体在社会中扮演主动或被动角色[4]这样的微妙信息的象征。文化互动的效果可以产生出符号的聚合：通过文化适应，通过传统的维持，或更微妙地，通过杂糅。[5]

　　下文将对斯堪的纳维亚及其殖民地中，被作为中世纪民族特征的服装实践案例进行分析。由于它们与欧洲的其他部分分离，再加上贸易、战争、殖民化的关联，我们的关注点将聚焦在服装怎样参与到民族身份的表达这一问题上——它如何标出了"我们"和"其他人"的范畴。尽管这里所揭示的文化服装表达是斯堪的纳维亚和北大西洋地区所独有的，但我们也需要记住：无论是在服装实践还是在其他文化表达上，相似的进程都在整个中世纪的西方世界发生，有不同群体互动的地方，文化适应、传统的持续以及杂糅就会发生。在此我们将对斯堪的纳维亚世界的这些互动线索进行梳理、分析。

斯堪的纳维亚和北大西洋的定居（793—1050 年）

发生在 793 年的对林迪斯法恩修道院的劫掠在英文世界中通常被指认为维京时代的起点。这一时期的特点是斯堪的纳维亚民族向欧洲其他地区扩散[6]，其早期的行程包括劫掠、贸易，以修道院和其他富有且脆弱的地区为目标。在 9 世纪后半叶，从事海盗活动的魅力被殖民化取代。从挪威来的殖民者到达不列颠岛屿群，群岛包括奥克尼群岛、设得兰群岛、赫布里底群岛、爱尔兰，并最终向西到达了北大西洋的冰岛、法罗群岛和格陵兰。

挪威的维京人从大约 874 年开始在冰岛定居，并带来了欧洲的家畜和农业生活方式。直到 18 世纪 40 年代，那里才出现了城镇或城市。冰岛的定居模式是人口较为平均地分散在大地上的单一农场模式，除了在大约 1250 年以后出现在重要的海边渔业中心的较大规模的季节性人口聚集。到达冰岛[7]，意味着这些挪威殖民者来到了一个新的、无人居住的国家，于是他们尽可能地占据可获得的土地。一个世纪以后，大约 985 年，在被流放的著名维京人红发埃里克（Erik the Red）[1] 的鼓动之下，人们开始从冰岛向格陵兰岛殖民。

尽管在北大西洋、北欧殖民地的主导文化是挪威文化，冰岛仍是很多来自维京世界其他地方（包括不列颠群岛、赫布里底群岛和爱尔兰）的殖民者的家园。他们中有的是奴隶，有的是挪威殖民者的家属，有的则是独立的农场主。奉献给"凯尔特"圣人的基督教教堂在定居时期的头十年就逐渐建成，[8] 对现代冰岛人的线粒体 DNA 的研究也表明，冰岛女性定居者带有显著的凯尔特人基因。[9] 对冰岛最早的维京时代定居者遗骸的锶同位素分析表明：在 90 处早期墓葬中，至少有 9 处墓葬，可能多达 13 个人可以确定为来自其他尚未确认的地方的移民。[10] 由此呈现出一幅文化交织的图景，而从冰岛维京时代的服装和物质文化来看，这一点也是显而易见的。

维京时代斯堪的纳维亚地区的服装和文化身份（793—1050 年）

在斯堪的纳维亚的维京时代，女性穿着有长袖的长裙，它用有褶皱的亚麻布制成，在脖子处用别针扣上并在胸部有一对椭圆形的胸饰用于固定无袖围裙的系带 [11]，这种围裙有时被称为斯莫克（smokkr），穿在长裙外面（图 7.1）。

在这一对胸饰之间通常串着一串珠子或一个坠饰，或者还有其他有用的物件，例如小刀、剪刀，有时还有钥匙。[12] 斯堪的纳维亚的女性所穿的纺织品依照其社会身份（以及职责）呈现出较大差异——从粗糙的呢绒制品到精美的

---

[1] 红发埃里克：即埃里克·瑟瓦尔德森（Erik Thorvaldsson，950—1003 年），出生于挪威，维京探险家、海盗，外号"红发埃里克（Erik the Red)"。他发现了格陵兰，并在那里建立了一个斯堪的纳维亚人的定居点。——译注

图 7.1 从冰岛 Hafnafjorður 的海盗节复原的维京女裙和椭圆形胸针。Photo：M. Hayeur Smith.

东方丝绸。[13] 根据赫第比所发掘的证据，富有的女人在裙子外还穿着及踝长的外衣，一块披巾或围巾可能披在这一外衣之上。人们也会穿斗篷，而斗篷可能以动物皮毛作衬里，绣有银色丝线的刺绣，或者以装饰性的条带或花式结（posaments）作为点缀（"posaments"是一种金属饰物，其中较为珍贵的款式是用金线或银线缠绕在丝绸的核心外，并制作成各种结状的式样）。[14] 较为贫穷的女人或奴隶的服装则是由粗糙的羊毛布料制成的简单、宽松、及踝的长袖裙子。

椭圆形的胸饰通常是成对佩戴的，在斯堪的纳维亚墓葬中十分普遍，它们一般被认为是最为典型的女性维京服饰。[15] 它们如此标准化，以至于即便无法从遗骸判定性别，其也被作为维京墓葬中的性别指示物。[16] 它们的样式同样也是标准化的，以至于在冰岛和俄罗斯这样距离遥远的两个地方，只要是维京人留下了印记之处，出现完全相同的胸饰都不足为奇。这些胸饰有可能是婚姻身份的象征，就好像今天的结婚戒指一样，因为并不是在所有女性的墓葬中都找到了这样的胸饰，它们只是有规律地出现在特定社会阶层的成年女性的墓葬中，它们很有可能代表着操持家务的已婚女性。[17] 在维京时代的坟墓中发现的女性胸部佩戴的成对椭圆形胸饰确证了这是它们的佩戴方式，这也表明它们显然代表的是风格化的和被强化的胸部形式。这一视觉陈述因其直接佩戴在胸部或者胸部以上的位置而得到证明，并且被其多个凸起的装饰物强化，这些装饰物形似乳头[18]（通常是 9 个——在维京时代的宗教艺术和神话中重复出现的数字）。英蕾雅[2] 女神掌管一切与女性生育和生殖相关的事物，经常被称为"母猪（sow）"（或被冰岛的出言不逊的基督传教士称为母狗），而这种胸饰的外观与哺乳期的猪或其他动物的胸部形式有着惊人的相似。[19] 这些胸饰对风格化的女性性征的高度强化可能是对女性性别的直接反应，或者可能表达了关于女性气质、生殖与哺乳这样的观念，乃至与北欧诸神有关。

维京时代，斯堪的纳维亚的男性服装并不比女性服装简单，事实上它经常更为华丽，其特点是使用繁复的、用金线或银线刺绣的丝绸面料。[20] 及膝或长马裤，配以覆盖到膝盖以上或膝盖以下的束腰外衣，外衣用腰带束牢，腰带上挂有刀、梳子或者荷包。通常男人们还会披一个斗篷，用胸针或夹子固定在右肩以便右手可以自在地执剑。[21] 有的斯堪的纳维亚墓葬中发现男人戴着头带或者纤细的金质或银质的带状头饰，它从上面垂下的吊坠长达颈部。[22] 在男性墓葬中最常见的是武器，包括剑、矛、斧头、箭以及盾牌。[23] 武器的装饰性元素

---

[2] 芙蕾雅: 北欧神话中的爱情、战争与魔法女神，同时也是生育之神。——译注

除了满足实用目的以外，还具有社会功能，可以传达有关民族归属、联盟或外部关系的信息以及穿着者的社会身份。[24]

尽管维京时代的服装似乎主要标志着社会分层，但是从来自装饰物的艺术风格来看，其也表达了地区差异。[25]考古证据还表明，特定的社会成员有着锉牙的差异化地方习俗。在瑞典，人们对维京时代的四个大型墓地的557具遗骨进行研究分析，发现大约有10%的年轻男性的遗骨中上门牙上被专门刻上了水平牙槽，这些牙槽深入牙釉质，并且精准地以两个一组或三个一组的方式排列。这可能是为一些人打上的商贩的标志或可以承受痛苦的勇士的标志。简言之，一些可能是地区或民族标志的特征也有可能是多义的，同时还发挥着在社会内部区分不同人群的功能。[26]

我们关于维京时代斯堪的纳维亚服装的大量信息来自考古，尤其是遗骸的分析。不过中世纪的传说和故事也提供了洞见。冰岛史诗是在维京时代结束后的两到三个世纪写下的，它讲述了这座岛屿在维京人定居时期的事件。与这一文学描述中较晚部分内容更为同期的直接信息可以从阿拉伯旅行者艾哈迈德·伊本·法德兰（Ahmed Ibn Fadlan）的叙事中找到，他是巴格达的哈里发（908—932年）派往伏尔加河畔的保加利亚国王的使团中的一员。

在他的行程中，伊本·法德兰遇到了"Rús"（瑞典维京人和斯拉夫人）。他描述的一个事件和一次葬礼是至今流传下来的、屈指可数的关于维京人及其文化实践的目击者证词之一。尽管没有任何其他史料的印证，伊本·法德兰还是将"Rús"描述为有大量刺青的人，"从他们的指尖到他们脖颈都覆盖着蓝绿色的树木和人形等的刺青"。[27]他关于男性服装的描述与墓葬信息相符，声称他们都没有穿长外套（caftan），而是身着一种一侧留有一只手可以自由

· 西方服饰与时尚文化：中世纪

活动（可以想象是用剑的那只手）的外衣，而每一个人都有一柄斧头、一把剑以及从不离身的一把刀。

作为一名外来者，伊本·法德兰的评论含蓄地呈现了民族比较。女人的首饰应该让他感到吃惊。他对椭圆形的胸饰或盒状的胸饰进行了评论，他提到，所有女人在胸部都戴有一个铁制、铜制、金制或木制的圆盒子，这取决于其丈夫的富有程度："每一个盒子都是圆形的，而且在上面悬有一把小刀。她们颈项上戴着银质或金质的项链，因为一旦一个男人拥有了一万迪拉姆，他就会为他的妻子买一条项链，而如果他有了两万，那么他就为她买两条项链。而他的财富每增加一倍，他就会增加一条项链。"[28]

颜色是在冰岛史诗中通常提及的服装维度，从古代以来它也被给予了民族方面的阐释，例如，《拉克斯代拉传奇》（*Laxdaela saga*）的第 63 节描绘了穿着各种颜色服装的男人：蓝色的披风、红色和绿色的长衫、黑色的半长裤。蓝色是史诗文学 [3] 中经常提到的颜色。柯尔斯滕·沃尔夫（Kirsten Wolf）认为蓝色和黑色在北欧世界观中的寓意相仿，它们都是乌鸦、"Hel"——亡者之境的女王、"Oðin"——众神之王即死亡之神的颜色。[29] 在《拉克斯代拉传奇》以及其他文本中，蓝色服装通常在杀戮前穿着，从而进一步强化了它与死亡的关联。

蓝色是斯堪的纳维亚的一种民族标志吗？蓝色的服装的确在斯堪的纳维亚的维京时代的墓葬中有所发现，尤其是在比尔卡（瑞典）和挪威，但并不完全清楚这个颜色的意义，斯堪的纳维亚人有可能只是由于这种染料在欧洲北部（很）丰富，因而用了这种颜色。而这一文化实践被传承了下来，而且

---

[3]　史诗文学（Saga literat）：即萨迦。——译注

在冰岛维京时代的女性墓葬中十分常见。[30] 与此相反的是，（主要使用红色染色的）罗马人认为蓝色是一种野蛮人的颜色。而墨洛温王朝对蓝色的使用则被归因于凯尔特和日耳曼人的影响。蓝色的使用在加洛林王朝时代有所减弱，直到 13 世纪才重回欧洲大陆的时尚。[31]

总而言之，尽管总体上服装的构成在斯堪的纳维亚各地具有相似性，但永久性的身体塑造如锉牙和刺青，可能反映了在今天的瑞典、挪威、丹麦这一片土地上的文化差异，或有可能特别标志了斯堪的纳维亚社会内部的社会归属或分层。这些服装元素中最令人惊奇的，尤其是对女性而言，就是椭圆形的胸饰。它是一种鲜明的斯堪的纳维亚女性性别和身份的化身，这一点与在其他民族群体中发现的胸针形式有着明显的差异。[32] 在接下来的对冰岛服装的讨论中，我们将把这一首饰类型与其他非斯堪的纳维亚的元素结合在一起。

冰岛维京时代的服装

我们从墓葬证据得知，9—10 世纪的冰岛服装的基础构成与斯堪的纳维亚的大陆人相同。尽管留存下来的纺织品显得不那么华贵——仅由呢绒和亚麻织物组成，但相似的服装、装饰性元素、兵器以及珠宝仍被穿戴。对冰岛遗骸的总体分析揭示出这些物品和国外的——尤其是凯尔特的物件以及样式元素相并列和融合。这被学者们称为爱尔兰—北欧风格，确立了冰岛和苏格兰殖民地独有的特征和风格。[33] 这一杂糅形式的服装显然是这些不同人口群体所熟悉的个体特征的总和。这些人群在北大西洋的殖民地并肩生活，他们从以上杂糅中创造出一些新的、具有鲜明特征的样式。

然而，在冰岛的定居时期，多个进程有可能在同时发生，因为这些杂糅风格只在特定的墓葬中被发现。其他的墓葬则呈现强烈的挪威影响——它们运用了古典的斯堪的纳维亚首饰，而没有任何爱尔兰—挪威元素，因而这有可能宣告了它们与 10 世纪中期冰岛的主导文化群体的关联。这些女性佩戴着椭圆形胸饰，但在很多情况下，在风格上它们比坟墓本身更加古老，表明这些胸饰可能是传承下来的遗物，或者是维系她们与故国的祖先家庭的物件。一个这样的案例是从 Skógar í Flókadal（图 7.2）的一组胸饰发现的，其包含的式样元素来自 9 世纪，而胸饰是在一个 10 世纪的墓葬中发现的。[34]

很多发现于冰岛维京时代坟墓中的椭圆形胸饰原本处于破旧状态，它们经历的这些修补意味着它们曾经可能是遗物，并因它们与斯堪的纳维亚的关联而被视若珍宝。它们有可能曾经被赋予了很高的价值，并且可能比它们在斯堪

图 7.2　来自 Skógar í Flókadal 的椭圆形胸针，制作于 9 世纪，但在 10 世纪的环境中被发现了。Photo: National Museum of Iceland.

的纳维亚所赋予的价值更高。在斯堪的纳维亚，它们在 10 世纪晚期已经不再时尚。[35] 但是在冰岛，椭圆形胸饰有可能获得了比女性的身份标志更多的含义，例如，标志她的家族所来自的地方以及她所从属的新的社会。

除了这些"超斯堪的纳维亚"的仿品案例，其他定居者清楚地将自己标志为来自不列颠群岛的外来人——有可能具有混杂的文化背景，而其他人仍然穿戴着纯粹凯尔特式样的珠宝，但是被给予了一个北欧式的葬礼。Hafurbjarnarstaðir 墓葬是这一类型的典范，位于距离冰岛的现代首都雷克雅未克不远的居德尔布林格省，它埋葬着一位成年女性的遗骨，遗骨保持着弯曲的姿势，她有一枚爱尔兰环形针和一个在胸口的三叶草胸饰或胸佩（一种从法兰克模型改造而来的风格式样，采用北欧的动物艺术，而不是树叶形式），以及一柄刀、一把梳子、两枚有着不同寻常形状的卵石、三片贝壳、一些铁器。[36] 一块石板被放在她的上半身之上，而一块鲸骨板放在她的下半身之下。[37] 这两件珠宝都不是典型的来自斯堪的纳维亚的珠宝。环形针是爱尔兰的多面体式样的一个变形，在斯堪的纳维亚文物中，其目前是独一无二的。而三叶草胸饰（图 7.3）则在冰岛的其他地方以及设得兰群岛的贾尔斯霍夫有类似发现，后者尤其引人注意，那里的这种胸饰有可能是在斯堪的纳维亚影响下在不列颠群岛生产的。[38]

在位于 Eyjafjarðarsýsla 的克鲁普普尔遗址中，一男一女两具遗体被发现。女性的遗骨包括了一枚铜制的、斯堪的纳维亚形制的带有青铜环的别针（Patersen C）以及一个锁扣（图 7.4），这一锁扣与在苏格兰赫布里特的 Kneep 维京墓葬中发现的相似。[39]

将一个小腰带整合到女性裙子中或许是源于不列颠群岛并被殖民者从苏

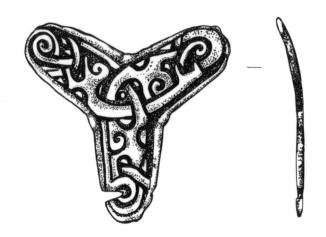

图 7.3 从 Hafurbjarnarstaðir 出土的三叶草胸针,胸针的形状出现在法兰克人的世界,通常有着叶形装饰图案。维京掠夺者将这种风格带回斯堪的纳维亚,当地珠宝商对其进行重新诠释,并饰以挪威动物艺术。在不列颠群岛,这种风格的胸针被进一步改进,融入了凯尔特图案,如图上这一个。在设得兰群岛的贾尔斯霍夫也发现了类似的情况。Illustration: M.Hayeur Smith.

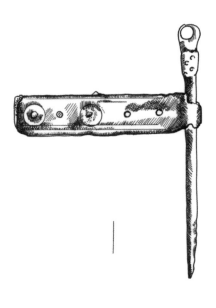

图 7.4 克鲁普普尔的墓葬发现。这个锁扣类似苏格兰 Kneep 的一件文物。Illustration: M. Hayeur Smith.

格兰带到冰岛的一个传统。[40]

在冰岛发现的其他爱尔兰—北欧饰物包括爱尔兰带环别针，小型黄铜合金铃铛——其类似文物在不列颠群岛各处都有发现、用英格兰的页岩制成的首饰、锁扣，以及用盎格鲁–撒克逊装饰物装饰的嵌银剑柄。[41]

墓葬有时会解释斯堪的纳维亚的地区差异与爱尔兰—北欧元素的融合。例如两枚舌状的带有耶灵风格装饰的胸饰（图 7.5）在奥斯塔–哈纳瓦特尼斯克拉的 Kornsá 的一处墓葬中发现。它们的佩戴方法与椭圆形胸饰相似，但应该在视觉上十分独特，且在冰岛极为罕见。这些胸饰貌似在斯堪的纳维亚并不常见，而是在东方或波罗的海地区流通。另一方面，在这一墓葬中发现的一只铃铛，在其他冰岛墓葬以及在不列颠群岛的墓葬中找到了相似制品。[42]

像这样的爱尔兰—北欧元素经常和典型的、鲜明的斯堪的纳维亚首饰，例

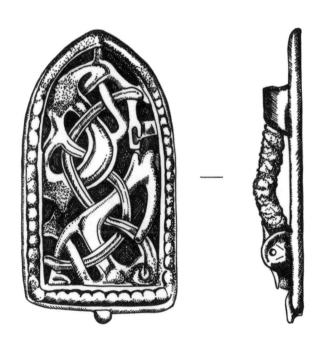

图 7.5 来自 Kornsá 的舌形胸针。Illustration: M. Hayeur Smith.

如椭圆形胸饰、圆形胸饰和珠子一起被发现。这似乎意味着这些服饰的元素混杂在一起，构成了一种鲜明的北大西洋风格的集合，反映了前面所描述的文化聚合。这一服装风格表达了一种占据主导地位的斯堪的纳维亚视野，在融合趋于臣服地位的文化群体的元素的同时也维持了源文化的元素。

纺织品集合也指向了相似的文化互动和进程。来自这个墓葬的定居期（约870—950年）的纺织品显示了其与挪威在色彩、布料生产方法以及织法多样性等纺织传统方面的关联。显微镜分析进一步揭示了它们有可能与挪威的纺织品采用了同样的织法。在纺纱的时候是将纤维按照顺时针还是逆时针进行纺纱，在技术上是中立的：任何一种方向都可以制造出可使用的纱线。然而很多考古学研究发现，纺纱方向的选取似乎在广袤的地理区域上保持了恒定，在用经纱还是纬纱乃至为了不同目的使用不同纺纱法等的决定上也是如此。这些一致性表明，可能新的纺织劳动者在训练时期就已将相关选择和决定作为日常生产的要素，并代代相传。[43] 而其结果就是，纺纱的方向以及对不同纱线的运用不再是随机的，而是具有文化信息的纺织品特征。反过来说，纺纱和织布的地区性规律的重大变化也含有社会信息动态。

以顺时针方向纺成的纱线织成的布，看上去似乎是斯堪的纳维亚（纺织）自200年以后的常态，并且这被认为与在罗马黑铁时代的斯堪的纳维亚采用了经纱配重织机纺织"2/2"斜纹布相关。[44] 到维京时代，一顺一反纺成的纱线在某些斯堪的纳维亚遗址已有记录，尽管挪威和哥特兰坚持使用一种更古老的纺纱法并且持续生产以顺时针方向纺成的纱线织成的斜纹布。[45] 在冰岛，顺时针纺织品以一种与当时维京时代挪威纺织品传统相似的方式生产，但顺时针－逆时针的纺织品很快就在冰岛地区集合，并替代了顺时针－顺时针的纺织品。到 11—12 世纪，用顺时针 - 逆时针纱线织成的斜纹布和平纹布成为常态。这一式样成为随处可见的式样，并且一直延续到 1740 年水平织机引入冰岛[46]。（图 7.6）

究竟是按照顺时针还是逆时针方向纺纱，这一决定很有可能与技术性的考虑无关，因为从 200 年开始，纺纱者和织布者都在欧洲北部使用同一种工具且同样善于从两个方向纺纱。[47]最能够解释冰岛地区织线捻纱方向变化的说法可能是来自某个民族的人在纺纱的同时将不同的纺织传统引入冰岛。

我们知道在 9—10 世纪，在遍布大不列颠的盎格鲁 - 撒克逊语境中，纺织一般都是（使用）顺时针 - 逆时针纱线，与在苏格兰、爱尔兰以及马恩岛（其定居者主要是挪威人）这些地方的维京时代墓葬中发现的纺织品有着显著差异。在那些地方，纺织者主要生产顺时针 - 顺时针的纺织品。[48]尽管斯堪的纳

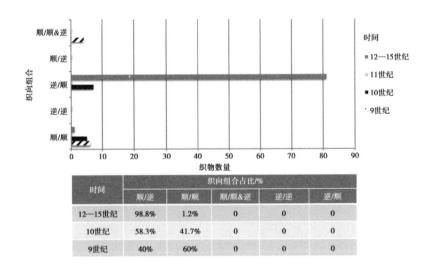

时间	织向组合占比/%				
	顺/逆	顺/顺	顺/顺&逆	逆/逆	逆/顺
12—15世纪	98.8%	1.2%	0	0	0
10世纪	58.3%	41.7%	0	0	0
9世纪	40%	60%	0	0	0

图 7.6　从维京时代到 15 世纪，冰岛纺织织向组合比例的变化。M.Hayeur Smith, 2015.

维亚的纺纱传统和不列颠群岛的纺纱传统之间的差异未必能够完全解释冰岛
女人最终选择将顺时针－逆时针的纺纱法用于所有面料的生产的原因，但它
表明民族来源和生产传统的流散具有一定影响。

因此纺织品数据以及在冰岛维京时代的墓葬集合中所发现的服装元素都
表明这一殖民地的定居者做出了专门的努力去追随挪威的传统——通过将那
些很有可能来自斯堪的纳维亚大陆的遗物的挪威纺织品和首饰包含在这些墓
葬中。然而与这些试图成为超斯堪的纳维亚的尝试并行的，还有爱尔兰—北欧
以及凯尔特服装的元素，它们也进入这些集合之中。占主导地位的挪威殖民
者决定了这一社会的大部分基础设施，而且他们有可能通过服装让自己与众不
同。同样清楚的是，居于次要地位的群体也有其影响力，而杂糅也进入其各种
各样的文化实践中，在其中一些实践例如纺织中这点是十分显著的，而且其被
证明对冰岛经济的存续具有关键性的意义。

中世纪的北大西洋

冰岛的定居时期大致在 930—960 年结束，到此时为止，有资料显示所
有可获得的土地已经被占领了。大约在 1000 年，基督教被定为冰岛的官方宗
教，奴隶制被废除。冰岛人在 930 年前已成立了独立的共和国，将分散的酋
长整合为一个总的议会(Althing)。930—1262 年这一时期被称为共同体时期，
因为尽管这一去中心化却被整合的政治系统延续的时间不长，但这一共同体催
生了一个文化灿烂时期，我们今天可以通过大量使用本土及地方语言的中世纪
文学、历史、宗教文本以及产生于 1125—1300 年的相关档案窥见。从文化上

说，挪威定居者与其他人之间的区隔从此消失。[49]

与欧洲不同，北大西洋殖民地从 1200 年到 1500 年变得更加的遥远、孤立且贫穷。尽管它们与欧洲有联系且与欧洲顾客进行纺织品和鱼类贸易，尤其是通过挪威及后来的英国、德意志以及汉萨同盟的商人，但只有很少的人可以获得来自欧洲的时尚服装和其他精致物品。此外，1300—1900 年——被称为小冰河时期的气候下降期尤其剧烈地影响了北大西洋，最终导致了格陵兰殖民地的消失。在 15—18 世纪，冰岛日益受到寒冬、饥饿、贫穷、火山爆发以及流行病的困扰。从政治视角看，1262 年标志着北大西洋历史上的一个重要的转折点，也就是丹麦殖民统治的开始。

后维京时代的中世纪（1050—1550 年）的服装和纺织品的证据很稀缺。任何种类的考古数据都很少，这一时期的服装除了圣袍以外，极少留存下来，而关于那一时期的冰岛人可能穿什么以及将他们与这个世界上其他地区的人们区分开来的文本证据也十分罕见。留存下来的图画复制了从其他档案中抄袭来的欧洲服装式样，而不是展示冰岛人实际的穿着。[50]

然而最近的研究开始揭示这一时期的服装。[51] 从北欧农场的垃圾中涌现出此前被忽略的纺织品，其中主要是褐色的织物，特别是粗制的"2/2"毛呢斜纹面料，偶尔有来自英国或欧洲大陆的进口布料。[52] 它们似乎缺乏染料或任何种类的色彩，自 11 世纪晚期到 16 世纪，被当作一种货币（法布）来生产和使用。[53] 在共同体时期，随着这种纺织品成为冰岛的主要货币，其生产得到加强，所有的经济交换都以它为媒介实现。尽管这种纺织品被用于赋税和交纳什一税，用来解决法律争端，并且在海外用于购买冰岛人所需的商品，但人们一旦获得了法布，还是经常把它做成服装且重复使用，直将其至抛掉。

在这一重要的民族产品生产的背后是女性，女性为纺织工作的各方面负责。[54] 这一生产不是精英支持的结果，而是在遍布冰岛的每一个农场上完成的。显然，它的生产几乎消除了在这座岛屿上其他类型的纺织品，这表明几乎所有女性的工作都完全放在这一产品的制造上。[55] 法布在随后的中世纪法律规范中被规制，这一面料的生产也必须符合法律条款，并满足地方政府的需要。[56] 从文化身份的视角看，法布——作为货币、外贸产品或制成服装的商品，构成了一种独特的文化，也构成了一种冰岛身份的独特文化特征和标志。一旦被卖给挪威或者不列颠，它就可以被称为一种鲜明的冰岛产品，一种适用于为都市穷人裹体的冰岛产品。

法布的贸易早在定居期就开始了，冰岛向挪威寻求原材料供应——在那里，彼此仍有着长期的亲属关系和网络，并与挪威建立了贸易关系。布鲁斯·格尔辛格（Bruce Gelsinger）认为冰岛寻求进口重要商品粮食，或许还有其他在冰岛无法获得的资源；冰岛出口羊毛织品、硫磺以及其他北大西洋的奇珍异品，例如鹰隼、北极狐皮，以及海象的象牙。[57] 在 10 世纪，挪威是养牛大国，其自身的羊毛制品供应很少，而这一国家的人口激增，导致挪威很乐意用冰岛人所需的物品换取冰岛产的羊毛制品。挪威成为冰岛的第一个，也是最重要的一个贸易伙伴。到 1022 年，冰岛和挪威签订了第一份互惠商业协议。

挪威商人也与英格兰建立了联系，以满足冰岛以及本国的需要。格尔辛格指出，不列颠群岛对于冰岛纺织品的需求，是英国专门化的高质量羊毛出口产业的直接结果。在农村地区，那些能够自给自足羊毛的人们几乎没有对冰岛的法布的需求。但是在都市的中心，纺织品商人和工匠则需要生产那些可以带来最高收益的出口产品，而不会把时间和羊毛浪费在生产粗糙且零售价格很低的、供本地都市穷人使用的羊毛制品。[58] 羊毛—法布的贸易一直持续到15—17世纪，其间英国海关的记录持续地将法布认定为一种常见的进口产品。[59]

另一种冰岛人因之而飞升国际的中世纪早期的纺织品或服装类型是堆织披风。堆织披风在格拉加斯（Grágás，1117—1271年）法典中通篇都有提到，它是一种价值比法布高得多的产品。[60] 堆织披风首先是由"2/2"的斜纹布织成，并且在布料仍然在织机上时加入成团的羊毛。[61] 有学者将这些披风阐释为冰岛因本地缺乏兽皮而启发的一种本地创新，是因地制宜的改造。[62] 不过，有其他学者认为，这主要是一种爱尔兰传统，堆织披风是弗里西亚人从600年到900年就进行贸易的物品，这一时期它们在爱尔兰生产，并从那里向外出口。[63] 冰岛与爱尔兰的关联，在冰岛的语境中或许有着重要意义，因之与前面所描述的纺织品生产的时势相吻合，即不列颠群岛的影响渗入本地的挪威生产中。据说堆织披风是如此受欢迎，以致冰岛人的生产无法满足挪威的需求。

尽管这一服装类型在冰岛史诗中常被提到，但在考古证据中几乎没有发现它们。除了一件著名的遗存（图7.7）。[64] 这件来自海恩斯的毛茸茸的堆织披风是用中等粗糙的呢绒，以松松的逆时针纬纱织成。此类披风显然极受欢迎和追捧，大多数此类披风应该是出口到欧洲，因而几乎没有在本国留下，以至于在如今的考古遗址上难觅其踪迹。

这一服装类型——为冰岛和爱尔兰所独有，且这两种文化都参与到冰岛的定居中——可以被看作另一种冰岛的民族服装，反映了这两个民族群体的融合。

图 7.7　来自冰岛海恩斯的堆织片段。Photo: M.Hayeur Smith.

在北欧格陵兰的边缘化案例

迄今为止，关于北大西洋的日常服装的最佳证据来自在格陵兰南端不远的赫约尔夫内斯的墓地。这些服装被作为寿服，并且是许多学术争论的话题。[65]其中很多是原封不动的衣服，代表了现存的中世纪欧洲世俗服装最完整的面貌。此外，这次发现的 23 件服装，许多都被特别标志为拼接裙。它们都是腰部以下比较宽大的裙子，其重要特征是用于增加其开合度的布块，这些布块被添加在裙子的前后，有时也增加在侧面。

尽管在表面上其与 14—15 世纪欧洲其他地区人们穿着的贴身服装相似，但罗宾·内瑟顿（Robin Netherton）令人信服地证明，拼接裙实际上是不同的，因为它们在后部没有开口以严密地贴身。格陵兰岛的拼接裙太过宽松且腰线太高，而欧洲的贴身服装是为欧洲那些可以负担得起繁复的裁剪和精美材质的精英而量身定制的。[66] 三角形的布块和衬料的加入尽管已经被阐释为技巧和复杂性的证据，但其也是一种相对简单的防止浪费的办法，让裁缝二次利用服装材料，这是在冰岛和格陵兰岛的纺织集合中发现的一种广泛存在的操作方式。[67]

到 13—14 世纪，格陵兰与欧洲大陆的联系迅速减少。最后一艘驶往格陵兰的官方贸易轮船出现在 1368 年。[68] 格陵兰岛居民能够看到从欧洲带来新时尚的希望渺茫，而关于创新的信息很有可能是在很久之后经由冰岛而来的。因此，格陵兰的拼接裙要么是建立在已经过时的欧洲模型上，要么是一个被边缘化的群体在依附于北欧的文化理想的同时对欧洲时尚的一种杂糅的演绎，并以此创造了这一衣服式样的自有版本。

当我们审视北欧格陵兰岛这一殖民地尾声的社会动态时，很多特征都表明社会事物失去了平衡，一个有权势的宗教精英或许应部分地为这一社会的败落承担责任。尽管这一精英肯定期待着与欧洲文化接触，但显然，他们也不成比例地消耗了这个国家从外国进口的大部分物资。他们还应该为修建这些宏伟的庄园和教堂负责。[69] 而较小的农场主则没有如此幸运，精英阶层有可能垄断了这一殖民地的大部分资源，将其用于自身，并同时强加了文化保守主义。而且他们自身相对于因纽特人更为"小心地控制文化边界"，后者在 13 世纪晚期或 14 世纪早期向北欧殖民地迁徙。[70] 这或许对在赫约夫内斯观察到的服装产生了影响：其过时的样式，以及格陵兰人拒绝采纳因纽特人的高效率的皮毛服装，而没有拒绝欧洲的羊毛服装，尽管后者并不能很好地适应小冰河时期日益寒冷的气候条件。[71]

作为位于西方世界的一个边缘化的社会，格陵兰试图用一种不同的方式，通过纺织品生产来适应，尽管没有根本性地改变服装的总体面貌。格陵兰的纺织品被认为是独一无二的，这得益于艾尔斯·奥斯特加德（Else φstergård）的开拓性研究，他发现了在 14—15 世纪的纺织技术中的细微变化，即此时纺织者们忽然开始将比经纱更多的纬纱融合到纺织品中。这与早期的格陵兰纺织品形成了对比，早期的纺织品则与当时的冰岛纺织品相同。[72]

在 2009—2010 年，康拉德·斯密阿若夫斯基（Konrad Smiarowski）在格陵兰西南部进行的挖掘增加了我们关于这一纺织实践变迁发生年代的知识。在伊加利库峡湾的东部海边的一座农场发现的 98 份纺织品残片，让我们建构了一个时间序列。在第一到第二阶段（1000—1200 年），这个区域的纺织品显然反映了冰岛地区的纺织传统；然而在第二阶段晚期，事情发生了变化，更多的面料运用了纬纱主导的织法。从第三阶段即 1200—1300 年，纺织品是以纬纱为主的织法，正如赫约夫内斯的织物那样，这种纬纱占主要地位的织法被极大地发展，同时纬纱的支数也大大增加了（图 7.8）。碳素时期测定表明，这一变化大约发生在 1308—1362 年，北大西洋小冰河时期的第一次主要变冷阶段。[73]格陵兰的纺织品数据因而指向了在面料以纬纱为主之前发生的某种成为标准的尝试，该织法更加费力，也耗费更多的羊毛。

通过服装的保守造型以及纺织技术，格陵兰人似乎维持了与西欧的文化与情感纽带，尽管他们的服装和纺织品保持了"欧洲"特色，但其也反映了这些北欧殖民者经历的艰难、孤立、边缘化给他们带来的艰难考验。它"很像"他们祖先的服装和面料，但已经发生了变化。尽管格陵兰人试图制造出更保暖的面料，但最终无法找到抗衡因纽特人的更为优越技术的办法。身着皮毛衣服，因纽特人缓慢地进入格陵兰地区，并与殖民者为争夺资源发生激烈冲突。到 15 世纪晚期，服装和边缘化或许使格陵兰北欧社会（格陵兰的挪威人社会）

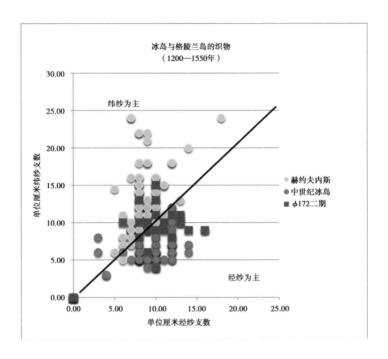

图 7.8　赫约夫内斯出土的纬纱主导织物、Ø172 与中世纪冰岛织物比较。M.Hayeur Smith, 2014.

走向消亡。

结　语

　　北大西洋的殖民地为探索移民、文化互动、殖民化以及民族性对服装的影响提供了一个有用的个案研究。因为正是经由文化接触，文化身份的投射明显变得更加可见。斯堪的纳维亚的服装风格由于在北大西洋殖民地这些地区定居的挪威人的能动性而进入这些地区，这些挪威人也带去了标准的服装实践。但是随着来自挪威或经由北方地区的、从不列颠群岛到来的殖民者的流入，于873 年到达冰岛的人口的文化构成已经不再是同质化的了。显然斯堪的纳维亚精英通过视觉外观加强了他们的文化特征：服装、纺织品以及珠宝一般都是斯堪的纳维亚式的，而被边缘化群体——那些有着混杂的文化传统的人或奴隶的影响即他们在殖民者人群中的文化影响也不容忽视。他们的物质文化和服装、物件也与斯堪的纳维亚的服装、物件相混合，从而产生了新的风格。因为对于这些爱尔兰北欧元素的包容，北大西洋的墓葬呈现出维京世界内部独特的文化杂糅。

在某些情况下，这些庶民群体的文化实践一直延续到中世纪，并改变了社会的本身，使它具有独一无二的冰岛特色。通过对挪威纺织方法的修改，冰岛的殖民者创造了一种新的产品，即法布，它被当作冰岛的货币且出口到欧洲其他地方以换取冰岛人所需物资。正如这一时期的海关档案记录所证明的，这种纺织品在 16 世纪前被称为法布，并进口到英格兰及其他地方。[74]

在格陵兰，社会的动态则有所不同，格陵兰人被认为来自冰岛西部，是这个岛上独一无二的基督徒群体，并且格陵兰有可能是很多凯尔特人的定居之处。在冰岛，尚未发现任何基督教传入以前的墓葬，因此我们不知道在 10 世纪时这个殖民地的人们都穿着什么。到 14—15 世纪，赫约夫内斯的发现代表着已知的欧洲服装最完整的数据，并被一些学者错误地作为当时欧洲时尚的范例。由于地处边远，格陵兰与欧洲大陆的接触并不频繁，而且在其晚期迅速减弱。赫约夫内斯的服装因此不应被看作对同一时期欧洲服装式样的反映，而应被看作一个在西方世界被边缘化群体的服装的代表。这个社会拼命地试图维持其与欧洲的情感、文化和经济联系，但在每十年出现一次的气候陡降的环境中，人们难以果腹，也无法维持蓄养的家畜。因此作为一种绝望的、保暖的尝试，大约在 1306 年，格陵兰女人开始编织以纬纱为主的面料，这成为格陵兰的特色产品。[75] 然而尽管有这些尝试，格陵兰殖民者最终还是失败了，这一殖民地就此消亡。在格陵兰岛东部定居地的赫瓦勒塞教堂，有记录的最后一次婚礼是在 1408 年，随后就是空白。[76] 冰岛也经历了自身的困境，正如其他北大西洋殖民地一样。但（冰岛）幸存了下来，这是由于它与西欧及其布料更为靠近。

第八章　视觉再现

德西里·科斯林

从欧洲中世纪时期遗留下来的视觉材料（本研究中指 1000—1500 年）有时还包括时尚的表现形式，十分丰富多彩。它包括石头、木头、金属和动物骨头如象牙上的雕刻；墙壁、玻璃和木板上的纪念画；平织地毯、打结地毯（knotted carpet）[1] 上织出的和绣在织物上的图案；尤其是数量最多的，在书上描的、画的或印刷的插图。每种艺术媒介都需要自己的一套方法来解释它所包含的信息，当我们被几个世纪和无法计算的社会距离与中世纪的背景隔开时，文化人类学家阿尔弗雷德·盖勒（Alfred Gell）的多学科视角似乎是有用的。当我们试图指出和提取中世纪艺术中的时尚概念时，特别重要的是要注意中世纪艺术作品创作中复杂的互动过程。以艺术家的能力、材料和心态为一个起点，艺术品也是在与赞助者——其第一个接受者，以及其他仲裁人（如文书或学术顾问）之间合作的过程中进行调解的。[2] 尽管艺术史学家认真考虑了背景和材料文化，但也有一种在社会框架之外处理艺术品的趋势，如"为了艺术而艺术"。人文学科作为一个整体的发展也对艺术史产生了影响，关注中世纪时期的学者越来越多地寻求拓宽自己的论述，以探索更广泛的问题，如社会条件、权力的行使、材料的特殊性、生产和使用。[3] 特别是关于"接受"和"接受美学"的思想在应用于中世纪艺术的时尚表达时是富有成效的。虽然主题通常设定在虔诚的环境或道德主义的世俗叙事中，但顾客的愿望也让艺术品反映最新的文雅外观和服饰。

几个世纪以来，许多古文物学家和研究人员一直专注于从整个中世纪艺术作品中追踪和梳理时尚的发展。它经常导致相当短视的、脱离语境的排列——从早期印刷书籍中被狂热赞颂的骑兵开始，按照区域和时间线展示服装和时尚。[4] 这种时尚材料的线性呈现在迄今为止的标准调查中经常不加批判地重复出现，并且通常被新一代学生欣然接受。给欧洲时装的外观带来一种秩序感和进化发展感并定义它的条件，当然是有用的，但若要使这成为一项有意义的练习，就需要对每种未经删减的视觉再现的背景进行更深入和更全面的检查。这些特征涉及作品的组成、建筑成分、赞助人、预定观众、目的以及日期和地点。显然，历史事件，无论是具有长期影响还是即时影响的事件，都为时尚提供了信息，但在一般作品中其很少被赋予空间。服装历史学家也有一种倾向，往往通过对中世纪艺术对象的外观、材料、颜色、切割和构造进行当代的、不合时宜的评估，来阐释和肤浅地汲取表征对象的价值。这尤其涉及当代的阐释，例如，关于中世纪艺术家对服装结构的理解，或者绘画调色板的颜色与用于织物染色的颜色之间的差异。在最近的一篇文章中，希瑟·普莱姆（Heather

Pulliam）对中世纪早期和晚期的颜色概念和染料的使用进行了有效的区分。[5]

当代学者在调解和增进我们对中世纪时尚的理解方面取得了长足的进步。通过推断法国文学中丰富的时尚内容，莎拉－格蕾斯·海勒对已经普遍接受的、基于学科的狭隘欧洲时尚概念——认为它诞生于14世纪，提出了一个亟须修正之处。[6]通过仔细阅读和灵活翻译12—13世纪的世俗文学和白话文学，她令人信服地表明作者们热切致力于用散文和诗歌来描述时尚。她还完成了一项非常有用的任务，整合了20世纪理论家关于时尚主题的意见，其中许多人在他们的工作中带入了严肃的当下观念——如果他们会考察中世纪的材料的话。[7]当然，如果能像安妮·范·布伦（Anne van Buren）的插图集《照明时尚》那样全面传达在密切相关和稳妥考察的材料基础上建立起的具体时间表，是很有价值和意义的。[8]她将14世纪的大瘟疫和百年战争这样的事件与法国和英国的重大社会变化以及法国和荷兰上流社会的风格和奢侈品时尚的关键变化联系起来。特别有用的是关于正式、老派的用法与当代风格的讨论、本地化实践中的区别、带注释的术语表以及以十年为单位的时尚特征年表。奥迪勒·勃朗（Odile Blanc）也指出，百年战争是时尚不再主要作为地位标志的节点，时尚从军事环境上升到精英社会中，肯定了男性积极参与推动时尚周期的活动。[9]需强调的是，正是上流社会男性去国外参加战争或学习或贸易并带着新的时尚商品和信息回到家中。同样地，主要是处于精英地位的人雇用和指导艺术家进行有影响力的作品创作，如有插画的祈祷书、宏伟的雕塑项目，以及为他们的建筑和四处游荡的生活方式提供宫廷家具。对于接下来的案例中的这些影像，人们应该把它（无论描绘的是女人还是男人）看作顾客意图的精确表达。当然，杰出的女性也催生了新的当地时尚，她们结婚并在新的住处安顿下来，带着大量的嫁妆和随从在外国宫廷开始新的生活。在接下来的艺术作品评论中，这些内容及相关问题我们需要牢记在心。

在终极意义上，为了存在、扩散和改变，时尚需要被看到。[10] 在中世纪，时装引起的反应包括从愤怒的谴责、道德的咆哮到参与式的喜悦，或者三者的结合。正是基于此，我们可以开始在中世纪的文本和图像中寻找时尚的证据。作为 21 世纪这些观点和时尚视觉表现的观众或读者，我们需要提出问题来评估这些材料，以避免（如果可能的话）其不合时宜和脱离语境的使用。也许最重要的方面是调查作品最初是为谁和谁的眼睛创作的——今天在博物馆和出版物中公开展示的许多中世纪艺术可能只是为赞助者和某个小圈子而不是为其他人设计的。

乔纳森·亚历山大（Jonathan Alexander）将书籍插图的发展描绘成修道院社区从 5 世纪开始的一个持续性传统，其中抄写员经常提供插图以及抄写文本。到 12 世纪，人们发现了修道士、世俗神职人员和世俗人在誊写室合作写书和绘图的例子——甚至修女也作为抄写员参与其中。[11] 在中世纪的较早时期，艺术表达似乎是敷衍了事地发展起来的，具有教导和记忆的目的且受到严格的礼仪约束。在描绘人物时，对服装的兴趣主要在于显示等级和身材，俗人配较短的束腰外衣，神职人员和上层社会的男女则配较长的、费料的束腰外衣。从 12 世纪后期开始，艺术品的功能范围被极大地扩展了，但画像存在与否仍然取决于顾客的需求和慷慨程度，这决定了艺术家的老练度和技能水平。在早期，有限的顾客以及艺术材料的稀缺和高成本使艺术冲动仅限于记录、遵循传统和发布指令。在某些情况下，手稿在页面空白处含有以文字和视觉形式发给艺术家的指示痕迹，这有时是一种记录图像和口述内容要求的方式。[12]

与中世纪早期缺乏关于时尚的视觉证据不同，从第一个世纪开始，中世纪早期就有一个延续的文本传统。当然，在时尚服装被提及时，往往是以对轻浮行为做出谴责的口吻。例如，正是通过塞维利亚的利安德（Leander）主教的敏锐观察和愤怒的眼睛（约540—600年），我们获得了关于时装特征的详细的早期指标。似乎是出于某种个人的痛苦，他论述了穿着朴素对于在他妹妹弗洛伦蒂娜的修道院里的修女修订的重要性：

> 不要穿漂亮的衣服，任何有褶的衣服，因为眼睛前后都很好奇，也不要穿飘逸起伏的衣服。小心那些精心制作的衣服，那些衣服都是以高价购买的，因为那是对眼睛的渴望，是对肉身的呵护……穿上遮盖身体的衣服、隐藏少女体态的衣服、御寒的衣服，而不是那些会催生欲望的动机和能力的衣服。[13]

利安德详细描述的这件衣服的当代插图是找不到的，但是我们可以从半个世纪后的艺术中选择一个合适的图像——一块罗马式的象牙匾，曾经是带福音叙事的西班牙圣物盒的一部分，约1115—1120年。[14] 低浮雕的表现力和戏剧性的姿态主要是通过华丽的服装褶皱来实现的，这些褶皱飘动和旋转着，就像独立于身体在运动一样，这种设计的本源是拜占庭式模型（稍后讨论）（图8.1）。

人物的面部特征缺乏表情或差异是中世纪早期典型的表现方式。斯蒂芬·帕金森（Stephen Perkinson）在最近的一篇文章中对此进行了探索，他引用了圣·奥古斯丁的话，"模仿一个人的面部特征并不是表现那个人的可靠方式，因为艺术家不能假设后来的观众能够认出这个人"。[15] 相反，就像在象

图 8.1 饰有《埃玛斯之旅》和《诺里·梅·坦格尔》场景的牌匾（细节）。象牙，镀金的痕迹。西班牙语，1115—1120 年。The Metropolitan Museum of Art, New York.

牙匾上一样，生动、分层、高度装饰的服装肯定是为了传达《诺里·梅·坦格尔》(*Noli Me Tangere*) 里戏剧性时刻的情感和指认。抹大拉的玛利亚的头纱，戴在一个普通的修女披巾或胸布上，其边缘有着精致的装饰，她宽大的斗篷包裹着她伸出的渴望的手臂，束腰外衣的下缘在她穿着漂亮鞋子的脚上方形成旋涡——所有这些都是时髦服装的特征。基督的衣服似乎向相反的方向摆动，表达出一种同样强烈的情感，一种他必须抗拒的情感。抹大拉的玛利亚头纱一侧的结是中世纪艺术中常见的一种象征犹太妇女的代码——在这里，它与基督斗篷左边缘的结呼应，并连接着这对夫妇的动态姿势。在基督束腰外衣的上部也可以看到时尚的布劳特风格的水平褶皱，它在当时的纪念性雕塑中也可以看到，例如沙特尔著名的门户形象。[16]

在中世纪早期艺术中的人物视觉再现主要是神或圣人的形象，或者是艺术品捐赠者，其中一些描绘了女性形象。作为宗教团体的领袖，女修道院院长既有名望又有权势，出身名门，在这些情况下高级服装是一种特权，因此可以假定，她们可以要求在其定制的书籍中被如此描绘。有一份早期关于修道院服装时尚的参考文本可以说明这一点。马尔默斯伯里的主教威塞克斯的奥尔德姆（Aldhelm of Wessex, 639—719 年）给英国巴克修道院的修女们写了一封信，有趣的是，他在信中抱怨了男人和女人那过分的时尚。像一个世纪前塞维利亚的利恩德一样，他以类似的责备口吻，同时以非凡的细节描述了宗教中的服装特征和时尚器具：

> 与教会法典的法令和正常生活的规范相反，虚荣和傲慢只为一个目的，就是可以用禁忌的装扮和迷人的饰品来装饰身体的形象，身体的每一个部位和每一个部位肢体都可以被美化。这意味着无论男女都可以穿精致的亚麻衬衫、猩红色或蓝色束腰外衣、领口和袖子有丝线刺绣；他们用红色皮革装饰鞋子；他们用卷发铁把前发和鬓角卷起来；深灰色面纱让位于鲜艳的彩色头饰，这种头饰是用缎带缝起来的，一直垂到脚踝；指甲修剪得像猎鹰或鹰爪一样尖。[17]

犹如在这份早期文本中的插图那样，威斯特伐利亚的梅舍德地区女修道院院长希达（Hieda），一个圣人家族的创始人，让人把自己描绘得和圣·奥尔德海姆所描述的一样铺张（1025—1050 年）。在 11 世纪福音书里，整页插图

的献礼页上，我们可以看到她自豪地站着，将书献给其守护神沃尔伯佳。（图8.2）

　　希达那令人印象深刻的斗篷状头纱可能是用奥尔德海姆描述的交错丝带装饰的，或者是用中世纪上流社会女性常见的精致卷边——也称为褶皱或星云头饰装饰的。编织得极其精细的多层折叠式亚麻织物的多重边缘在用淀粉浆洗时被折成小褶边。这可以使用卷曲板或巧妙的折叠和夹紧操作来完成，然后在包扎前将织物晾干。这很可能是熟练的洗衣女工的计时工作，而且效果只持续一天。希达将宽大的长袖束腰外衣和一件较浅色的外衣穿在白色亚麻里衣外，里衣只在手腕处可见紧身袖子，这是上流社会的高级服装款式。这两个女人都穿着被主教谴责的红色、带花纹的皮鞋。圣·沃尔伯佳的仿古褶皱有奢华的黄金装饰和边缘，以彰显她的古代身份以及作为在世捐赠者崇拜对象的地位。

图 8.2　献礼页上的希达，约 1025 年。科隆誊写间。MS 1640, fol.6.Universitats-und Landesbibliothek Darmstadt.

1300 年之前的男女服装缺乏差别是在通行的时尚史著作中经常被不加批判地接受的另一个概念。盖尔·欧文 - 克罗克（Gale Owen-Crocker）在她关于盎格鲁 - 撒克逊服饰的大量研究中展示了这一早期男性和女性服饰之间的显著差异。[18] 这一时期的视觉表现经常以钢笔和墨水画的形式呈现，显示了时人对描绘性别差异和服饰细节的明确兴趣，就像在这幅 1200 年的画中，对几何这一才艺进行人格化呈现时以女性形象极大地拉长且理想化了才艺之一——几何（图 8.3）。

这位女性化身穿着毛皮衬里的斗篷，斗篷领被优雅、高贵地扣在脖子上，束腰外衣的下缘在穿着优雅鞋子的脚边翻动。[19] 侧面的蕾丝突出了纤细的上半身，创造了前面提到的布劳特风格的水平褶皱，这种褶皱在男性和女性的形象中都可以看到。她那过度拉长的敞口袖垂向地面，看起来用料更多的副袖巧

图 8.3　才艺之一——几何的理想化化身。1200 年，墨水画，细节。Aldersbacher Sammelhandschrift. Clm.2599 fol.106. Munich, Bayerische Staatsbibliothek.

妙地排列成波纹状，这种风格有效地排除了任何有用的工作或灵活性，并需要女仆协助穿衣。在这个时期，厚重的服装对于宫廷式、仪式化的外表和行为来说是一种重要的特权，强调稳重的自我和高贵的平静。[20] 这个形象的奢华细节、铺张的织物和情色化的诱惑形象也带有失节的印记，流露出骄傲这一（当时的）致命罪恶，从而以一种看似曲折的方式传递出中世纪图像中经常传达的对神职人员的责难。

拜占庭的艺术、建筑和视觉文化对西欧艺术产生了持久的影响。在时尚方面，君士坦丁堡公主嫁给西方王子和贵族带来的丝绸面料和服装风格被欧洲人羡慕、嫉妒和复制。西奥法诺公主是拜占庭帝国皇帝约翰一世的女儿，972年嫁给奥托二世，她可能是这些时尚权威中最著名的一个，另一个是1004年嫁给威尼斯总督之子的玛丽亚·阿尔吉罗普拉伊娜。在关于拜占庭服装的书中，珍妮弗·鲍尔（Jennifer Ball）论述了皇家和宫廷服装以及地中海和东欧周边地区的时尚。[21] 意大利艺术，尤其是威尼斯艺术中持续的拜占庭风格，在约1260年的威尼斯圣马可大教堂中央拱顶的金色圆形马赛克装饰中有着引人注目的体现（c.1260）[22]。（图8.4）

在图上可以看到威尼斯社会上层的集体景象，这是由牧首[1]和他的神职人员带领的队伍，然后是总督和他的随从，接着是代表贵族群体的男性、女性和儿童，他们是13世纪中期这个城市的精英阶层。衣着鲜艳的庆祝者队伍在灿烂的金色背景的衬托下显得格外突出，这一场景是归还圣马克的圣物。牧首和神职人员穿着永恒风格的游行法衣，法衣上的图案以深蓝色和紫色搭配金色，

---

[1] 牧首：即宗主教，早期基督教在一些主要城市的主教的称号。——译注

但用新的东方化灯笼裤风格编织而成，这是在"蒙古和平"时期[2]，通过中亚进口引入卢卡和威尼斯的。23 威尼斯共和国与拜占庭帝国保持着贸易关系，直至 1261 年拜占庭帝国改朝换代，此后继续与君士坦丁堡的新奥斯曼统治者开展贸易——有记载表明，威尼斯和布尔萨的时装面料在两个宫廷中都有使用，在亚得里亚海沿岸进行交换。24 马赛克背景中，总督的红色斗篷内衬松鼠毛皮，套在蓝色丝绸束腰外衣上，下缘有大量的黄金刺绣，这在东正教的服饰描绘中也经常看到；他的一名随从穿着貂皮大衣。一群身着素色但镶有宝石的斗篷的男人紧随其后，然后是一群主妇，第一个女人穿着有红色貂皮衬里的斗篷，金色的饰边搭在华丽的长袍上。她身后的女人们穿着色彩鲜艳的斗篷，里面的罩袍上有刺绣装饰，有一个女人，像总督和其中一个男人一样，上臂装饰了徽章，所有女人都有着宝石装点的头饰和精致的发型。两个孩子——一男一女，穿着成人服装的迷你版，手持装饰面板，跟随着游行队伍。

图 8.4 圣马可大教堂遗迹描绘的奇迹般的启示，1260 年。金色马赛克背景装饰，威尼斯圣马可大教堂的中央拱顶。Photo: Mondadori Portfolio/Getty Images.

----

[2] 蒙古和平：指历史上蒙古帝国的第二个阶段。从 13 世纪忽必烈任蒙古大汗开始，到蒙古帝国各继承国家先后消失，持续到 14 世纪中后期。——译注

在通行的时尚史著作中，很少有人关注伊比利亚半岛。几个世纪以来，安达卢西亚地区伊斯兰教宫廷和北方的基督教国家的王子们在那里进行了丰富的学习和文化交流。[25] 从10世纪开始的哈里法时期，科尔多瓦的倭马亚宫廷大量生产着侈品艺术和精美时装，让来自北方基督教国家的游客眼花缭乱。13世纪，在西班牙布尔戈斯的圣玛丽亚·拉·雷亚尔·德·胡尔加斯修道院的基督教皇家墓葬中包括许多保存完好的由安达卢西亚地区的作坊生产的用丝绸和棉花制成的服装，而且其风格与欧洲其他地方不同，例如在费尔南多·德·拉·切尔达的墓葬中发现了男女穿的像套头衫一样的无袖服装佩洛特（Peilote）。[26] 现藏于马德里附近的埃斯科里亚图书馆的手稿《象棋、骰子和桌子之书》（*Book of Chess, Dice and Tables*）（图8.5）是一部于1000年左右从东方传入欧洲的游戏概要，其中也描绘了佩洛特式服装。

图8.5 《象棋、骰子和桌子之书》，约1283年，创作于西班牙科尔多瓦阿方索十世宫廷。 Biblioteca del Monasterio de San Lorenzo de EI Escorial, Spain, MS T-1-6,fol. 32r. Photo: Leemage/UIG via Getty Images.

这部手稿是用法国哥特式风格书写和制作插图的，于1283年由西班牙国王"智者"阿方索十世（1221—1284年）的托莱多誊写室完成。图中的两个女人正在下棋。她们穿着无袖的佩洛特，露出非常窄版的北方外套及外套下面的长袍的全景。右边的女人在刺绣筒裙上穿着红色佩洛特，筒裙袖子和裙腰绣有精致的伊斯兰几何图案。这种刺绣的成本如此之高，以至于它在1256年受到了消费控制法的限制。[27] 誊写室制作的这部手稿和其他手稿作品中的时尚，如圣母玛利亚的歌曲连环画《圣女玛利亚的圣歌》插图，都值得研究，因为其对13世纪西班牙和伊斯兰的时尚有大量描绘，并呈现了物质文化的丰富背景。

近来已经详细研究了贵族妇女的奉献精神、她们的拉丁语知识以及她们作为子女教育者的角色。许多诗篇和祈祷书包含妇女拥有宗教书籍的信息。世俗人和神职人员用它们来背诵日间和夜间的祈祷。这些书也是时尚的配饰；在含有亚眠[3]的使用日程表的祈祷书(1280—1290年)里，与圣母页相对的页面上，精致地描绘了法国贵族德·拉·泰伯尔伯爵夫人。

图中，在一座精心装饰的哥特式教堂里，伯爵夫人跪在圣母玛利亚面前，教堂有塔楼、尖顶和玫瑰花形窗户。透明的面纱和丝绸或亚麻布制成的下颌带包裹着信徒的金色网覆盖的头发，头发以一种（从此刻起将在15世纪后期变得越来越高和越来越宽）小角或小髻的形状堆叠在耳朵上方。网状图案是金色徽章图案的微缩版，在教堂门面周围的盾牌和她斗篷上的大尺寸菱形图案中可以看到。斗篷是用松鼠毛皮制的，中间用一个扣子扣住。她的礼服颜色很庄重——虽然是最新时尚款，宽松的钟形袖子在腋下收紧，而与之颜色搭配

---

[3]　亚眠是法国北部重要的工商业中心之一。——译注

图 8.6 《约兰德·德·索瓦松的祈祷书》中的德·拉·泰伯尔伯爵夫人。1280—1290
年。Amiens, France. Pierpont Morgan Library, MS M.729, fol. 232v. @ 2016.Photo
Pierpont Morgan Library/Art Resource/Scala, Florence.

的内衣的更窄的袖子上小扣子紧密地摆列到腕口，筒裙的白色边缘依稀可见。
教堂的墙壁将宠物、鸟类和人首的怪物阻挡在外。在令人眼花缭乱的建筑的保
护下，在令人敬畏的纹章斗篷的重压下，身着色彩"谦卑"的礼服的德·拉·泰
伯尔伯爵夫人看起来就像一名修女，也可以推测她自己希望被如此描绘。为了
朝着她的精神目标前进，伯爵夫人的每天都以背诵圣母玛利亚礼开启，正如她
在书中那个虔诚的形象里看到的自己那样。[28]

　　中世纪绘画生活中最具象征意义的地点之一是有围墙的花园（hortus
deliciarum），情侣们可以在这里幽会，展开诱惑和侵犯的仪式。这是封闭花
园（hortus conclusus）的世俗的对应物；后者作为中世纪赋予圣母玛利亚无

瑕受孕奇迹的一个形象，是一个不可侵犯的、纯洁的空间。此处这个版本是大约制作于 1400 年的莱茵河挂毯，在点缀千朵细花的宫廷场景中，衣着奢华的优雅男女在中心城堡周围的五个场景中毫不掩饰地嬉戏（图 8.7）。

爱夫人（Lady Love）做仲裁，一对夫妇坐在右下角的一个围起来的花园里，如同置身于一个百科全书般的时尚娱乐行列。穿着成对的衣服，他们在中央城堡周围形成一个框架，就像手稿页的边缘。一边是衣着褴褛的乡下人在围起来的花园外执行任务，一边是装饰华丽、衣着招摇的夫妇毫无顾忌地纵欲。这幅挂毯似乎不太可能公开展示，因为其上人物的手在摸索、下巴被揉捏、四肢缠绕在一起。

14 世纪下半叶的男性时装包括有收紧的装饰性腰带的短款马蜂腰夹克、系有铃铛的低腰束身带、紧身杂色长袜、沿着鸽子胸的轮廓竖立展示的纽扣。男人们有烫过的卷曲短发，有的头上戴着柔软的羊毛头巾、脚上穿着尖头鞋。大多数时尚男人都是年轻人，但也有一些人是成熟的、留着胡子、明显年长一些，因为他们喜欢和年轻的、身材匀称的女人嬉戏。妇女的低胸服带有装

图 8.7　城堡前的宫廷游戏。1385—1400 年。阿尔萨斯出产的挂毯。Nuremberg, Germanisches Nationalmuseum.

饰，并用项链装点，流苏从袖边垂下；和男人们一样，女人们戴着带铃铛的腰带，胸前也围着宽肩布，上面还套着会响的铃铛。前排中间的两个女人穿着精心制作的杂色服装，一个穿着以红色和白色相间的竖条织物拼接而成的礼服，另一个的后背展示了呈对角拼接的带状中性色织物以及与之搭配的长尾帽。女性的头饰从简单的头带和花头带到精致的皇冠，还有带褶皱的星云状面纱以及一些不寻常的宽边帽子。一个女人在爱夫人的花园里用绳子把两个坐在地上的男人绑到围栏上；在左下角，众人帮助一对夫妇玩着冲撞游戏。迈克尔·卡米尔（Michael Camille）将这一行为描述为两性之间的战争，就像这对夫妇的绶带展示的那样——她：我喜欢冲撞，比冲撞更冲撞；而男人的回应是：我喜欢冲撞，为了不再冲撞。[29] 戴着项圈的宠物狗"汪汪"叫着，毛发散开，眼睛左顾右盼，什么也不想错过——这里描绘的时尚的极致程度，必定会招致教会审查。卡米尔认为那位身着松鼠毛皮衬里斗篷、端庄沉着的戴冠女士和她身着红袍与同色羊毛头巾的追求者是这场游戏中的婚姻伴侣。然而，这幅挂毯的顾客不是一名贵族，而是莱茵河中部地区的希派尔上层资产阶级的一名富有成员，来自著名的迪尔纺织商家族。这幅定制作品构图技巧高超，制作者显然雄心勃勃，堪称一件足以提升其拥有者地位的象征物。巨大的家族徽标呈现在画面周围。

在中欧的波希米亚地区，一种当地的、易于辨认的"美丽风格"于 14 世纪下半叶出现在神圣罗马帝国皇帝、波希米亚国王查理四世统治下的政治和文化首都布拉格。查理四世与法国有着紧密的家族联系，在意大利有着军事和文化利益，他将来自法国和意大利的"国际哥特式"艺术家和艺术作品聚集到他在布拉格的宫廷中，而在这里出现的新的乡土风格逐渐在中欧广泛传播。

图画书籍、宝石和金属制品、宗教法衣上的刺绣饰品和嵌板画都体现出这种风格。它的特点是身着颜色鲜艳、优雅柔和地悬垂的衣服的人物构图：女性的头部小巧，为洋娃娃一样的椭圆形，精心描画的嘴唇紧闭，褶皱如蜿蜒波纹的头纱和卷发构成脸部的画框。受难像的蛋彩画有着拥挤的构图和金色的背景，含有的意大利和拜占庭元素亦具有国际风格（图 8.8）。

马背上身穿具有东方特色的华丽赐服的罗马百夫长层层叠叠，为场景增添了深度。饱满的色彩、生动的图案和奢侈的仿古服装是美丽风格的标志，其中深邃的宝石般的色彩有效地与金黄色的背景形成反差。精美的、理想化的线条和平面的吸引力赋予十字架脚下戴金色光环的哀悼者强烈的情感，其焦点是玛

图 8.8 考夫曼受难像，1350 年，绘在面板上的蛋彩画和黄金。德意志柏林。Photo: The Print Collector/ Print Collector/Getty Images.

利亚的悲伤。圣母玛利亚穿着天蓝色的长袍和有着鲜艳红色衬里的、有光泽的紫色丝绸斗篷，由约翰搀扶着，后者身穿带金色衬里的绿色长袍。抹大拉的玛利亚穿着一件鲜红的长袍。强烈的对比色很可能是另一种文化张力和影响的信号。在关于中世纪社会中指认"他者（others）"的服饰符号的研究中，鲁思·梅林科夫（Ruth Mellinkoff）发现了几个用于识别犹太人的特征，而在这个十字架的场景中，哀悼者，尤其是抹大拉的色彩对比和服装的华丽就与她的理论非常吻合，她的理论提供了提炼和扩展时尚内容的工具。[30]

在定制于1430—1435年的一本祈祷书（图 8.9）中，琼·博福特夫人和她的女儿们的虔诚跪姿似乎只能部分调和傲然呈现的家族自豪。以一个桶形的内部空间为背景，墙壁上挂着红色的奢华织物，上面有金色和蓝色的图案；一

图 8.9　琼·博福特女士和她的女儿们，纳威小时书，1430—1435 年。法国，可能是鲁昂。MS Lat。1158，f.34v. Bibliothèque nationale de France.

块相似的织物轻柔地从祈祷台铺下来，又在地板上聚拢，为祈祷时的伯爵夫人提供天鹅绒般的柔软触感。祈祷书的外观为绿色。女主人端庄的白色亚麻头纱被巧妙地戴在发髻上，头纱下是伯爵夫人的下颌带和一条厚重的金质项链，强调着她的骄傲姿态。

女主人本人有皇家血统，可以名正言顺地穿着貂皮大衣，而她身上这一件外衣毫无疑问是黑色丝绒的，就像她里面穿的厚底大衣一样，内衬灰色松鼠毛皮的大衣袖子比例适中，上面系着一条镶有珠宝的腰带。杜伦北部的拉贝奈维尔（Nevilles of Raby）家族是 16 世纪英国最有权势的外交官和军事领袖家族之一，随着拉尔夫成为第一位韦斯特莫兰伯爵而更为显贵。拉尔夫伯爵的第二任妻子琼在英吉利海峡两岸都有财产，她为完成这个家庭的几部手稿聘请了法国艺术家，这是广泛的艺术和建筑赞助的一个方面。琼让画师为她自己和六个最有权势的已婚女儿画像，画像的一角还有她们七个人的家族徽标。这里描绘的是伊丽莎白、玛格丽特、凯瑟琳、埃莉诺、安妮和塞西莉（另一个女儿琼为一名修女）。人们或许会想数一数这群姐妹的角状头饰上镶嵌的宝石，并以此来判定哪一位最为显要，因为她们的面部没有明显的个人特征。伯爵夫人最小的女儿塞西莉（1415—1495 年，昵称"骄傲的西斯"）成为约克公爵夫人，也是英国国王爱德华一世、五世和理查一世、二世的祖母。在制作这本书的时候，她应该已经超过 15 岁了，因此她很可能是紧跟在她母亲后面的年轻女子，她金色底色的大衣的巨大喇叭袖很可能是用松鼠毛皮衬里的丝绒制成的，长及地面。像她的三个姐妹一样，她的角状头饰的顶部有一块透明的短纱，可能用来表示婚姻状况，但她的发髻似乎确实缀有最大、最丰富的宝石和珍珠，礼服图案也比姐妹的图案更大。跪在"骄傲的西斯"后面的是排名第二的穿红色双领大衣的姐姐，她的大衣面料与祈祷台相同；一条长长的织物或皮革腰带从她的腰间垂到地上，蓝色的腰带上镶着金色的装饰物。其他排位较低的姐妹们分别穿着绿色、蓝色和深蓝色的服装，左边的一个穿着简单的绿色无领礼服，礼服没有华丽的褶皱，她身材也比较矮。

中世纪最受欢迎的通俗文学文本《玫瑰罗曼史》讲述了一个寓言式的梦境。在这个梦里，爱人（The Lover）在中世纪思想中普遍存在的对立类型之间探寻象征人类之爱的玫瑰，并与化身为女性人物的几个玫瑰对立物相遇。这首诗由两个不同的作者在 13 世纪共同完成，先是纪尧姆·德·洛利思于 13 世纪 30 年代写作，后来让·德·梅恩从 1275 年开始续写。在接下来的 200 年里，《玫瑰罗曼史》被复制成成百上千份手稿，其中一些配有精美的插图。作为文雅爱情的极致，这首诗的魅力在有围墙的花园里散发。在那里，被爱的天使召唤的美丽的人们脚踏散发着薄荷和茴香气味的土地，随着神圣的音乐庄严地舞动。英国国立图书馆的《玫瑰罗曼史》作于 1490—1500 年，是在印刷机问世后按照手稿写作传统创作的，由拿骚的恩格尔伯特二世伯爵为勃艮第公爵定制；它的配图由祈祷书大师绘制而成（图 8.10）。

这份手稿体现了一种矛盾的怀旧情绪，这种情绪似乎被花园中庄严的舞蹈形象放大了。爱人穿着一件风笛袖的短外套和 15 世纪早期的尖头鞋，看着身穿这个世纪晚期的时尚服装的舞者表演：男人们穿着最新流行的宽肩两件套、遮阳布（codpiece）、鸭嘴鞋和惊世骇俗的羽毛头饰；同样地，女性身着方领裙，戴着山墙式的头饰，长长的裙摆从腰带往下打有褶皱，露出裙子的毛皮衬里。作为被标识的"他者"，音乐家们则穿着有夸张的开衩和花瓣状饰边的服装，服装的颜色是俗艳的互补色。

图 8.10 《恋人相遇了》，1490—1500 年，布鲁日。Harley, MS 4425, f.14v. ©British Library.

在中世纪艺术中，仿古的视觉成分经常被用于指示过往的历史，例如基督和他的门徒的长袍款式或者用于标识古代场景的早期织物图案。[31] 圣坛面板中对圣徒生活的图解说明经常出现过去几个世纪的服装和纺织品的图画信息。随着时间发生的变化也能提供有意的和有目的的保守主义的证据。对奥蒙德伯爵夫人玛格丽特·菲茨杰拉德和她的丈夫皮尔斯·巴特勒在爱尔兰基尔肯尼的圣卡尼斯大教堂的陵墓雕像的一次尤其彻底的调查，揭示出分别死于 1539 年和 1542 年的陵墓主人确有这种老派的意图。[32]

较晚去世的伯爵夫人是一个意志坚定的人，也很可能是决定这座 16 世纪陵墓雕像的衣着方式的人。雕像中的玛格丽特戴着一个有角的髻形头饰，等着一件宽大的、有褶裥厚布叠领的长袍，长袍有宽大的风笛袖和一条长长的装饰

图 8.11　皮尔斯·巴特勒和玛格丽特·菲茨杰拉德的双墓雕像。1515—1527 年。石雕，爱尔兰基尔肯尼的圣卡尼斯大教堂。Photo: RDImages/Epics/Getty Images。

腰带，这些全是上个世纪的风格。她的丈夫奥蒙德第八伯爵的盔甲也是古老的风格，具有特别的爱尔兰意义。

伊丽莎白·温科特·赫克特（Elizabeth Wincott Heckett）指出，"穿着你自己国家的服装显示了你的忠诚，而采用其他风格可能是危险的"。[33] 因此，玛格丽特·菲茨杰拉德的旧式风格服装体现了基于个人保守主义的自觉选择，也是她思想独立和社会地位的表现，而不像人们第一眼看到的那样是落后于城市中心的"真正"时尚发展的乡村风格的一个例子。

在时尚的语境下，中世纪艺术最令人不安的组成部分，正如前面几个例子中提到的，也许是其普遍的厌女态度，这种态度起源于教父学（patristic literature）并延续到现在。在过去的半个世纪里，许多不同学科的中世纪研究者讨论了中世纪社会中的这个问题。[34] 在艺术史学科中，除了已经提到的那些方面之外，还有其他出色的研究。[35] 玛莎·伊斯顿（Martha Easton）在最近的一篇重要文章中论述了中世纪艺术中时装的缺席和存在。[36] 她特别研究了描绘圣凯瑟琳生活的 11 幅连环图像，这些图像紧随在《豪华时祷书》（*Belles Heures*，全名为《贝里公爵的豪华时祷书》）的日历页之后，现收藏于大都会艺术博物馆的修道院博物馆，它们是由林堡兄弟在 20 世纪的第一个十年为他们的赞助人约翰·贝里公爵绘制的著名的祈祷书之一（图 8.12）。

艺术史学家注意到公爵的账目记载的公爵和林堡兄弟之间涉及报酬和赠礼的极其密切的关系，他们对此非常感兴趣。这些记录也清楚地表明了赞助

图 8.12 林堡兄弟为贝里公爵绘制的被剥光衣服折磨的凯瑟琳，出自《贝里公爵的豪华时祷书》。巴黎，法国，1405—1409 年。54.1.1a, fol.17v. The Metropolitan Museum of Art, New York.

人和艺术家之间非同寻常的个人关系。其中包括关于配图中所要运用的题材的详细讨论，我们只能认为这是一种协作，它与一些早期手稿中提到的对配图的敷衍的稀松指示——通常仅涉及颜色和一般姿态大相径庭。几代艺术史学家都对公爵参与艺术创作的过程进行过推测，毫无疑问，他们希望自己就在会议策划的现场。[37] 在《豪华时祷书》的圣凯瑟琳连环画中，11幅全幅图像描绘了处于穿衣和脱衣的多种状态的圣徒，从毫不掩饰的窥淫和高潮迭起的窥探，到圣徒和被凯瑟琳皈依为基督教徒的异教徒福斯蒂娜女王被蒙眼斩首。在17v卷中，凯瑟琳以受酷刑后的半裸形象出现，透过监狱的窗户，天使用治疗药膏按摩她赤裸的上身。穿过牢房的门口，福斯蒂娜以镜像的姿态正对凯瑟琳，她穿着一件蓝色的金边无袖外套，外套侧面有被当时的时尚评论家称为"地狱之窗"的巨大开口。她们仿佛通过多个钥匙孔被男性凝视的可互换的对象，在连环画中可看到她们二人穿着相同颜色的服装——翠绿色长袍外是奢华的用钴蓝色颜料渲染的斗篷，也具有难以区分的面部特征和发型。伊斯顿的结论是，"公然的性活动或性诱惑通过衣服的载体——女人的身体来传递，无论是赤裸的还是穿着衣服的"。[38]

结　语

正如前面指出的那样，对于时尚，尤其是中世纪的时尚，不应该孤立地或脱离其背景来研究，我们需要通过接触不同艺术媒体中的许多图像来扩展知识，这些图像在许多情况下仍然鲜为人知或尚未出版。我们还必须追问，为什么要创造艺术，艺术为谁而创造。中世纪的视觉材料主要是为特权阶层提供的华丽展示，是在极不民主的等级制度下不成比例地描绘的。正如我们所看到的，一些作品，比如由来自希派尔的富有商人委托制作的挂毯（图 8.7），甚至是为了给雄心勃勃的地位追求者提供一种上流社会风格的替代体验。描绘的某些物体、面貌、颜色和图案可能从未存在过，也可能被高度理想化，或者是用来描绘英雄、神话或历史。我们也必须注意单调的、日常生活中的城市景观，在那里，除了少数挥霍无度的壮观时刻，大多数中世纪男女所经历的现实与视觉艺术中描绘的截然不同。[39]

第九章 文学表现

莫妮卡·莱特

在古典修辞实践的影响之下，中世纪的作者创造了高度结构化的文学形式和精简的叙事方式，通过运用欧洲的地方语言，将古典样式、手法和当代的主题、动机和文化关注结合起来，讲述通常源自地方口述传统的语言故事。[1] 在这些先前的、通常也是其他语言的故事来源中，作者们可能会选择那些突出反映了穿着和纺织情况的故事，并将那些情形放大，从而满足他们的当代观众的口味，如果这些原材料含有的服装因素太少，他们还可能加入服装方面的形象。[2] 中世纪的翻译和改编实践与其说是忠实地将文本转化为新语言版本的事情，不如说它是关于运用一个故事来源，甚至是将多个故事来源熔于一炉，根据新观众的口味进行阐释的自由实践。[3] 从12世纪开始出现了一种趋势，即将时尚意象放入文本中，并将这样的意象用于各类不同的有趣的方面。[4] 文学中的服装永远在文本中发挥着叙事功能。[5] 在此，笔者的目标是研究所选中世纪文本中的服装的叙事功能，从而展示中世纪文学中的服装是怎样从物质层面表达了当时主要的文化主题。例如在法国，这些主题就包括由社会变迁带来的阶级间的紧张关系[6]，而在冰岛我们则可以看到随着新生社会而萌生的权利性话语。[7]

服装为作者们提供了一种将丰富的文化内涵融入文本的手段。与视觉艺术家不同，作者不必提供其角色的服装信息，当作者试图描述服装时，通常是为了达到特定的叙事目的。文学中对服装的描述正是为了在呈现角色之外告诉我们一些额外的信息，无论是为了描述服装本身还是涉及服装的动作，文本中对服装形象的运用都为读者提供了视觉乃至触觉信息，从而引出一种多重感官反应。作者邀请读者想象在观看文本中的服装并感受其质地，以迅速将文本内容与更多的感官影响融为一体，从而让读者获得更加丰富的体验，而这通常只需要寥寥数语。爱丽丝·M. 科比（Alice M. Colby）[1] 在她关于中世纪法国文学的描述性形象研究中，就确认了这些片段的一个主要作用，即为读者呈现一个人物的清晰形象[8]，而且这些描述通常都将一些公式作为基础，并在其上进行角色的渲染。[9]

中世纪的爱尔兰故事《追爱的贝克霍拉》（*Thochmarc Becfhola*）是用中世纪早期的爱尔兰语著成，它有可能追溯到 9 世纪晚期或 10 世纪早期，本章首先讨论这部作品。[10] 该作品运用了丰富的服装意象，通过描绘贝克霍拉（Becfhola）和弗兰（Flann）这两个主人公所穿着的极其精致的装束，来呈

---

[1] 爱丽丝·M. 科比，著名学者，代表作为《12 世纪法国文学中的肖像》。——译注

现他们的崇高的社会地位。贝克霍拉乘着马车到达：

　　她穿着浅色的、用青铜制成的圆边凉鞋，鞋上嵌着两枚珍贵的宝石，身上穿着覆满了红色与金色刺绣的束腰外衣和一件红褐色的斗篷，镶满了闪耀的各色宝石的精致胸针将斗篷固定在她胸前，她的颈肩上挂着纯金项链，头上戴着金色的发箍。[11]

尼亚姆·惠特菲尔德（Niamh Whitfield）仔细分析了贝克霍拉的服装，并展示了这些元素是如何证明穿戴者崇高的社会地位的。惠特菲尔德认为她穿着中世纪早期爱尔兰国王、王后或贵族们所穿的服饰。[12] 不久我们又看到弗兰——贝克霍拉的意中人，他同样衣着华贵，从下面这一段文字，我们不仅看到他的高贵地位，也得知他是一名战士：

　　他身着一件带明亮镶边的丝质束腰外衣，上面用金线和银线绣了圆形图案。他头戴用黄金、白银和水晶制成的头盔，他下垂的齐肩的每一束头发上都坠有精致的金串和金链。在他头发分股处有两个金色的圆球，每一个都像人的拳头那么大。在他的腰带上别着带金柄的剑，一件由多种色调组成的罩袍在他身体一侧，他从双臂到双手都戴着金质和银质手镯。[13]

这些描绘都表明贝克霍拉和弗兰居于最高贵的等级并拥有巨大的财富，同时也让读者一窥中世纪爱尔兰的物质文化。惠特菲尔德声称这两段描述中的物件在后来的考古发现中得到了证实。[14] 但我们仍应记住，书面故事中也有可能包含着年代错误的元素，而且可能呈现在故事所讲述的年代并不存在的织物或其他物品，这是因为这种描述的叙事功能——不仅是对财富和地位的呈现，也是对它们的赞美——对物质世界的再现有一定程度的夸张是必要的，我们不应该将文学中的服饰与史实简单等同。

的确，中世纪文学中大多数服饰的描绘都呈现了上层贵族那超凡绝俗的服装，因此充满了对豪华和光鲜的夸张。宫廷服饰是用最精美的材料制成的，例如，明艳夺目的丝绸用宝石、黄金和白银装饰，再用最罕见、稀有的皮毛镶边。时尚性话语的传统公式首先是源于稀有材料的，它赋予文学描绘以异国情调和较高的货币价值，而这些难以获得的材料在真实世界中是几乎无法企及的。正如安娜·赞奇（Anna Zanchi）[2] 在《冰岛史诗》（*Icelandic saga*）中对鲜红色的论述所表明的那样，尽管鲜红色出现在那些传说中[15]，但很有可能大多数冰岛人只是听说过鲜红色，而从来没有拥有过。正如莎拉-格蕾丝·海勒所说，文学中夸张服饰的运用，与其说是出于现实主义的描摹，不如说是为了取悦。[16]这些描述完全是虚构的，作者让成群结队的宫廷贵妇穿着珠光宝气、色彩绚烂的服装走上故事的舞台，似乎任由自己的想象引导，从而跨越了一切边界。

14 世纪的中古英语诗歌《珍珠》（*Pearl*）[3] 就为我们提供了一个与身着各种颜色华服的宫廷女性不同的反面形象。当其中的做梦者看见女主人公的时候，女主人公身着全素衣服，她的衣衫用珍珠装饰而不是各色绚烂的宝石："穿着白得耀眼的亚麻长袍；侧面有被蕾丝束紧的开衩；开衩处坠着最美丽的玛格

---

[2] 安娜·赞奇，著名学者，代表作为《中世纪服装和纺织品》。——译注
[3] 《珍珠》是一首中古英语诗，该诗可能是为失去了小女儿的贵族写的，被认为是中古英语文学的杰作之一。——译注

丽珍珠，没有宝石只有纯白的珍珠；她的装束是光亮的纯白。"[17]因为她的装束在形式上就像一位宫廷女子，做梦者最初误以为她是一个罗曼史中的女主角，而没有将她看作一位仙女。[18]正如肖特（Schotter）指出的，诗人对服装公式的运用是模棱两可的，它既唤起了主人公服装中所含有的宫廷成分，同时又拒绝了传统："服装公式在《珍珠》这首诗中之所以能够产生模棱两可的效果，是因为它们与其他押头韵的诗歌中对服装的描述呼应，这些描述的意义相差如此巨大，以至于读者很难揣测《珍珠》这首诗中做梦者所理解的准确意义。"[19]文学中对服装的运用既遵循宫廷的模式，同时又对它进行了改造以传达一种寓言式的含义——在本例中为极度纯洁，表明了服装给作者提供的巨大的象征意义，而本例中的作者就将物质的豪华与神圣的完美结合在一起，创造出了对所呈现的服饰的新理解。

《珍珠》中的仙女形象表明了作者可以通过颠覆传统来打造自己的人物形象，但服饰的描绘同样可以包含具有反差意味的成分，并将戏谑、反讽或模棱两可都集合到我们对人物角色的理解中，我们从中得出的人物形象将是富有动态的。它邀请读者主动对人物进行阐释，而不仅仅是接收一串静态的人物特征。乔叟在他的《一般序言》（*General Prologue*）[4]中对巴斯妇（Wife of Bath）的描摹就包含了极大的模糊性，因此，乔叟笔下的巴斯妇就在中产阶级的体面与她鲜活服饰具有的活泼性的反差中跃然纸上（图9.1）。

当然，乔叟是在他所提供的服饰信息之内描述她的外表的，一个复杂的人物形象就此浮现。乔叟描述了巴斯妇的两套服饰，首先是她周日的着装："我

---

[4] 《一般序言》是杰弗里·乔叟所著《坎特伯雷故事集》的序言。——译注

图 9.1 巴斯妇，绘于 15 世纪早期《坎特伯雷故事集》的埃尔斯米尔（Ellesmere）
的手稿中。Photo: Getty Images.

敢发誓，她在周日所戴的头帕称起来有十磅重呢。她脚上的袜子是鲜红色的，

绑得很紧，鞋子又软又新"（ll，453-457）。随后描述了她朝圣的衣着，"头上

缠好头巾，戴着一顶帽儿，倒有盾牌那样大。穿着一条短的骑裙，臀部很宽，

脚上一双尖头马刺"（ll，470-473）。将这两个形象组合在一起，就让读者有

了一个关于巴斯妇的更复杂和完整的理解。从乔叟对巴斯妇的其他描摹中，我

们知道她很精于她的职业——织布，我们可以得出结论，她很有钱，她的服装

可以证明这一点。[20] 我们能感受到她在经济上的成功，这不仅基于对她周日穿

着的描述，也基于对她旅行装束的描绘，后者包括多个能保证她旅途舒适的

专门物件：一顶遮阳的宽帽，一件在骑马时穿的洁净、温暖的长斗篷，以及用

于御马的尖马刺。因此，我们眼前就有了一个拥有在各种情境下所需要的一

切物件的女人形象，她是一个专用物件的消费者，而她的虚荣使得她乐于展示这些物件。她的职业技能使她富有，而她也拥有这种成功的外在标志；她的体面也延伸到她参加朝圣活动上，这表明了她与自己的地位相当的精神追求，同时也通过她的旅行装束证明了她的物质购买能力。所有这些因素都表明她有一定的社会地位，但她的服装所传达的意义还不止于此。

她的周日服装彰显出铺张、风格和财富。她穿着配有鲜红色袜子的新鞋，头戴着非常浮华的头饰——乔叟都要揣度它的分量。当时的风俗要求已婚妇女遮住她们的头部，或许如乔叟所说，这十磅重的头饰不仅是在表述它的重量或它极高的经济价值，尽管它显然有着价值与分量，同时也暗指她的多次婚姻的重量，因为艾莉森（Alisoun）结过五次婚。这位妇人已经承受过许多世事，自然也可以承受她多层褶皱头饰的浮华与奢侈，同样还可以承受可能因此招致的任何批评。[21] 正如卡罗琳·丁肖（Carolyn Dinshaw）指出的，这位妇人并不害怕随心所欲的生活，也不怕大吵大闹，她高谈阔论，她的衣服会表达，她的身体也可以表达她自身。[22] 很多人已经讨论过她鲜红色的袜子[23]，其中一些人认为它的含义有一种显性的性感[24]，但显然袜子的质地也不容忽视，因为鲜红色是通过昂贵的胭脂染料得来的，显然不会有人愿意把鲜红色浪费在残次的材质上。[25] 要理解这位妇人的服饰，需要对她人格的具体动态具有敏感度，她既具有手工匠人的体面、滔滔不绝的活泼劲，也具有在乔叟的时代由她的社会地位所带来的模棱两可。

乔叟在此处对服装的运用，为英格兰服饰系统的身份识别度危机提供了判断依据，那是一个阶级区隔变得模糊的时代，而阶级区隔曾是可以通过人们的衣着轻易读取的信息。安德里亚·丹尼 - 布朗（Andrea Denny-Brown）

认为当时英格兰商人阶级的成员们——这位妇人就是其中一员，"用他们的财富和权力来购买社会地位，并且将他们新的物质财富作为通向贵族社会的渠道"，而"关于这种新消费的典型抱怨就是它模糊了社会阶层"。²⁶与此同时，讽刺作品似乎在嘲笑商人阶级的这种观念，劳拉·F. 霍奇斯（Laura F. Hodges）[5]指出，这位妇人在周日身着阶级讽刺中常见的三种昂贵物品：头饰、袜子和鞋子。²⁷乔叟对这位妇人的反差性描绘是极为微妙的，它需要我们仔细审视，辛迪·卡尔森（Cindy Carlson）[6]就认为：

> 乔叟在身份信息之外为读者提供的服饰信息向他的读者表明，在同一时间他笔下人物的身份有不止一种解读方式，而这些不同的解读方式会向不同的读者传达相同或不同的意义。²⁸

对像巴斯妇这样的人物而言，读者必须深入而细微地观察他们的服装以理解其中蕴含的丰富含义，我们由此得到的回报则是跃然纸上的人物形象，他们活色生香地展现在我们的眼前。

为文本注入解释和理解活力的肖像描绘对于文本而言也有多种意义，它不只可以确立人物形象的社会经济地位和政治身份²⁹，还可以指出人物的个体身份，例如骑士盔甲和盾牌上的徽章在战场上极为重要（图 9.2）。

然而遮挡脸部的盔甲能为作者提供掩盖骑士身份常用且有效的手段，只要他穿上人们不熟悉的盔甲。比如克雷蒂安所著的《兰斯洛特故事》中，兰斯洛

---

[5] 劳拉·F. 霍奇斯，著名学者。——译注
[6] 辛迪·卡尔森，著名学者，代表作为《造型文本：文学中的服饰与时尚》。——译注

图 9.2　骑士的武器揭示他们的身份，但头盔又隐藏了他们的身份。关于 14 世纪查理五世时期举行的骑士比武大会的插图，出自《法兰西大编年史》(*Grandes Chroniques de Franc*)。Photo: Leemage/Getty Images.

特用借来的盔甲匿名参加亚瑟王宫殿的一场比武大赛。[30] 伪装是中世纪文学中一个必不可少的桥段，特别是因为服饰既能够揭示也能够掩盖身份，它使得原本不会发生的事件得以发生。在贝鲁尔(Béroul)[7] 所著的《崔斯坦》(*Tristan*)[8] 中，男主人公假扮一个麻风病人参加伊斯特(Yseut)的盟誓仪式，同时也为了再次确立他们在宫廷的身份——通过秘密获取宫廷服装（宫廷身份的外在标志）和讲述伊斯特模棱两可的誓言，在这个过程中他的伪装是十分要紧的。[31]

伪装不仅仅包括暂时掩盖个体身份，男扮女装或女扮男装和性别模糊也

---

[7]　贝鲁尔，12 世纪的法国诗人，代表作为《崔斯坦》。——译注

[8]　《崔斯坦》，又译为《特里斯坦》，崔斯坦是英国史诗《亚瑟王传说》中的传奇人物之一，他的名字是为了纪念他因难产而死去的母亲。——译注

是中世纪文学的重要特征。[32] 正如 E. 简·伯恩斯（E.Jane Burns）[9] 所表述的，在这些文学文本中，性别是通过服装来塑造的，也就是说，性别是通过被服装覆盖的身体而不是身体本身来解读的，参见本书第五章她关于《塞仑斯罗曼史》的讨论。[33] 穿异性装有多种可能性，包括主要为了伪装而暂时穿异性装，例如尼克莱特[10] 装扮成男人逃离她的家庭[34]，或者索尔[11] 扮成女人取回他的雷神之锤。[35]

　　服装通常传达了人物角色的暂时状态：例如，服装的毁坏让我们看到伊万（Yvain）[12] 的悲伤，在他第一次看到洛丹（Laudine）哀悼被杀死的骑士并通过撕坏她的衣服表达悲痛时[36]；被毁坏的盔甲让人物的挫折感显现。作者们用服装来塑造人物的物质性转化，通过变换他们的服装来表明和追踪人物变化的处境或个人的成长。珀西瓦尔开始旅程时穿着朴素的威尔士服装，他因为相信这种服装比正式的服装更好而受到了嘲笑，但随着他学习骑士技艺和宫廷礼仪，他获得了与自身地位相符的盔甲和服装。[37] 正如服装可以作为一种过渡状态的依据，服装也可以用于转换一个暂时的处境；将服饰用于两个人久别重逢的桥段是十分常见的，例如在法国诗人玛丽·德·弗朗切斯所著的《米伦》（Milun）[13] 中使父亲认出久别儿子的是戒指。[38] 有魔力的服装也充斥着中世纪的文学作品，比如只能被某一个人脱去的服饰单品[39]、为穿着者带来特殊能力

----

[9]　E. 简·伯恩斯：著名学者，代表作有《身体对话：当女人在古老的法国文学中说话》。
　　　　　　　　　　　　　　　　　　　　　　　　　　　　　——译注

[10]　尼克莱特：中世纪罗曼史故事的主人公之一。——译注

[11]　索尔：北欧神话中掌管战争与农业的神。——译注

[12]　《伊万》是克雷蒂安的四大著名亚瑟王浪漫史之一，讲述了骑士伊万的冒险故事。
　　　　　　　　　　　　　　　　　　　　　　　　　　　　　——译注

[13]　《米伦》是玛丽所著短篇叙事诗歌。——译注

的袍服[40]，以及只有具备特定属性的穿着者才合身的物件[41]。这样的服装奇迹为他们的穿着者提供保护、援助或价值证据，从而使得服装的保护功能从在自然中的保护延伸到了社会场域。

为了与服装的社会重要性相符合，中世纪的作者们将服装与文明和人性密切地联系在一起，同时，将它的对立面即赤裸的状态用于表示各种各样被摧残的状态，例如，伊万疯狂地脱去自己的衣服后就陷入了一个社会弃儿的处境以及后来兰内特仅着内衣被带到行火刑的柴堆旁时。[42]然而，将赤身裸体的去人性化效果表达得最为清楚的是在"人狼"这一形象中，人狼堕入野兽阶段的标志就是脱去代表其人性的服装。[43]此外，强行脱去一个战败敌人的服饰会比打败他更加令他感到羞耻，一个赤身裸体的骑士是脆弱的，他失去了他职业的外在标志。有趣的是，当贝奥武夫[14]准备与格伦德尔作战时，他脱去了盔甲，从而去掉了他人类身份的一个重要部分——武士，以便用魔鬼的身份面对他的对手。[44]伊丽莎白·霍华德（Elizabeth Howard）[15]认为贝奥武夫此前是一个模范的开化人类，能够运用理性与策略、使用工具、讲故事、穿衣服，但当他面对恶魔时，他暂时抛弃了人性的外在标志，进入一个恶魔的状态。[45]但丁·阿利吉耶里（Dante Alighieri）[16]认为，赤身裸体与天堂居民们那超凡脱俗的服装形成鲜明对比，赤身裸体不仅仅是失去了服饰，更表现出人类在堕落之后的脆弱性，而被困在炼狱中的灵魂就受到这种对自己赤裸的自我意识的折磨。[46]

----

[14] 《贝奥武夫》（*Beowulf*）完成于8世纪左右，诗歌长达3182行，作者不详。讲述了北欧斯堪的纳维亚半岛的英雄贝奥武夫的英勇事迹，它与法国的《罗兰之歌》、德意志的《尼伯龙根之歌》并称欧洲文学的三大英雄史诗。——译注

[15] 伊丽莎白·霍华德：著名学者，代表作有《美国妇女史》。——译注

[16] 但丁·阿利吉耶里（1265—1321年）：意大利诗人，被认为是意大利文艺复兴中最伟大的诗人，代表作为《神曲》。——译注

在他的《神曲》三部曲之一《地狱》（*Inferno*）[17] 中，但丁将赤身裸体的去人性化效果推到了悲惨的绝境，不仅剥掉了被诅咒灵魂的衣衫，还剥去了他们的皮肤。[47] 那些没有衣服、没有社会建构的身份的人，在中世纪的社会中是没有立足之地的（图9.3）。

图 9.3　但丁《神曲》中的裸露：但丁在《神曲》中的裸体观不仅意味着服装的缺失，更代表着人类堕落后的脆弱性。Photo: DEA/G.NIMATALLAH/Getty Images.

---

[17]　《地狱》是但丁在 14 世纪初期撰写的，与《炼狱》（*Purgatorio*）和《天堂》（*Paradiso*）共同组成《神曲》三部曲。——译注

因此，为他人提供衣衫就具有了特殊的意义，并可以理解为一种接纳和包容的信号。作为礼物的服装，对于中世纪的社会特别重要，因为它固化了人际关系。[48]典型的帝王厚赠的场面就包括国王将服装、盔甲和其他贵重的礼物分发给宫廷的群臣。封建主的责任不仅是武装骑士以便他们为军事活动效劳，也包括给宫廷成员分发物资以表达封建主的权威与情感。爱情信物是礼物中的一个不同类别，但它的效果是一样的：接纳礼物就等于实际地铸成了施与者和接受者间的纽带。

格里塞尔达（Griselda）[18]的案例就要复杂得多了，这个故事首先出现在13世纪的意大利，在接下来的两个世纪中还被翻译成英语和法语。基本的故事情节是一致的[49]：年轻的贵族沃尔特只愿娶一个自己选择的女人。他召集他的臣民，并向他父亲家中一个出身低贱的女佣格里塞尔达求婚，在获得她的同意后，让仆人当众脱去了她的衣服，以便为她穿上新衣。这些新衣是结婚礼物，也给格里塞尔达带来了新的身份。她后来证明自己是一个令人满意的妻子，她为沃尔特生了两个孩子，并将家庭打理得很好。但是沃尔特两次测试格里塞尔达的忠诚，两次说服她交出一个孩子供他杀死，两次都得到了格里塞尔达的同意。沃尔特把孩子藏在了不远的地方，最后他告诉格里塞尔达他想要离婚再娶，还要求格里塞尔达归还他给她的衣服并赤身裸体地走回她父亲的家（图9.4）。格里塞尔达说服沃尔特允许她穿自己的内衣以蔽体。当她同意为沃特尔的新妻子备好婚床后，沃尔特向她展示了他们仍然在世的孩子，解释这一切都是计谋，并为格里塞尔达准备了一套精美的服装。

---

[18]　格里塞尔达是《十日谈》中一个故事的主人公。——译注

图 9.4 格里塞尔达脱下衣服。在洛朗·德·普瑞米尔 (Laurent de Premierfait) 翻译的薄伽丘的《十日谈》中, 15 世纪第二个 25 年。Français 239, fol. 295. Bibliothèque nationale de France.

就礼物经济和爱的信物这一传统而言, 沃尔特的礼物失败了。他并没有在夫妻间创造互通的纽带, 而是以一种令人不齿的方式, 时而遮蔽时而展示他妻子的脆弱性, 他将妻子和他们的孩子当作游戏中的棋子和交换的物品。罗伯塔·克鲁格 (Roberta Krueger) [19] 认为格里塞尔达在贫穷和富有、低等和高贵以及父亲和丈夫之间 "转译", 正如这个民间故事在时间、文化和语言间流转一样。[50] 她和卡尔森 (Carlson) 认为格里塞尔达最初接受沃尔特所给的服装是一个契约, 根据这个契约, 格里塞尔达同意服从沃尔特并允许他随意羞

------

[19] 罗伯塔·克鲁格: 著名学者, 发表了许多有关中世纪法国浪漫史和品行文学的文章, 如《古代法国诗歌浪漫中的女性读者与性别意识》。——译注

辱自己。[51] 然而他的行为令人不齿，不仅对他妻子是如此，这同时也令他自己蒙羞。正如卡尔森解释的那样，格里塞尔达第二次当众脱衣，就将她的羞辱转移给了目击者，同时解除了这种羞辱，还在这一转换中提供了一定的愉悦，因为她向世界表明她是一个被抛弃的妻子。她发现自己位于由服装的两个功能构成的十字路口，一边是揭露，一边是掩盖，而另一个十字路口是"身份"和"突变"，但她已经抛开了羞辱。

　　纺织通常是女性的任务，它带有特殊含义，因为它允许女人表达自身，并可以为女性获得一定的独立提供经济手段。[52] 巴斯妇的财富就源于她作为纺织工匠的技能，并且体现在她的产品中。乔叟告诉我们，她的产品比伊普尔和根特这样的著名纺织中心的产品还要好："它超越了伊普尔和根特。"[53] 巴斯妇享受着她从商业事业中挣来的财富所带来的经济独立。在古代挪威的传说中，有许许多多对女性纺织、编织和缝纫的描绘[54]，达特尔（D'Ettore）[20] 在她的《冰岛传奇》（Icelandic sagas）中写了许多关于女性角色生产纺织品的案例。[55] 这些女性的劳动成果不是明确的经济利益，她们得到的是话语权，能够通过生产来实现她们的愿望。古法语作品《菲洛梅娜》（Philomena）中的女主人公菲洛梅娜也用了一种纺织品来寻求解决办法，在她被姐夫强暴，被割去舌头变成哑巴并被监禁起来后，她向她的保护人求救，她的保护人是一个编织工匠。[56] 菲洛梅娜获得了编织挂毯的材料，她织成的挂毯将她的经历告诉了她姐姐，随后她姐姐解救了她并在与她团圆后设计为她报仇。菲洛梅娜的编织技艺给了她自由，还帮她复仇，这些都发生在一个交换叙事的语境中。

---

[20]　凯特·达特尔：著名学者，代表作有《中世纪服装与纺织品》。——译注

14 世纪的英国叙事诗《伊美尔》(*Emaré*)[21] 讲述了同名女主人公伊美尔的故事,伊美尔是一个鳏居皇帝的女儿,这个故事中多次强调她的针织技巧。[57] 女主人公的父亲对她有一种乱伦的倾向,并为她准备了一件用金光闪闪的布料制成的婚服,当女儿拒绝嫁给他后,他就将她驱逐了。伊美尔乘船离开之时,除了她美丽的衣服以外一无所有,阿曼达·霍金普斯(Amanda Hopkins)认为她漂亮的裙子成为她的脆弱性和所承受厄运的象征。[58] 伊美尔与一个威尔士骑士结了婚,但这违背了这位骑士的母亲的意愿,随后由于这位母亲的计谋,她又被驱逐到一艘船上,她仅有的还是她的裙子和新生的儿子。一位罗马商人收留了她,最终她与丈夫、父亲团聚,此时,她的父亲不再责备她当初的拒绝。伊美尔不仅拥有与她的地位相当的针织技巧,同时还在她自己最无助的时候教授他人这些技巧,赋予他们力量。重要的是,她穿的精美裙子不是自己制作的,这条裙子象征了她的不幸过往。正如霍金普斯强调的:这条裙子是被强加在她身上的。[59] 但定义伊美尔本质的并非她被强迫穿上的裙子,而是她的所作所为,也就是她的慷慨、高贵和手工技艺,她的婚服或许是她所承受的压迫的标志,但她的针织技巧赋予了她力量。

中世纪作者十分清楚制作纺织品与创作文本之间的联系,他们用古老的故事织就了新的伟大的作品。让·雷那在他的 13 世纪罗曼史诗歌中强调了文学创作和布匹生产之间的相似性,他将他通过增加歌曲来为文本润色的过程描述为用胭脂虫制得的昂贵红色染料来染布的过程,因为二者都增加了其作品的价值,他还把他为作品润色的过程描述为刺绣的过程[60]——通过升华主题并提供

---

[21] 叙事诗《伊美尔》是 14 世纪后期东北中部地区或东安格利亚的方言诗,由 86 条 12 行节尾韵组成。——译注

结构机制，服装形象增强了作品叙事的整体性。

在中世纪文学中，对服装和纺织品最具创造性的使用与叙事线索的开启和结束相关。[61] 一个可圈可点的、用服装开启叙事线索的案例也涉及用服装作礼物，这个案例出现在《拉客斯泰拉传奇》（*Laxdœla Saga*）中，这个故事讲述了挪威国王的姐姐给了卡佳坦一个美丽的白色头饰，让后者带给他心爱的人古迪伦，让他心爱的人在他们的婚礼上戴着这个头饰。回到冰岛后，卡佳坦得知古迪伦已经在他不在时和他的朋友成婚了。这个头饰成为后来纷争的象征和导火索，这一纷争也构成了这个传奇故事中绵延数代、致命的复仇循环。[62] 冰岛的作者们用服装来宣示冲突或冲突发生的可能，以此开启叙事线索。正如达特尔指出的，这一手段是铭刻在新生的冰岛社会话语权中的一个传统，当时不同的部族正试图征服彼此。[63]

约完成于 1200 年的中世纪高地德语史诗《尼伯龙根》（*Das Nibelungenlied*）[22]，[64] 呈现出一个更加稳定的社会试图推行文雅的礼仪，尽管这个社会中存在着深层的权力斗争和一个无能的国王。《尼伯龙根》讲述了一连串彼此相连且在形式上相似的故事。这些故事都用服装开启和结束叙事序列：通过服装的偷窃和赠予、用有魔法的袍服伪装以及脱去服装。服装引起欺骗，又成为欺骗的象征，激发戏剧冲突且促使主要角色丧命。此外，对服装巧妙运用的故事情节使服装材质成为将不同片段连接起来的线索，更通过渲染史诗的中心主题——由欺骗而来的冲突而增强了结构性。这部作品运用德意志的传统写作手法——服装宣示矛盾和法国的文学创新——用服装为手段来构建

---

[22]《尼伯龙根》是一部英雄史诗，讲述的是古代勃艮第国王的故事，全诗共 9 516 行，分为上下两部，上部名为《西格弗里之死》，下部名为《克林希德的复仇》。——译注

叙事，推动危机发展，将其推向谋杀的高潮部分，并象征着其脆弱的结局。

　　叙事部分从第七章齐格弗里德使用一件有魔力的披风开始，这件有魔力的披风使他能够隐身且强壮，他强壮得如同 12 个人。在君特与布吕希尔德打斗以赢得她的婚姻时，君特欺骗了布吕希尔德。因为君特不能够独自战胜这位女王勇士，于是他向齐格弗里德求助，齐格弗里德穿着有魔力的披风，手举君特的盾牌，让布吕希尔德以为是君特在和她战斗，结果君特和齐格弗里德战胜了女王，于是布吕希尔德同意嫁给君特。这一欺骗，加上君特告诉布吕希尔德的谎言——齐格弗里德是自己的随从而不是朋友，也不是一个国王，开启了贯穿这部史诗前半部分的叙事线索，并以齐格弗里德的葬礼告终。婚后布吕希尔德拒绝与君特同房，并且用腰带把他捆起来，让他整晚都无计可施。齐格弗里德再次出手相救，他穿着有魔力的披风来到君特和女王的卧室并假扮成君特，又一次战胜了她。女王最终让步，而齐格弗里德偷走了她的戒指（图9.5）和腰带，随后齐格弗里德把这些都给了自己的妻子克里姆希尔德，也就是君特的姐姐：

图 9.5　刻有铭文的金戒指（示例），英国，1300 年。© Victoria and Albert Museum, London.

齐格弗里德让她躺在那里，然后迈到一旁，仿佛要去脱衣服。趁女王不注意，他从她的手上取下了一枚金色的戒指，还拿走了她的腰带——一条非常漂亮的刺绣腰带。不知道是不是他的骄傲让他这样做。后来他把这些东西给了他的妻子，而他将会为此而后悔。现在君特和女王躺在了一起。[65]

　　但是布吕希尔德，也就是女王很怀疑齐格弗里德，也不喜欢君特让他的姐姐和他的随从结婚。后来克里姆希尔德向布吕希尔德解释，她有齐格弗里德在那一天晚上偷来的东西，并且用戒指和腰带证明是齐格弗里德而不是君特夺走了她的贞洁。

　　不难理解，布吕希尔德听闻后勃然大怒，她丈夫的家人、皇宫里的铁腕人物哈根听说了她的苦楚后，决心杀死齐格弗里德。哈根知道齐格弗里德曾经杀死了一条龙，并且在龙血中沐浴，因此变得百毒不侵、不可战胜。但哈根也知道，在齐格弗里德沐浴时一片落叶落在他身上，使他有了一个脆弱的地方。

　　哈根说他愿意帮助保护克里姆希尔德的丈夫，也就是齐格弗里德，尤其是保护他的脆弱之处不受到伤害，但是他声称要达到这个目的，克里姆希尔德必须要缝一个标志物在齐格弗里德的衣服上。克里姆希尔德答应在齐格弗里德的束腰外衣背面用丝刺绣一个小小的"十"字标记，以此来标明他身上的脆弱之处，齐格弗里德的服装使得他被哈根杀死。[66]而齐格弗里德被杀时的场景富有服装的意象。我们看到齐格弗里德和哈根脱掉他们的保护性外衣，只穿着白色束腰上衣跑到一条溪流里。[67]当齐格弗里德探出身体到溪里饮水，哈根看到了他背上刺绣的十字，用长矛刺穿了他的后背，直刺到他的心脏，鲜血从齐格弗里德的身体里喷涌出来，打湿了他的衣衫。他死去的消息传到了他家人耳中，他父亲的臣民也都被消息惊醒，他们保持着才醒来时的赤身裸体，忘了穿上衣服，在悲痛中赤条条地站立：

> 听到女人们如此哀伤的呜咽，一些人才意识到他们应该把衣服穿上，他们心中感觉到的悲痛是那么强烈，他们完全忘记了自己。[68]

人们的赤裸很快反映在为齐格弗里德的尸体更衣、清洗并为葬礼做准备的场景中。[69]

当有魔力的披风第一次被使用，就开启了一系列涉及服装的最后以悲剧收场的事件。一个行为导致了下一个行为，而后者反映了前者，并且为再下一个行为做好准备，从而构成了一条相互关联的涉及穿着的线索，使得叙事不断推进。齐格弗里德第二次使用有魔力的披风来欺骗布吕希尔德呼应了他的第一次使用，但又包含了窃取布吕希尔德的戒指和腰带的情节。这一盗窃的情节导致克里姆希尔德向布吕希尔德做出的解释激怒了后者，并导致哈根要求克里姆希尔德在齐格弗里德的衣服上做出标志。为了看到衣服上的标志，哈根又设计了一个情景，让齐格弗里德不得不脱去他的外衣。而这一举动又预示着在他死后，人们为其准备葬礼时要脱去他的衣衫。（图 9.6）

除了这一复杂的行动链以外，还有很多关于服装的片段与其他片段相连，并呈现出极端的情感状态，从而为叙事增加了形象和情感的冲击力。齐格弗里德的家人听到他的死讯是如此伤心，以至于他们都忘记了遮盖自己的身体，这形象地表达了他们的悲伤，但也在形式上将这一事件与他们将很快为他们所

图 9.6 《尼伯龙根》中齐格弗里德逝世，15 世纪。Illustration from manuscript K 1480/1490, National Library Vienna. Image: INTERFOTO/ Alamy.

爱家人的身体，也就是齐格弗里德脱去服装这一动作相连。显然他们需要脱去齐格弗里德的服装才能为他准备葬礼，同时也因为这些服装都浸满了鲜血。这一描述呈现了哈根对他身体造成的伤害的严重性，也塑造出一个强大的、视觉和触觉上的痛苦形象。

此外，浸满鲜血的那件束腰上衣正是造成齐格弗里德流血的原因，而之间的因果是哈根的谎言和不明就里的克里姆希尔德绣十字的双手。齐格弗里德的束腰上衣既是他死亡的原因，又是他死亡的象征。正如布吕希尔德被盗的腰带既是齐格弗里德第二次欺骗她的原因，也是这一欺骗的物证。所有这些关于服装的行动构成了故事的一种不可避免性，并发展出背叛的主题。约阿希姆·布姆克（Joachim Bumke）[23] 认为，君特的宫廷在表面上是文雅和秩序的模范，但这只是表象。君特是一个虚弱无力的君王，他没有齐格弗里德的帮助就无法赢得他女人的芳心，而因为君特无法再维持表面的假象，需要消除齐格弗里德所代表的对秩序的威胁，哈根就成为一个谋杀者。[70] 与此相应的，"这个故事的高潮与结局是整个社会的崩塌，而此前这个社会将它的腐败隐藏在一个文雅的面具之下"。[71] 的确，我们可以清楚地从齐格弗里德那件有魔力的披风中感受到文雅面具的存在，它通过欺骗和背叛开启了这一故事线索，并以佩戴者的葬礼作为终点。克里姆希尔德在自己不应该展示的时候做了展示，齐格弗里德在不应该隐藏自己的时候隐藏了自己，最终他们两人都落得两手空空的下场，以至于最后他们两个人都一丝不挂。他变成了一具尸体，而她在痛苦中忘记了穿衣。他们的赤身裸体结束了齐格弗里德穿上魔法披风所开启的复杂叙事。

但是服装在文学中的运用远远不止特定事件序列的开启和发展，克雷蒂安对时尚的运用，尤其在《艾瑞克和爱尼德》中 [72] 用它来建构叙事并表达和强化主题的统一性，在中世纪文学中是最成熟的运用之一。甚至可以说，人们可以通过这两位主人公的服装来解读整个叙事，因为两个主人公终将成为他们的服装所代表的人，他们将会通过成长变得人如其衣。[73] 我们最初分别看见的两位主人公，艾瑞克和爱尼德，就他们所面临的任务而言，都着装不当：赤手空拳的艾瑞克无法与羞辱了女王的侏儒骑士抗衡。而爱尼德衣衫褴褛，也不能进入王宫。克雷蒂安用他们的服装来标志他们在罗曼史开始时的欠缺，但也设定并渲染了这部作品主题的统一性。艾瑞克在这部罗曼史的余下篇幅中首先补上

---

[23] 约阿希姆·布姆克：中世纪德意志作家，代表作为《宫廷文化——中世纪盛期的文学与社会》。——译注

了他最初缺乏的盔甲，并通过立下赫赫战功，弥补了他婚后的懒散[74]。而爱尼德被女王打扮起来，也克服了她在服装上的欠缺，但仍然需要向艾瑞克证明她爱他，也相信他的能力。

在这个故事的威尔士版本中，艾瑞克和爱尼德之间的关系[75]一直不太清晰，尽管这一版本最初将艾瑞克这个人物描绘为赤手空拳，爱尼德则身着破衣烂衫，而且这些问题都必须解决，但作者并没有像克雷蒂安所做的那样继续用一种有创造性的方法运用服装。威尔士版本与克雷蒂安版相比少了很多关于服装的片段和主体，而克雷蒂安依靠这些发展了他的角色和情节。克雷蒂安的罗曼史从古法语翻译成了中世纪高地德语[76]和古挪威语[77]，但中世纪德语和挪威语版本也同样没有克雷蒂安所创造的那种服装形象和丰富的手段。尽管是克雷蒂安作品的改编，它们也没有克雷蒂安赋予它的故事的那么复杂的服装含义。在这些版本中，服装或许一开始同样重要，因为它让艾瑞克和爱尼德认识到他们需要个人的和社会的成长，但这种重要性并没有在余下的故事中延续。

克雷蒂安的叙事以一种非常精准的方式将服装与多个主题相互联系起来，两位主人公首先必须克服自身的欠缺，艾瑞克的懒散和爱尼德无法证明自己对丈夫的热爱——尤其是考虑到他对自己骑士责任的拒绝。这一细致的焦点在其他版本中是不存在的，正如我们可以看到，中世纪高地在德语和挪威语版本中描述了爱尼德的衣衫褴褛和她父亲破旧的衣服。而在威尔士版本中除了描述爱尼德自己和父亲衣衫褴褛，还描述了她的母亲衣衫褴褛。因为克雷蒂安将他的视野局限在艾瑞克缺盔甲和爱尼德服装的窘境上，这些叙事线索将会汇聚在一起，并很好地刻画这一对恋人。此外，在克雷蒂安版本中，我们看到爱尼德的父亲拒绝让他的女儿打扮，而艾瑞克也同意这种态度，并坚称只有女王才能打扮爱尼德，这表明两个家庭在相当程度上具有同样的礼仪标准。在其他版本中，则是其他原因导致了爱尼德穿着那样的衣服来到亚瑟王的宫廷，并遇见了艾瑞克。克雷蒂安细致编织，将情节引向了第一个精彩的服装场景，也就是爱尼德穿着古尼威尔的新紧身束腰外衣[78]和斗篷的段落。诗人为这个部分写下了 90 行的描述，而在其他版本中，对这个场景只有很少的描述，哈特曼（Hartmann）[24] 只用了 41 行来描述爱尼德的华丽变身，而且这一变身立刻就因身着华服到场的国王而黯然失色，国王的服装有 50 行的描述，艾瑞克的三套盔甲则得到 34 行描述。挪威语版本只用了两句半的白话文来描述爱尼德的新衣，而威尔士版本则完全没有描述。

克雷蒂安描写的爱尼德的着装场景结束了这部罗曼史的第一部分，以爱尼德很快将成为的女王的形象，以及宣告艾瑞克的加冕和亚瑟王赠予的华丽的加冕长袍和斗篷作结——克雷蒂安对此给予了 76 行的描述。斗篷是一个极不平凡的物件，它由上等的丝织成，四个仙女绣上了代表四种才艺的图案，并且用有魔力的神奇野兽皮镶边。克雷蒂安所运用的意象和形象让人们想起古典世界、凯尔特民间传说、东方材质、想象的怪兽、科学知识以及法国中世纪时尚，而他将这些元素编织成了一件服装，通过至高无上的国王赠给了艾瑞克。这是一个结束一切描述的情节，正如爱尼德的变身结束了作品的第一部分那样，它结束了整个故事。这两个场景相互呼应并反映了这两个主人公所达到的完美境地，他们的服装与他们本人完美契合。

挪威语版本的改编在呼应克雷蒂安的加冕场景上是独一无二的，除了并非

---

[24]　即哈特曼·冯·奥埃（Hartmann von Aue），德意志中高级骑士和诗人。他将宫廷爱情引入德意志文学，是德意志中高级文学史上三位伟大的诗人之一。——译注

艾瑞克而是埃维达（Evida）接受长袍：

> 但是给了埃维达一件宝贵的长袍，上面绘有象征才艺的图案。它通体闪着金光，它是如此珍贵以至于没有商人能够估量其价值，它是由四个女精灵在终日不见阳光的地底下的九里格深的地方织成的。[79]

在哈特曼的德文改编版中，艾瑞克加冕了，但没有对这一场景的描述。在威尔士版本中，艾瑞克在婚后成为国王，所以故事以他们夫妻回家作为终点。尽管这个故事的所有版本都以艾瑞克和爱尼德的欠缺作为开端，但是只有克雷蒂安的文本通篇利用了服装所具有的各种叙事可能性。克雷蒂安证明了他自己是一个编织大师，能将时尚编织到他的作品中来展现广泛的叙事功能，并创造出结构和主题的统一性。

莎拉－格蕾斯·海勒曾经提出我们可以在 12 世纪的法兰西文学中发现时尚系统的证据。[80] 的确如此，在这一时期的法国文学中有大量篇章都有力证明了服装在文本中得到了广泛、多样的叙事应用。法国在时尚和文学方面的影响遍布整个西欧，而且笔者认为其也具有一个紧密的结构性关系。香槟郡的商业盛展将具有异国情调的纺织品和皮毛终年不断地带到这里，为贵族们提供了制作最令人向往的服饰所需要的材料。阿基坦区的埃莉诺（Eleanor）的长女玛丽在文学、雅趣以及奢侈品方面的品位毫无疑问受到了她那卓越且游历甚广的母亲的影响，她领导了一个具有高度教养的繁荣的宫廷。最后，在香槟伯爵夫人的赞助下，克雷蒂安用鹅毛笔在这样一个环境中创造出精湛的话语，呈现出宫廷的时尚；也通过对华丽服装的描写和饱含服装想象力的场景，激起高雅观众的兴趣，并构建起以服装为中心角色的叙事。用其他语言对他的作品进行的改编向我们展示了观望中的欧洲正准备改编克雷蒂安的故事以满足新读者的期待。

原书注释

Introduction

1. G. Lipovetsky, *The Empire of Fashion: Dressing Modern Democracy* (Princeton: Princeton University Press, 2002).
2. P. Post, "Die französisch-niederländische Männertracht einschliesslich der Ritterrüstung im Zeitalter der Spätgotik, 1350–1475. Ein Rekonstruktionsversuch auf Gründ der zeitgenössichen Darstellungen" (Halle a. d. Saale, Dissertation, 1910).
3. E.g. C. Breward, *The Culture of Fashion. A New History of Fashionable Dress* (Manchester: Manchester University Press, 1995), 8; F. Davis, *Fashion, Culture, and Identity* (Chicago: University of Chicago Press, 1994), 17; S. Kaiser, *The Social Psychology of Clothing: Symbolic Appearances in Context*, 2nd ed., revised (New York: Fairchild Publications, 1998), 389; A. Hunt, *Governance of the Consuming Passions: A History of Sumptuary Law* (New York: St. Martin's Press, 1996), 149–50.
4. O. Blanc, *Parades et parures: L'invention du corps de mode à la fin du Moyen Age.* (Paris: Gallimard, 1997); F. Piponnier, "Une révolution dans le costume masculin au XIVe siècle," in *Le Vêtement: Histoire, archéologie et symboliques vestimentaires au Moyen Âge*, ed. M. Pastoureau (Paris: Léopard d'Or, 1989), 225–42.
5. L. Wilson, "'De Novo Modo': The Birth of Fashion in the Middle Ages," PhD diss., Fordham University, 2011.
6. E. Salin, *La civilisation mérovingienne d'après les sépultures, les textes et le laboratoire* (Paris: Picard, 1949).
7. C. Lelong, *La Vie quotidienne en Gaule à l'époque mérovingienne* (Paris: Hachette, 1963), 124.
8. V. Garver, *Women and Aristocratic Culture in the Carolingian World* (Ithaca: Cornell University Press, 2009), 189; J. Ball, *Byzantine Dress: Representations of Secular Dress in Eighth- to Twelfth-century Painting* (New York: Palgrave Macmillan, 2005), 112–15.
9. M. Miller, *Clothing the Clergy: Virtue and Power in Medieval Europe, c. 800–1200* (Ithaca, NY: Cornell University Press, 2014); C.S. Jaeger, *The Origins of Courtliness: Civilizing Trends and the Formation of Courtly Ideals, 939–1210* (Philadelphia: University of Pennsylvania Press, 1985), 116–21, 188–9.
10. S.-G. Heller, *Fashion in Medieval France* (Woodbridge: Boydell and Brewer, 2007).

1 Textiles

1. R. Woodward Wendelken, "Silk," in *Encyclopedia of Medieval Dress and Textiles of the British Isles*, eds G.R. Owen-Crocker, E. Coatsworth, and M. Hayward (Leiden: Brill, 2012), 515–22.
2. J. Munro, "Three Centuries of Luxury Textile Consumption in the Low Countries and England, 1330–1570: Trends and Comparisons of Real Values of Woollen Broadcloths (Then and Now)," in *The Medieval Broadcloth: Changing Trends in Fashions, Manufacturing and Consumption*, eds K. Vestergård Pedersen and M.-L.B. Nosch, Ancient Textiles Series Vol. 6 (Oxford: Oxbow, 2009), 1–73.
3. D. Leed, "Laundry," in *Encyclopedia*, Owen-Crocker et al., 314–16.

4. A.R. Bell, C. Brooks, P.R. Dryburgh, "Wool trade: England c. 1250–1330," in *Encyclopedia*, Owen-Crocker et al., 642–6.

5. M. Tangl (ed.), *S. Bonifatii et Lulli Epistolae*, Monumenta Germaniae Historica, Epistolae 4, Epistolae Selectae, 1 (Berlin: Weidmannschen Verlagsbuchhandlung, 1916), 159 l. 18; 131, ll. 18–20.

6. P. Walton Rogers, *Tyttels Halh: The Anglo-Saxon Cemetery at Tittleshall, Norfolk, the Bacton to King's Lynn Gas Pipeline,* East Anglian Archaeology 150, Vol. 2 (2013): 26, 44–5, 98.

7. H.M. Sherman, "From Flax to Linen in the Medieval Rus Lands," *Medieval Clothing and Textiles* 4 (2004): 1–20; M. FitzGerald, "Linen," in *Encyclopedia*, Owen-Crocker et al., 325–9.

8. Leed, "Laundry," in *Encyclopedia*, Owen-Crocker, et al.; "Lye" and "Soap," ibid., 351, 525.

9. T. Izbicki, "*Linteamenta altaria*: The Care of Altar Linens in the Medieval Church," *Medieval Clothing and Textiles* 12 (2016).

10. J. Arnold, "The jupon or coat-armour of the Black Prince in Canterbury cathedral," *Journal of the Church Monuments Society* 8 (1993): 12–24.

11. M.F. Mazzaoui, *The Italian Cotton Industry in the Later Middle Ages, 1100–1600* (Cambridge: Cambridge University Press, 1981).

12. D. Bamford, M. Chambers, and E. Coatsworth, "Cotton," in *Encyclopedia*, G. Owen-Crocker et al., 153.

13. Wendelken, "Silk," in *Encyclopedia*, G. Owen-Crocker et al., 67–71.

14. Ibid.

15. B. Haas-Gebhard and B. Nowak-Böck, "The Unterhaching Grave Finds: Richly Dressed Burials from Sixth-Century Bavaria," *Medieval Clothing and Textiles* 8 (2012): 1–23, esp. 14–16.

16. E. Wincott Heckett, *Viking Headcoverings from Dublin*, National Museum of Ireland, Medieval Dublin Excavations 1962–81, Ser. B, Vol. 6 (Dublin: Royal Irish Academy, 2003); P. Walton, *Textiles, Cordage and Raw Fibre from 16–22 Coppergate*, The Archaeology of York 17.5 (London: Published for the York Archaeological Trust by the Council for British Archaeology, 1989), 360–77; A. Muthesius, "The silk fragment from 5 Coppergate," in *Anglo-Scandinavian finds from Lloyd's Bank, Pavement and other sites*, ed. A. MacGregor, The Archaeology of York, 17.3 (London: for the York Archaeological Trust by the Council for British Archaeology, 1982), 132–6.

17. The coffin contained a silver gilt crown, sceptre, and orb, as well as the (boiled) head of the king. The rest of his body was cremated. Personal communications to Gale R. Owen-Crocker from Rossella Lorenzi, Senior Correspondent, *Discovery News*, 28 and 29 May 2014 and http://news.discovery.com/history/archaeology/unique-silk-cloth-found-in-emperor-henry-viis-coffin-140530.htm. The tomb had been opened previously in 1727 and 1921.

18. R. Fleming, "Acquiring, flaunting and destroying silk in late Anglo-Saxon England," *Early Medieval Europe* 15.2 (2007): 127–58.

19. E.B. Andersson, "Textile Tools and Production in the Viking Age," in *Ancient Textiles: production, craft, and society: proceedings of the First International Conference on Ancient Textiles, held at Lund, Sweden, and Copenhagen, Denmark, on March 19–23, 2003*, eds C. Gillis and M.-L.B. Nosch (Oxford: Oxbow Books, 2007), 17–25.

20. K. Buckland "Spinning Wheels," in *Encyclopedia*, Owen-Crocker et al., 539–40.

21. See Karen Nicholson's experiments with whorls of different shapes and sizes, and spindles of different shapes, all factors which could affect the type of thread produced by hand spinning: K. Nicholson, "The Effect of Spindle Whorl Design on Wool Thread Production: A Practical Experiment Based on Examples from Eighth-Century Denmark," *Medieval Clothing and Textiles* 11 (2015): 29–48.

22. E. Coatsworth, "Broadcloth," in *Encyclopedia*, Owen-Crocker et al., 97; Gale R. Owen-Crocker 2012. "Looms," in *Encyclopedia*, Owen-Crocker et al., 346.

23. T. Anderlini, "The Shirt Attributed to St Louis," *Medieval Clothing and Textiles* 11 (2015): 49–78.

24. See "Raines" in the Lexis of Cloth and Clothing database, http://lexissearch.arts.manchester.ac.uk/entry.aspx?id=3961

25. The thread count from Anderlini, 77. The heart was placed in a sealed lead box inscribed HIC IACET COR RICARDI REGIS ANGLORUM, and deposited in the church of Notre Dame in Rouen; P. Charlier, J. Poupon, G.-F. Jeannel, D. Favier, S.-M. Popescu, R. Weil, "The embalmed heart of Richard the Lionheart (1199 A.D.): a biological and anthropological analysis," in *Scientific Reports*, Nature Publishing Group (February 28, 2013), http://www.nature.com/srep/2013/130228/srep01296/full/srep01296.html There is a detail of the linen at Figure 2A.

26. J. Munro, G.R. Owen-Crocker, and H. Uzzell "Kermes," in *Encyclopedia*, Owen-Crocker et al., 301–2.

27. E. Coatsworth, "Opus anglicanum," in *Encyclopedia*, Owen-Crocker et al., 392–7.

28. L. Monnas, "Cloth of Gold," and M. Chambers and E. Coatsworth, "Baudekin," in *Encyclopedia*, Owen-Crocker et al., 132–3 and 56–7, respectively.

29. P. Walton, "Textiles," in *English Medieval Industries: craftsmen, techniques, products*, eds J. Blair and N. Ramsay (London and Rio Grande: Hambledon, 1991), 323–4.

30. E. Crowfoot, F. Pritchard, and K. Staniland, *Textiles and Clothing c. 1150–c. 1450*, Medieval Finds from Excavations in London 4 (London: HMSO 1992), 19; the authors are grateful to Emily Field for this reference.

31. C. Given-Wilson (gen. ed.), *The Parliament Rolls of Medieval England, 1275–1504*, 16 vols. (Woodbridge: Boydell, 2005); E. Coatsworth, "Cloth: dimensions and weights," in *Encyclopedia*, Owen-Crocker et al., 130–2.

32. P. Merrick, "Alnage or Ulnage" and "Alnagers and Ulnagers," in *Encyclopedia*, Owen-Crocker et al., 34–6; P. Merrick, "The administration of the ulnage and subsidy on woollen cloth between 1394 and 1485, with a case study in Hampshire," Unpublished MPhil thesis, University of Southampton (1997); M. Riu, "The Woollen Industry in Catalonia in the Later Middle Ages," in *Cloth and Clothing in Medieval Europe: Essays in Memory of Prof. E.M. Carus-Wilson*, N. Harte and K.G. Ponting, Pasold Studies in Textile History 2 (London: Heinemann Educational, 1983), 205–29.

33. E.M. Carus-Wilson and O. Coleman, *England's Export Trade 1275–1547* (Oxford: Clarendon Press, 1963).

34. See for example, D. Hill and R. Cowie (eds), *Wics: the Early Medieval Trading Centres of Northern Europe*, Sheffield Archaeological Monographs 14 (Sheffield: Sheffield Academic Press, 2001).

35. A.R. Bell, C. Brooks, P.R. Dryburgh, "Wool Trade: England c. 1250—Dress and Textiles of the British Isles," in *Encyclopedia*, Owen-Crocker et al., 642–6. For a fuller account see A.R. Bell, C. Brooks and P.R. Dryburgh *The English Wool Market c. 1230–1327* (Cambridge: University Press, 2007).

36. E. Coatsworth, "Cloth: dimension and weights," in *Encyclopedia*, Owen-Crocker et al., 130–2; Merrick, "Alnage or Ulnage" and "Alnagers or Ulnagers," ibid., 34–5, 35–6.

37. See http://focus.library.utoronto.ca/people/567-John_Munro, for a complete list of publications.

38. For the full text in Latin, see T. Hunt, *Teaching and Learning Latin in the Thirteenth Century*, 3 vols. (Cambridge: D.S. Brewer, 1991), Vol. I, 184–5. For a translation of the section on weaving, see U.T. Holmes Jr., *Daily Living in the Twelfth Century, Based on the Observations of Alexander Neckam in London and Paris* (Madison, WI: University of Wisconsin Press, 1952), 146–50.

39. Hunt, *Teaching and Learning* vol. I, 196–203, esp. paragraphs 10, 26, 50, 66, 68, 69. See also Martha Carlin, "Shops and shopping in the early thirteenth century," in *Money, Markets and Trade in Late Medieval Europe: essays in honour of John H.A. Munro*, eds Lawrin Armstrong, Ivana Elbl, and Martin M. Elbl (Leiden: Brill, 2007), 497–8.

40. P. Ménard (ed.), "Le 'Dit de Mercier'," in *Mélanges de Langue et de Littérature du Moyen Age et de la Renaissance Offerts à Jean Frappier*, Publications romanes et françaises 112 (Geneva:

Droz, 1970), 797–810; R.A. Ladd, "The London Mercer's Company, London Textual Culture," and John Gower's *Miroir de l'Omme, Medieval Clothing and Textiles* 6 (2010): 127–50.

41. E.W. Stockton (ed. and trans.), *The Major Latin Works of John Gower* (Seattle, WA: University of Washington Press, 1962); W.B. Wilson (ed. and trans.), *Miroir de l'Omme/The Mirror of Mankind, John Gower* (East Lansing: Colleagues Press, 1992).

42. Ladd, *Medieval Clothing and Textiles* 6: 139–44.

43. See for example M. Clegg Hyer, "Recycle, reduce, reuse: imagined and re-imagined textiles in Anglo-Saxon England," *Medieval Clothing and Textiles* 8 (2012): 49–62; E. Crowfoot, F. Pritchard, and K. Staniland, *Textiles and Clothing c. 1150–c. 1450*, Medieval Finds from Excavations in London 4 (London: HMSO, 1992), *passim* but see especially, 107–22, 150–98.

2 Production and Distribution

1. S. Lebecq, "Routes of change: Production and distribution in the West (5th–8th century)," in *The Transformation of the Roman World AD 400–900*, eds L. Webster and M. Brown (Berkeley: University of California Press, 1997), 67–78.

2. T. Calligaro and P. Périn, "D'or et des grenats," *Histoire et images médiévales* 25 (2009): 24–5.

3. A. Mastykova, C. Pilet, and A. Egorkov, "Les perles multicolores d'origine méditerranéenne provenant de la nécropole mérovingienne de Saint-Martin de Fontenay (Calvados)," in *Bulletin Archéologique de Provence* supp. 3 (2005): 299–311.

4. R. Lopez, "Silk Industry in the Byzantine Empire," *Speculum* 20.1 (1945), 4–9.

5. R. Forbes, *Studies in Ancient Technology* 8 (Leiden: Brill, 1971), 56.

6. P. Périn et al., "Enquête sur les Mérovingiens," *Histoire et images médiévales* 25 (2009): 14–27.

7. M. Schulze, "Einflusse byzantinischer Prunkgewander auf die frankische Frauentracht," *Archeologhische Korrespondanzblatt* 6.2 (1976): 149–161.

8. C. Fell et al., *Women in Anglo-Saxon England* (London: British Museum, 1984); P. Henry, "Who produced Textiles? Changing Gender Roles," in eds F. Pritchard and J.P. Wild, *Northern Archaeological Textiles NESAT VII* (Oxford: Oxbow, 2005), 51–7; D. Herlihy and A. Molho, *Women, Family, and Society in Medieval Europe: historical essays, 1978–1991* (Providence, RI: Berghahn Books, 1995).

9. P. Walton Rogers, *Textiles, Cordage and Raw Fibres from 16–22 Coppergate*, The Archaeology of York Vol. 17, fasc. 5 (London: Published for the York Archaeological Trust by the Council for British Archaeology, 1989), 412.

10. E. Andersson, *Tools for Textile Production from Birka and Hedeby*, Birka Studies 8 (Stockholm: Birka Project for Riksantikvarieämbetet, 2003).

11. C. Fell et al., *Women in Anglo-Saxon England* (London: British Museum, 1984), 40; P. Henry. "Who produced Textiles? Changing Gender Roles," in eds F. Pritchard and J.P. Wild, *Northern Archaeological Textiles* NESAT VII (Oxford: Oxbow, 2005), 52; P. Walton Rogers, *Textile Production at 16–22 Coppergate*, The Archaeology of York Vol. 17, fasc. 11 (York: Council for British Archeology, 1997), 1821.

12. V. Garver, *Women and Aristocratic Culture in the Carolingian World* (Ithaca: Cornell University Press, 2009), 178–215.

13. Fell, *Women in Anglo-Saxon England*, 40–2. My translation (ESA).

14. Walton Rogers, *Textile Production at 16–22 Coppergate*, 1823.

15. D. Herlihy, *Opera muliebria: women and work in medieval Europe* (Philadelphia: Temple University Press, 1990), 33; Garver, *Women and Aristocratic Culture*, 224–68.

16. Garver, *Aristocratic Women*, 259–67; F. and J. Gies, *Cathedral, Forge and Waterwheel: technology and invention in the Middle Ages* (New York: Harper Collins, 1994), 49–50.

17. Walton Rogers, *Textile Production at 16–22 Coppergate*, 1821.

18. Herlihy, *Opera muliebria*, 88.

19. Ibid., 36–7; Henry, "Who produced Textiles?" 54.
20. J. Oldland, "Cistercian Clothing and Its Production at Beaulieu Abbey, 1269–70," *Medieval Clothing and Textiles* 9 (2013): 73–96.
21. Fell, *Women in Anglo-Saxon England*, 41.
22. E. Andersson Strand and U. Mannering, "Textile production in the late Roman Iron Age—a case study of textile production in Vorbasse, Denmark," in *Arkæologi I Slesvig Archäologie in Schleswig 61st International Sachsen symposium publication 2010 Haderslev, Danmark*, eds L. Boye, P Ethelberg, L. Heidemann Lutz, P. Kruse and A.B. Sørensen (Neumünster: Wachholtz, 2011), 77–84.
23. K.-E. Behre, "Pflanzliche Nahrung in Haithabu," in *Archäologische und Naturwissenschaftliche Untersuchungen an ländlichen und frühstädtischen Siedlungen im deutschen Küstengebiet*, eds H. Jankuhn et al. (Weinheim: Acta Humaniora, 1984), 208–15; A.-M. Hansson and J. Dickson, "Plant Remains in Sediment from the Björkö Strait Outside the Black Earth at the Viking Age Town of Birka, Eastern Central Sweden," in *Environment and Vikings with Special Reference to Birka*, PACT 52 = Birka Studies 4, eds U. Miller, et al. (Rixensart: PACT, 1997), 205–16; A. Pedersen, et al., *Jordbrukets första femtusen år, 4000 f. Kr.–1000 e. Kr.* (Stockholm: NOK-LTs förlag, 1998).
24. L. Bender Jørgensen, "The introduction of sails to Scandinavia: Raw materials, labour and land," in *N-TAG TEN: Proceedings of the 10th Nordic TAG conference at Stiklestad, Norway 2009* (Oxford: Archeopress, 2012), 173–82; E. Andersson Strand, *Textilproduktion i Löddeköpinge endast för husbehov?* in *Porten till Skåne, Löddeköpinge under järnålder och medeltid,* eds F. Svanberg and B. Söderberg, Arkeologiska undersökningar 32 (Lund: Riksantikvarieämbetet, 2000).
25. F. Svanberg et al., *Porten till Skåne, Löddeköpinge under järnålder och medeltid* (Lund: Riksantikvarieämbetet, 2000); H. Kirjavainen, "A Finnish Archaeological Perspective on Medieval Broadcloth," in *The Medieval Broadcloth,* eds K. Vestergård Pedersen and M.-L.B. Nosch, 90–8; F.M. Laforce, "Woolsorters' disease in England," *Bulletin of the New York Academy of Medicine* 54.10 (1978): 956–63.
26. Andersson, *The Common Thread; Tools for Textile Production.*
27. O. Vésteinsson, "The North Expansion Across the North Atlantic," in *The Archaeology of Medieval Europe*, Vol. 1, eds J. Graham-Campbell and M. Valor (Aarhus: Aarhus University Press, 2007), 53; M. Hermanns-Auðardóttir, *Islands tidiga bosättning,* dissertation (Umeå: Universitet Arkeologiska institutionen, 1989), 125; B.F. Einarsson, *The settlement of Iceland; a critical approach*, dissertation, Gothenburg University, Dept. of Archaeology (Gothenburg: 1994), 101, 129–30.
28. Marta Hoffmann, *The Warp-weighted Loom: studies in the history and technology of an ancient implement*, Studia Norvegica 14 (Oslo: Universitetsforlaget, 1964), 212; M. Nockert, "Vid Sidenvägens ände. Textilier från Palmyra till Birka," in *Palmyra. Öknens drottning* (Stockholm: Medelhavsmuseet, 1989), 77–105; A. Geijer, et al., *Drottning Margaretas gyllene kjortel i Uppsala Domkyrka* (Stockholm: KVHAA, 1994); J. Jochens, *Women in Old Norse Society* (Ithaca: Cornell University Press, 1995), 125, 134, 141–60.
29. H. Þorláksson, "Arbeidskvinnens, särlig veverskens, økonomiske stilling på Island i middelalder," in *Kvinnans ekonomiska ställning under nordisk medeltid* (Gothenberg: Strand, 1981), 61.
30. E. østergård, *Som syet til jorden: tekstilfund fra det norrøne Grønland* (Aarhus: Aarhus universitetsforlag, 2003), 58.
31. Þorláksson, "Arbeidskvinnens," 55, 59; Jochens, *Women in Old Norse Society*, 139.
32. Hoffmann, *The Warp-weighted Loom*, 216.
33. Þorláksson, "Arbeidskvinnens," 60-61.
34. Hoffmann, *The Warp-weighted Loom*, 219.
35. Jochens, *Women in Old Norse Society*, 139.
36. Historians still largely support the outlines of Henri Pirenne's theses, *Medieval Cities: Their Origins and the Revival of Trade* (1925; repr. Princeton University Press, 1976).

37. Walton Rogers, *Textile Production at 16–22 Coppergate*, 1753–5.
38. P. Baker, *Islamic Textiles* (London: British Museum Press, 1995), 36–63; R. Serjeant, *Islamic Textiles; Material for a History Up to the Mongol Conquest* (Beirut: Librairie du Liban, 1972), 7–27.
39. See E.J. Burns, *Sea of Silk* (Philadelphia: University of Pennsylvania Press, 2009), 37–69.
40. A. Guillou, "La soie sicilienne au Xe-XIe siècles," in *Byzantino-sicula* II: *miscellanea di scritti in memoria di Giuseppe Rossi Taibbi* (Palermo: Istituto Siciliano di Studi Bizantini e Neoellenici, 1975), 285–8.
41. S. Kinoshita, "Almería Silk and the French Feudal Imaginary: Toward a 'Material' History of the Medieval Mediterranean," in *Medieval Fabrications,* ed. E.J. Burns (New York: Palgrave, 2004), 165–76.
42. D. Abulafia, "The Role of Trade in Muslim-Christian Contact during the Middle Ages," in *The Arab Influence in Medieval Europe*, eds D. Agius and R. Hitchcock, (Reading: Ithaca Press, 1994), 1–24.
43. E. Lévi-Provençal, *Histoire de l'Espagne musulmane*, vol. 3 (Leiden: Brill, 1953), 299–313.
44. Abulafia, "The Role of Trade," 8–9.
45. T. Madden, *Venice: A New History* (New York: Viking, 2012); D. Jacoby, *Trade, Commodities and Shipping in the Medieval Mediterranean* (Aldershot: Variorum, 1997).
46. F. Edler de Roover, "Lucchese Silks," *Ciba Review* 80 (1950): 2902–30.
47. K. Reyerson, "Medieval Silks in Montpellier: The Silk Market c. 1250–1350," *Journal of Economic History* 11 (1992): 117–40.
48. R. Berlow, "The Development of Business Techniques used at the Fairs of Champagne from the end of the twelfth century to the middle of the thirteenth century," *Studies in Medieval and Renaissance History* 8 (1971): 3–31.
49. J. Richard, *Mahaut, comtesse d'Artois et de Bourgogne, 1302–1329. Une petite-nièce de Saint-Louis: étude sur la vie privée, les arts et l'industrie, en Artois et à Paris au commencement du XIVe siècle* (Paris: Champion, 1887; repr. Cressé: Editions des Régionalismes, 2010/2013).
50. S. Farmer, "*Biffes, Tiretaines*, and *Aumônières*: The Role of Paris in the International Textile Markets of the Thirteenth and Fourteenth Centuries," *Medieval Clothing and Textiles* 2 (2006): 72–89.
51. G. Fagniez, *Études sur l'industrie et la classe industrielle à Paris au XIIIe et au XIVe siècle* (Paris: Vieweg, 1877), 4–5.
52. J. Archer, "Working Women in Thirteenth-Century Paris," PhD Thesis, University of Arizona, 1995.
53. S. Heller, "Obscured Lands and Obscured Hands: Fairy Embroidery and Ambiguous Vocabulary of Medieval Textile Decoration," *Medieval Clothing and Textiles* 5 (2009): 15–35.
54. C. Dyer, *Making a Living in the Middle Ages: The People of Britain 850–1520* (New Haven: Yale University Press, 2002), 187–96.
55. M. Davies, and A. Saunders, *The History of the Merchant Taylors' Company* (Leeds: Maney, 2004).
56. A. Sutton, *The Mercery of London: Trade, Goods and People, 1130–1578* (Aldershot: Ashgate, 2005).
57. K. Staples, "Fripperers and the Used Clothing Trade in Late Medieval London," *Medieval Clothing and Textiles* 6 (2010): 151–171.
58. G. Brereton and J. Ferrier (eds), *Le Menagier de Paris*, trans. K. Uelschi (Paris: Librairie générale française, 1994).

3 The Body

1. J. Le Goff, *Medieval Civilization 400–1500*, trans. J. Barrow (Oxford: Basil Blackwell, 1988), 357–8.
2. Ibid., 355.

3. M.H. Green, "Introduction," in *A Cultural History of the Human Body in the Medieval Age*, ed. L. Kalof (Oxford and New York: Berg, 2010), 2.

4. On the different extant manuscripts of the *Tacuinum Sanitatis*, see C. Hoeniger, "The Illuminated *Tacuinum sanitatis* Manuscripts from Northern Italy ca. 1380–1400: Sources, Patrons, and the Creation of a New Pictorial Genre," in *Visualizing Medieval Medicine and Natural History, 1200–1550*, eds J.A. Givens, K.M. Reeds, A. Touwaide (Aldershot and Burlington: Ashgate, 2006), 51–81.

5. L.C. Arano, *The Medieval Health Handbook*: Tacuinum Sanitatis (New York: George Braziller, 1976).

6. Ibid., § 93.

7. D. Poirion and C. Thomasset, *L'art de vivre au Moyen Âge: Codex vindobonensis series nova 2644, conserve à la Bibliothèque nationale d'Autriche* (Paris: Editions du Félin, 1995), 326.

8. Aldebrant: Aldebrandino da Siena, *Le Régime du corps*, eds, L. Landouzy and R. Pépin (Geneva: Slatkine, 1978).

9. Ibid., 28–30.

10. Ibid., 26, ll. 11–15, *"si se gart qu'il ne demort mie trop, fors tant qu'il puist sen cors laver et soi netiier de l'ordure que li nature cache fors par les pertruis de le char."* On the issue of bathing, see A.-L. Lallouette, "Bains et soins du corps dans les textes médicaux (XIIe–XIVe)," in *Laver, monder, blanchir: Discours et usages de la toilette dans l'occident médiéval,* ed. S. Albert (Paris: Presses de l'Université Paris-Sorbonne, 2006), 33–49.

11. Aldebrant, *Le Régime du corps*, 72.

12. Ibid., 74, *"Mais il est plus seür cose de prendre. i. fil de lainne retors et loier sor le boutine, et apriès metre desus drapiaus mollies en oile, et laissier jusques à. iiij. jors, et lors cara . . ."*

13. M.H. Green (ed. and trans.), *The Trotula: An English Translation of the Medieval Compendium of Women's Medicine* (Philadelphia: University of Pennsylvania Press, 2001), 51.

14. Ibid., 65, §2. On the question of the *Trotula*'s authorship, see Green's introduction.

15. Ibid., 93, §149.

16. Ibid., 122, §302.

17. Ibid., 85, §129.

18. Ibid., 87, §131.

19. Ibid., 1.

20. Poirion and Thomasset, *L'art de vivre au Moyen Âge*, 49–64.

21. Guillaume de Lorris and Jean de Meun, *Le Roman de la Rose*, ed. and trans. A. Strubel (Paris: Librairie générale française, 1992), 794, vv. 13535–48.

22. Guillaume de Lorris and Jean de Meun, *The Romance of the Rose*, trans. C. Dahlberg (Princeton, New Jersey: Princeton University Press, 1971), 233.

23. For more on fashion and clothing in the *Romance of the Rose*, see S.-G. Heller, *Fashion in Medieval France* (Cambridge: D.S. Brewer, 2007).

24. O. Blanc, *Parades et parures: L'invention du corps de mode à la fin du Moyen Age* (Paris: Gallimard, 1997), 73–9, 89–95, 109–12.

25. O. Blanc, "From Battlefield to Court: The Invention of Fashion in the Fourteenth Century," in *Encountering Medieval Textiles and Dress: Objects, Texts, Images*, eds D.G. Koslin and J.E. Snyder (New York: Palgrave Macmillan, 2002), 165. See also Blanc, "L'orthopédie des apparences ou la mode comme invention du corps," in *Le Corps et sa parure/The Body and its Adornment*, ed. Agostino Paravicini Bagliani, *Micrologus 15* (Florence: Sismel, Edizioni del Galluzzo, 2007), 107–19.

26. Blanc, "From Battlefield to Court," 169–70.

27. On dagged clothes, see A. Denny-Brown, "Rips and Slits: The Torn Garment and the Medieval Self," in *Clothing Culture, 1350–1650*, ed. Catherine Richardson (Aldershot and Burlington: Ashgate, 2004), 223–37.

28. C. Franklin et al., *Fashion: The Ultimate Book of Costume and Style* (New York: Dorling Kindersley, 2012), 74–5, 80–1.

29. Heller, *Fashion in Medieval France*, 133.

30. F. Garnier, *Le Langage de l'image au Moyen Âge*, II: *Grammaire des gestes* (Paris: Le Léopard d'or, 1982), 118–20.

31. Cf. Heller, *Fashion in Medieval France*, ch. 3: "Desire for Novelty and Unique Expression," 61–94.

32. *The Holy Bible*, Douay version, R. Challoner, ed. and trans. (London: Catholic Truth Society, 1963), 689.

33. For more on kinesis, see G. Bolens, *The Style of Gestures: Embodiment and Cognition in Literary Narrative* (Baltimore: Johns Hopkins University Press, 2012).

34. H. Martin, *Mentalités médiévales II: Représentations collectives du XIe au XVe siècle* (Paris: PUF, 2001), 61; J.-C. Schmitt, *La Raison de gestes dans l'Occident médiéval* (Paris: Gallimard, 1990).

35. A. Denny-Brown, *Fashioning Change: The Trope of Clothing in High- and Late-Medieval England* (Columbus: The Ohio State University Press, 2012), 32.

36. Ibid., 61.

37. *The Life of Christina of Markyate, a Twelfth Century Recluse*, ed. and trans. C.H. Talbot (Oxford: Clarendon, 1959), 100 §38, trans. 101.

38. Ibid., 76 §25, trans. 77–9.

39. Ibid., 76 §24, trans. 77.

40. K. Allen Smith, *War and the Making of Medieval Monastic Culture* (Woodbridge: Boydell Press, 2011), 90.

41. For an explanation of the origins of association between the girdle and monasticism, see R. Deshman, *The Benedictional of St Aethelwold* (Princeton: Princeton University Press, 1995), 197.

42. G.J. Botterweck, H. Ringgren (eds), *Theological Dictionary of the Old Testament*, Vol. 4 (Stuttgart: William B. Eerdman, 1980), 442–3.

43. G. Owen-Crocker, *Encyclopedia of Medieval Dress and Textiles* (Brill: Leiden, 2012), 193–6.

44. "The Twelve books of John Cassian. Institutes of the Coenobia and the Remedies for the Eight Principal Faults," in *Nicene and Post-Nicene Fathers: Second Series*, ed. Philip Schaff, Vol. XI (New York: Cosimo, 2007), 201–2.

45. Smaragdus of Saint-Mihiel, *Commentary on the Rule of Saint Benedict*, trans. D. Barry OSB (Kalamazoo: Cistercian Publications, 2007), 88.

46. Ibid., 89; Smaragdus, Sancti Michaelis, *Smaragdi Abbatis Expositio In Regulam S. Benedicti*, eds A. Spannagel, P. Engelbert (Siegburg: Apud F. Schmitt Success, 1974), 35.

47. C.M. Woolgar, *The Senses in Late Medieval England* (New Haven and London: Yale University Press, 2006), 38.

48. C. Marshall, "The Politics of Self-Mutilation: Forms of Female Devotion in the Late Middle Ages," in *The Body in Late Medieval and Early Modern Culture*, eds D. Grantley and
N. Taunton (Aldershot and Burlington: Ashgate, 2000), 11.

49. Ibid., 12.

50. B. Millet and J. Wogan-Browne (eds and trans.), *Medieval English Prose for Women: From the Katherine Group and Ancrene Wisse* (Oxford: Clarendon Press, 1990), 137.

51. Hildegard of Bingen, *Two Hagiographies: Vita sancti Rupperti confessoris; Vita sancti Dysbodi episcopi*. H. Feiss (intro and trans.) and C. P. Evans (Latin ed.) (Paris, Leuven, Walpole, MA: Peeters, 2010), 48–9 §3 ll. 44–9.

52. Ibid., 50–1 §4 ll. 67–8.
53. Ibid., 58–9 §6 ll. 144–5.
54. Ibid., 58–9 §6 ll. 157–9.
55. For more on the loss of an original garment in Christian theology, see S. Brazil, *The Corporeality of Clothing in Medieval Literature* (Kalamazoo: Medieval Institute Publications, 2017, forthcoming).
56. Ibid., 49.
57. J. Swann, "English and European Shoes from 1200 to 1520," in *Fashion and clothing in late medieval Europe. Mode und Kleidung im Europa des späten Mittelalters*, ed. R.C. Schwinges (Riggisberg: Abeg-Stiftung, 2010), 16. "If you have wondered why the Virgin Mary is so often depicted (from at least 1000) in red shoes, which have less pure connotations since at least the nineteenth century, they were simply considered the best."
58. M. Rubin, *Mother of God: A History of the Virgin Mary* (London: Allen Lane, 2009), 63.
59. Bynum, *Christian Materiality*, 58.
60. L. Hodne, *The Virginity of the Virgin: A Study in Marian Iconography* (Roma: Scienze E Lettere, 2012).
61. C. Leyser, "From Maternal Kin to Jesus as Mother" in *Motherhood, Religion and Society in Medieval Europe, 400–1400* (Aldershot and Burlington: Ashgate, 2011), 26.
62. For more on Mary as Second Eve see Rubin, *Mother of God*, 311–2.
63. A. De Marchi, *Autour de Lorenzo Veneziano: Fragments de polyptyques vénitiens du XIVe siècle* (Tours: Musée des beaux-arts: Silvano, 2005), 114.
64. R. Woolf, *The English Religious Lyric in the Middle Ages* (Oxford: Clarendon Press, 1968), 287.
65. A. Winston-Allen, *Stories of the Rose: The Making of the Rosary in the Middle Ages* (Pennsylvania: Pennsylvania State University Press, 1997), 92.
66. On the idea of medieval art as persuasive, see M. Carruthers, *The Experience of Beauty in the Middle Ages* (Oxford: Oxford University Press, 2013), 14.
67. For detail on attendance of Marian shrines by women, especially before or after giving birth, see G. Waller, *The Virgin Mary in Late Medieval and Early Modern English Literature and Popular Culture* (Cambridge: Cambridge University Press, 2011), 94.
68. T.D. Jones, et. al., *The Oxford Dictionary of Christian Art and Architecture Second Edition* (Oxford: Oxford University Press, 2013), 602.
69. E.J. Burns, "Saracen Silk and the Virgin's 'Chemise': Cultural Crossing in Cloth," *Speculum* 81.2 (2006): 365–6. Burns notes that "The duchess of Orléans was said to possess four 'chemises de Chartres' in 1409," 368. Cf. K.M. Ash, *Conflicting Femininities in Medieval German Literature* (Aldershot and Burlington: Ashgate, 2013).
70. Jean le Marchant, *Miracles de Notre-Dame de Chartres*, ed. P. Kunstman (Ottawa: Université d'Ottawa, 1973), 69, ll. 111–24. A canon of Chartres Cathedral wrote an earlier Latin version of this in 1210, and Jean le Marchant wrote his French version around 1262.
71. Ibid., 163, l.36.
72. B. Nilson, *Cathedral Shrines of Medieval England* (Woodbridge: Boydell Press, 1998), 3.
73. D. Cressy, *Birth, Marriage and Death: Ritual, religion and the life-cycle in Tudor and Stuart England* (Oxford: Oxford University Press, 1999), 22. "In some places, it was believed, a woman's own girdle would serve to ease labour if it had been wrapped around sanctified bells."
74. M.E. Fissell, *Vernacular Bodies: The Politics of Reproduction in Early Modern Britain* (Oxford: Oxford University Press, 2004), 14–15.
75. Cressy, *Birth, Marriage and Death*, 22. See also E. Duffy, *The Stripping of the Altars: Traditional Religions in England 1400–1580* (New Haven: Yale University Press, 1992), 384. Duffy lists other relics used for aiding women in pregnancy, including four other girdles.
76. R. Gilchrist, *Medieval Life: Archaeology and the Life Course* (Woodbridge: Boydell, 2013), 138.
77. J.M. Bennett and R. M. Karras (eds), *The Oxford Handbook of Women and Gender in Medieval Europe* (Oxford: Oxford University Press, 2013), 517. "Childbirth prayers were

addressed to the Virgin or to St. Margaret were sometimes written on a parchment roll by a priest and lent out as a birth-girdle for a pregnant woman, the manuscript thus functioning doubly as both devotional reading and apotropaic protection."

78. *Paston Letters and Papers of the Fifteenth Century Part 1*, Early English Text Society S.S.20, ed. N. Davis (Oxford: Oxford University Press, 2004), 216. "[P]reyng yow to wete þat my modyr sent to my fadyr to London for a govne cloth of mvstyrddevyllers to make of a govne for me . . . I pre yow, yf it be not bowt, þat ye wyl wechesaf to by it and send yt hom as sone as ye may, for I haue no govne þis wyntyr but my blake and my grene a Lyere, and þat ys so comerus þat I ham wery to wer yt."

79. n. Muster-de-vilers (a). *Middle English Dictionary*, 2001, the Regents of the University of Michigan. 15.01.2014. http://quod.lib.umich.edu/m/med/. n. Lire (n.4)(a). *Middle English Dictionary*.

80. *Paston Letters*, 217. "As for þe gyrdyl þat my fadyr be-hestyt me . . . I pre yow, yf ye dor tak it vppe-on yow, þat ye wyl weche-safe to do mak yt a-yens ye come hom; for I hadde neuer more need þer-of þan I haue now, for I ham waxse so fetys þat I may not be gyrte in no barre of no gyrdyl þat I haue but of on."

81. Gilchrist, *Medieval Life*, 96.

4 Belief

1. J. Jacobs, *Cities and the Wealth of Nations: Principles of Economic Life* (New York: Vintage, 1995), 221–2.

2. *The Holy Bible, Translated from the Latin Vulgate . . . at Douay* A.D. *1609 . . . at Rheims*, A.D. *1582*, ed. Richard Challoner (Rockford, IL: Tan Books and Publishers, 1989).

3. Early Rabbinical writers and exegetes—Philo in particular—were fascinated by the role of God as tailor or cloth-maker in Genesis 3:21. See S.N. Lambden, "From Fig Leaves to Fingernails: Some Notes on the Garments of Adam and Eve in the Hebrew Bible and Select Early Postbiblical Jewish Writings," in *A Walk in the Garden: Biblical, Iconographical and Literary Images of Eden*, eds P. Morris and D. Sawyer, *Journal for the Study of the Old Testament*, Supplement Series 136 (1992): 74–90.

4. In my overview of early Bible interpretations in the following pages, I have found several scholarly works especially helpful. As these studies show, interpretations of the garments of skin varied greatly in ways that I do not address; for instance, some rabbinical literature describes these garments as "garments of light," or garments made from fingernails, or snake skin, rather than of human or animal skin. Others interpret God as covering Adam with a priestly cloth, rather than a rough, common cloth. Please see the following works for more in depth analysis of these complex traditions: Lambden, "From Fig Leaves to Fingernails"; H. Reuling, *After Eden: Church Fathers and Rabbis on Genesis 3:16–21* (Leiden: Brill, 2006); G. Anderson, "The Garments of Skin in Apocryphal Narrative and Biblical Commentary," in *Studies in Ancient Midrash*, ed. J.L. Kugel (Cambridge: Harvard University Press, 2001), 101–43; and S.D. Ricks, "The Garment of Adam in Jewish, Muslim, and Christian Tradition," in *Judaism and Islam: Boundaries, Communication and Interaction. Essays in Honor of William M. Brinner* (Leiden: Brill, 2000), 203–25.

5. Anderson, "The Garments of Skin," 133, 143.

6. Ibid., 132. Alternate spellings of the author are Ephram, Ephraem, and Ephraim.

7. The *Cave of Treasures* is especially interesting in terms of clothing symbolism because it links the entire episode of the Fall to Satan's jealousy of Adam's special "garments of glory," which he acquires when he enters the garden, and which are replaced by the garments of skin when he is exiled from it. Quoted and discussed in ibid., 135–36.

8. Ibid., 140.

9. Reuling, *After Eden*, 108–9.

10. *Saint Augustine on Genesis: Two Books on Genesis Against the Manichees and On the Literal Interpretations of Genesis*, trans. Roland J. Teske (Washington, DC: Catholic University of America Press, 1991), 2.21.32, 127–8. On Augustine's allegorizing of the garments of skin as scriptural parchment, see Erik Jager, *The Tempter's Voice: Language and the Fall in Medieval Literature* (Ithaca, NY: Cornell University Press, 1993), esp. 69–72, 93.

11. On Augustine's interest in lying and his connection between the garments of skin and verbal lies, see Jager, *The Tempter's Voice*, 69–72, 93.

12. D. Miller, *Stuff* (Cambridge: Polity, 2009), 12–41; quotation 16.

13. London, British Library, MS Harley 4894, fol. 176v, quoted and modernized in G.R. Owst, *Literature and Pulpit in Medieval England* (Cambridge: Cambridge University Press, 1933; repr. Oxford: Basil Blackwell, 1961), 404. See also the discussion of Rypon's work in S. Wenzel, *Latin Sermon Collections from Later Medieval England* (Cambridge: Cambridge University Press, 2005), 66–73.

14. *William Durand on the Clergy and Their Vestments: A New Translation of Books 2–3 of the Rationale divinorum officiorum*, trans. Timothy M. Thibodeau (Chicago: University of Scranton Press, 2010),149. For a more thorough discussion of the complex rhetorical strategies involved in distinguishing sacred from secular attire in Durand's work, see A. Denny-Brown, *Fashioning Change: The Trope of Clothing in High- and Late-Medieval England* (Columbus: Ohio State University Press, 2012), 82–96.

15. As quoted and discussed in Owst, *Literature and Pulpit*, 405.

16. *Mirk's Festial: A Collection of Homilies by Johannes Mirkus (John Mirk)*, ed. T. Erbe. Early English Text Society e.s. 96 (London: Kegan Paul, Trench, and Trübner, 1905; reprint 1987), 291, l. 23.

17. *Middle English Dictionary*, eds Hans Kurath and Sherman M. Kuhn (Ann Arbor: University of Michigan Press, 1952), s.v. "pilch(e)." (n.) 1c.

18. *Aelred of Rievaulx's De Institutione Inclusarum: Two English Versions*, eds J. Ayton and A. Barratt, Early English Text Society o.s. 287 (London: Oxford University Press, 1984), 9.

19. *The Book of Margery Kempe,* eds S.B. Meech and H.E. Allen, Early English Text Series o.s. 212 (London: Oxford University Press, 1940; reprint 1963), 106, l. 7.

20. This moment is especially ripe for vestimentary symbolism because Merlin is about to be caught by the cross-dressing knight Grisandole. *Merlin*, ed. H.B. Wheatley, et al. 4 vols., Early English Text Series o.s. 10, 21, 36, 112 (London: Kegan Paul, Trench, and Trübner, 1865, 1866, 1869, 1899; reprint as two vols. 1987), 424.

21. *Riverside Chaucer,* gen. ed. L.D. Benson (Boston: Houghton Mifflin, 1987), 657. On regulation of wearing furs in the summer, see Edward III: 8–14 (1363), in *The Statutes of the Realm* (London: Dawsons, 1963), I. 381. For other contemporary complaints about the use of fur worn in the summer months for fashion's sake, see F. Baldwin, *Sumptuary Legislation and Personal Regulation in England* (Baltimore, MD: Johns Hopkins University Press, 1926), 68.

22. See my discussion of this poem in *Fashioning Change*, 6–7.

23. See for example the well-dressed torturers in the Towneley *Play of the Dice*, in *The Towneley Plays*, Vol. 1, eds M. Stevens and A.C. Cawley, EETS, s.s., 13–14 (Oxford: Oxford University Press, 1994), 309–22. For excellent examples of these costumes in visual art, see R. Mellinkoff, *Outcasts: Signs of Otherness in the Northern European Art of the Middle Ages*, 2 vols. (Berkeley: University of California Press, 1993); discussion at Vol. 1, 21.

24. *Miller's Tale, Riverside Chaucer*, l. 3384.

25. John of Reading, *Chronica Johannis de Reading et Anonymi Cantuariensis 1346–1367*, ed. J. Tait (Manchester: Manchester University Press, 1914), 89.

26. On the tradition of Adam and Eve being "aparlet in whytt lether," see C. Davidson, "Nudity, the Body and Early English Drama," *The Journal of English and Germanic Philology* 98.4 (Oct. 1999), 499–522. For the likelihood that the Chester cycle Adam and Eve wore whiteleather costumes, see P. Happé, *English Mystery Plays* (New York: Penguin, 1975), 62. Curriers, or those who dressed and colored tanned leather, were also associated with

whittawers; see A.D. Justice, "Trade Symbolism in the York Cycle," *Theatre Journal* 31.1 (March 1979): 47–58.

27. *The Creation, and Adam and Eve*, in Happé, 76, ll. 361–76. R.M. Lumiansky and D. Mills preserve an example of the Middle English stage directions in their edition of the play: "Then God, puttynge garmentes of skynnes upon them." *The Chester Mystery Cycle*, eds Lumiansky and Mills (Oxford: Oxford University Press for the Early English Text Society, 1974), 28.

28. Happé states that this play was originally joined with the Tanners' *Fall of Lucifer*, the previous (and first) play in the cycle and speculates on the interest the Tanners may have had in producing it (Happé, *English Mystery Plays*, 62).

29. There are many studies of sumptuary laws in Europe during this time period, only a few of which I will cite here. For sumptuary laws in France and elsewhere, see S.-G. Heller, "Limiting Yardage and Changes of Clothes: Sumptuary Legislation in Thirteenth-Century France, Languedoc, and Italy," in *Medieval Fabrications: Dress, Textiles, Clothwork, and Other Cultural Imaginings*, ed. E. J. Burns (NY: Palgrave Macmillan, 2004), 121–36; and "Anxiety, Hierarchy, and Appearance in Thirteenth-Century Sumptuary Laws and the *Romance of the Rose*," *French Historical Studies* 27. 2 (Spring 2004): 311–48. On Italy, see D.O. Hughes, "Sumptuary Law and Social Relations in Renaissance Italy," *Disputes and Settlements: Law and Human Relations in the West,* ed. J. Bossy (Cambridge: Cambridge University Press, 1983), 69–100; and C. K. Killerby, *Sumptuary Law in Italy 1200–1500* (Oxford: Oxford University Press, 2002). On Germanic sumptuary laws, see N. Bulst, "Kleidung als sozialer Konfliktstoff: Probleme kleidergesetzlicher Normierung im sozialen Gefüge" (Clothing as Social Conflict: On the Problems of Sumptuary Law Standardization within the Social Fabric), *Saeculum: Jahrbuch für Universalgeschichte* 44 (1993): 32–46. For an overview of the history of sumptuary law more generally, see A. Hunt, *Governance of the Consuming Passions: A History of Sumptuary Law* (New York: St. Martin's Press, 1996). For a more recent overview of sumptuary concerns, see M.C. Howell, *Commerce Before Capitalism in Europe, 1300–1600* (Cambridge: Cambridge University Press, 2010), 208–60. For studies dealing more particularly with English sumptuary laws, see footnote 34 below.

30. *The Statutes of the Realm* (London: Dawsons, 1963), Vol. I, 378–83, quotation 370.

31. 3 Edward IV, *Statutes of the Realm* II.392–402, quotation 399; 24 Henry VIII, *Statutes of the Realm* III.430–32, quotation 430; 30 Elizabeth I, *Tudor Royal Proclamations* (3 vols.), eds P.L. Hughes and J.F. Larkin (New Haven: Yale University Press, 1969), Vol. III quotation 3.

32. These and associated laws specifically targeted cloth-making and cloth-selling practices, citing groups of craftspeople by name and holding them legally responsible for providing regulation-approved wares to their customers. Near the end of the archetypal 1363 sumptuary law upon which subsequent English regulations were based, for example, drapers and other cloth-makers are directed to make ample materials according to the prices outlined in the accompanying legislation; this is presented as a crucial element of the law, necessary to ensure that each customer can purchase the types of garments legally required by his or her status and income bracket. By comparison, in the 1463 law this legislative focus had shifted to tailors and shoemakers (*Statutes of the Realm* I.382 and II.402).

33. Elsewhere I make the argument that fashion is inherently connected to free will in England in this period. See *Fashioning Change*, esp. chapter two.

34. *The Middle English Genesis and Exodus*, ed. O. Arngart, Lund Studies in English 36 (Lund: Lund University, 1968), l. 377.

35. *MED*, s.v. 11a, b, e. *OED* 3a, b.

36. *Statutes of the Realm* II.396–97; quotation 396. The 1460s were an especially active period for English legislation of cloth-making materials, which included laws to ensure new standards for locally-made cloth. See for example 4 Edward IV (1464–65), 7 Edward IV (1467), and 8 Edward IV (1468), *Statutes of the Realm* II. 403–30.

37. *Fall of Man*, in Bevington, *Medieval Drama*, 272, l. 141.

38. *Creation of the World; Fall of Man*, ed. Douglas Sugano, *The N-Town Plays* (Kalamazoo, Michigan: Medieval Institute Publications, 2007), l. 247.

39. Ibid., ll. 322–34; emphasis mine.

40. The phrase was used in a sermon by the radical priest John Ball: "When Adam delved and Eve span, / Who was then a gentleman?" R.B. Dobson, *The Peasant's Revolt of 1381* (London: Macmillan, 1983), 374.

41. See also the related tradition of associating clothing with biers or tombs; Owst, *Literature and Pulpit*, 411.

42. For the specific use of the verb "senden" to indicate God's dispatch of Christ to mankind, see *MED*, s.v. "senden," v(2), 3b.

43. *Julian of Norwich's Revelations of Divine Love: The Shorter Version, Ed. from B.L. MS 37790*, ed. F. Beer, *Middle English Texts* 8 (1978): 39–79; 43.

44. *Parson's Tale, Riverside Chaucer*, l. 933.

45. "Jhesus doth him bymene," *Medieval English Lyrics 1200–1400*, ed. Thomas G. Duncan (New York and London: Penguin, 1995), 136, ll. 1–10.

46. "Jhesus doth him bymene," ll. 18–26. For a similar passage attributed to Saint Bernard, see *The Golden Legend; or, Lives of the Saints, as Englished by William Caxton* (New York: AMS Press, 1973), 1.72–3.

47. "O Vernicle: A Critical Edition," ed. Ann Eljenholm Nichols, in *The Arma Christi in Medieval and Early Modern Material Culture: With a Critical Edition of "O Vernicle,"* eds Lisa H. Cooper and Andrea Denny-Brown (Farnham: Ashgate, 2014), 360–1.

48. London, British Library MS Harley 45, f. 163v; quoted in Owst, *Literature and Pulpit*, 411.

49. Gilles Lipovetsky, *The Empire of Fashion: Dressing Modern Democracy,* trans. Catherine Porter (Princeton, NJ: Princeton University Press, 1994), 24.

5 Gender and Sexuality

1. Christine de Pisan, *Book of the City of Ladies,* ed. K. Brownlee and trans. R. Blumenfeld-Kosinski (New York: W.W. Norton, 1997), 121.

2. Kate Bornstein, *My Gender Workbook* (New York: Routledge, 1998), 35.

3. *Le Roman de Silence: A Thirteenth-Century Arthurian Verse Romance by Heldris de Cornuaille*, L. Thorpe, ed. (Cambridge: W. Heffer and Sons, 1972).

4. E.J. Burns, *Bodytalk: When Women Speak in Old French Literature* (Philadelphia: University of Pennsylvania Press, 1993), 243–5.

5. M. Garber, *Vested Interests: Crossdressing and Cultural Anxiety* (New York: Routledge, 1992), 216–17.

6. W.P. Barrett, trans., *The Trial of Jeanne d'Arc* (New York: Gotham House Inc., 1932), 160, 163. For the original Latin text and modern French translation see *Procès de condamnation de Jeanne d'Arc*, ed. Pierre Champion (Paris: Champion, 1921), Vol. 2.

7. M. Warner, *Joan of Arc: The Image of Female Heroism* (New York: Vintage Books, 1982), 146.

8. Ibid., 14. The imagined portrait of Joan of Arc by Clément de Fauquembergue, found in a register of the Parlement of Paris dated 1429, is reproduced at https://commons.wikimedia.org/wiki/File:Joan_parliament_of_paris.jpg

9. D. Riley, *Am I that Name? Feminism and the Category of "Women" in History* (Minneapolis: University of Minnesota Press, 1988), 98–114.

10. C. Delphy, "Rethinking Sex and Gender," *Women's Studies International Forum* 16.1: 1–9.

11. *Robert de Blois's Floris et Lyriope*, ed. P. Barrette (Berkeley: University of California Press, 1968); see discussion in E.J. Burns, *Courtly Love Undressed: Reading through Clothes in Medieval French Culture* (Philadelphia: University of Pennsylvania Press, 2002), 126–9.

12. E. Doss Quinby et al., eds and trans., *Songs of the Women Trouvères* (New Haven: Yale University Press, 2001), #37, l. 44.

13. *Le Roman de la Rose ou de Guillaume de Dole*, ed. F. Lecoy (Paris: Champion, 1962), vv. 3236–40.
14. Burns, *Courtly Love Undressed*, 88–118.
15. Chrétien de Troyes, *Cliges*, ed. A. Micha (Paris: Champion, 1957), vv. 1145–54; 1607–14, 1618.
16. Burns, *Courtly Love Undressed*, 129–30.
17. J. Butler, *Gender Trouble* (New York: Routledge, 1990), 25.
18. J. Butler, *Bodies That Matter* (New York: Routledge, 1993), 30.
19. *La Mort Le Roi Artu,* ed. J. Frappier (Paris: Champion, 1964).
20. Burns, *Courtly Love Undressed*, 3–11.
21. Guillaume de Lorris, *Le Roman de la Rose*, ed. F. Lecoy, 3 vols. (Paris: Champion, 1965-66, 1970), Vol. 1, vv. 2153–4.
22. E.J. Burns, *Sea of Silk: A Textile Geography of Women's Work in Medieval French Literature* (Philadelphia: University of Pennsylvania Press, 2009), 70–80.
23. D. Alexandre-Bidon and M.-T. Lorcin, *Le Quotidien aux temps des fabliaux* (Paris: Picard, 2003), 278.
24. Burns, *Sea of Silk*, 88–98.
25. Chrétien de Troyes, *Erec et Enide*, ed. M. Roques (Paris: Champion, 1976).
26. E.J. Burns, "Ladies Don't Wear Braies: Underwear and Outerwear in the French *Prose Lancelot*," in *The Lancelot-Grail Cycle*, ed. W. Kibler (Austin: University of Texas Press, 1994), 152–74.
27. *Lancelot: Roman en prose du XIIIe siècle*, Vol. 1, ed. A. Micha, 9 vols. (Geneva: Droz, 1978–83), vol. 9, 322; Burns, "Ladies Don't Wear Braies."
28. *Lancelot: Roman en prose*, Vol. 1, ed, Micha, 181; Burns, *Courtly Love Undressed*, 141–2.
29. Burns, *Courtly Love Undressed*, 137.
30. L. Finke and M. Shichtman, *Cinematic Illuminations: The Middle Ages on Film* (Baltimore: Johns Hopkins University Press, 2010), 264–9.
31. K. Busby, ed., *Le Roman des eles and the Anonymous Ordene de Chevalerie* (Philadelphia: J. Benjamins, 1983).

6 Status

1. S.H. Rigby, "Introduction: Social Structure as Social Closure," in *English Society in the Later Middle Ages: Class, Status and Gender* (London: Macmillan Press, 1995), 1–16 (status as social difference, 12).
2. See J. Dumolyn, "Later Medieval and Early Modern Urban Elites: Social Categories and Social Dynamics," in *Urban Elites and Aristocratic Behaviour in the Spanish Kingdoms at the End of the Middle Ages*, ed. M. Asenjo-González (Studies in European Urban History (1100–1800), Book 27), (Turnhout: Brépols, 2013), 3–18.
3. J. Crawford, "Clothing Distributions and Social Relations c. 1350–1500," in *Clothing Culture, 1350–1650*, ed. C. Richardson (Aldershot: Ashgate, 2004), 153, refers to "a profound increase in the complexity of clothing practices" in the later fourteenth century.
4. The beginning of fashion in the West is a contentious subject. For summaries of debates, see S. Heller, *Fashion in Medieval France* (Cambridge: D.S. Brewer, 2007); L.A. Wilson, "'De Novo Modo': The Birth of Fashion in the Middle Ages" (PhD diss., Fordham University, 2011), esp. 11–13.
5. J. Friedman, *Breughel's Heavy Dancers: Transgressive Clothing, Class and Culture in the Late Middle Ages* (Syracuse: Syracuse University Press, 2010), xiii–xiv.
6. A. Hollander, *Sex and Suits: The Evolution of Modern Dress* (New York: Kodansha International, 1995), 6; O. Blanc, "From Battlefield to Court: The Invention of Fashion in the Fourteenth Century," in *Encountering Medieval Textiles and Dress: Objects, Texts, Images*, eds D. Koslin and J. Snyder (New York: Palgrave Macmillan, 2002), 170.

7. See S. Gordon (ed.), *Robes of Honor: The Medieval World of Investiture* (New York: Palgrave, 2001), "Introduction," 1–19 and "Robes, Kings, and Semiotic Ambiguity," 379–86.

8. M. Miller, *Clothing the Clergy: Virtue and Power in Medieval Europe c. 800–1200* (Ithaca, NY: Cornell University Press, 2014); B. Effros, "Appearance and Ideology: Creating Distinctions Between Clerics and Lay Persons in Early Medieval Gaul," in Koslin and Snyder, *Encountering Medieval Textiles*, 7–24.

9. See L. Bonfante, *Etruscan Dress* (Baltimore: Johns Hopkins University Press, 1975), 283, on "heroized" clothing; also A. Hollander, *Fabric of Vision: Dress and Drapery in Painting* (London: National Gallery, 2002).

10. For early depictions of the tunic ensemble, see the late sixth-century manuscript known as the Tours or Ashburnham Pentateuch (Bibliothèque nationale Française ms. nouv. acq. lat. 2334), for example fol. 18; the eleventh-century Bayeux Tapestry contains many examples of the tunic ensemble.

11. Einhard, "The Life of Charlemagne," in *Two Lives of Charlemagne*, ed. L. Thorpe (New York: Penguin Books, 1969), 77, §23. See also Notker's description, written roughly fifty years later, which includes more detail of the mantle. (Notker the Stammerer, "Charlemagne," ibid., 132–3, §34.)

12. Paris, BnF, ms. lat. 1, fol. 423r., "Présentation du livre"; Paris, BnF, ms. lat. 1146, fol. 2v, "Allegorie: Royauté de droit divin."

13. Examples of the tunic ensemble as ceremonial and/or royal dress: Heinrich der Zänker, Regensburg, 985 (Bamberg, Cod. Lit. 142, *Regelbuch von Niedemünster*, fol. 4v); King Cnut, England, 1031 (London, British Library, MS Stowe 944, New Minster *Liber Vitae*, fol. 6); King David surrounded by musicians, Italy, late eleventh century (Mantua, Lib. Bibl. Commune, ms. 340, Polirone Psalter, fol. 1).

14. "*Reges terrae, principes, et mercatores*": Béatus of Saint-Sever (Paris, Bibliothèque Nationale Française, ms. lat. 8878), fol. 195. On widespread aristocratic use of the tunic ensemble, F. Piponnier and P. Mane, *Se vêtir au Moyen Âge* (Paris: Adam Biro, 1995), 71–2.

15. See J. Harris, "'Estroit Vestu Et Menu Cosu': Evidence for the Construction of Twelfth-Century Dress," in *Medieval Art: Recent Perspectives: A Memorial Tribute to C. R. Dodwell*, eds G. Owen-Crocker and T. Graham (Manchester: Manchester University Press, 1998), 89–108; and C. Frieder Waugh, "'Well-Cut through the Body': Fitted Clothing in Twelfth-Century Europe," *Dress* 26 (1999): 3–16.

16. H. Platelle, "Le problème du scandale: Les nouvelles modes masculines aux XIe et XIIe siècles," *Revue belge de philologie et d'histoire* 53, no. 4 (1975): 1071–96.

17. *The Ecclesiastical History of Orderic Vitalis*, ed. and trans. M. Chibnall, Vol. 4 (Oxford: Clarendon Press, 1973), VIII, iii, 327, p. 193.

18. E.g., Glasgow, Glasgow University Library, MS Hunter 229 (Hunterian Psalter), fol. 3r.; London, British Library, ms. Lansdowne 383, fol. 5r.

19. Cambridge, Trinity College, R. 17.1 (Eadwine Psalter), fol. 5v.

20. Cf. Camille's robe in *Enéas*, made by three fairies, and Blonde Esmerée's mantle in *Bel Inconnu* with its fairy-made clasps. M. Wright, *Weaving Narrative: Clothing in Twelfth-Century French Romance* (University Park, PA: Penn State University Press, 2010).

21. See Piponnier and Mane, *Se vêtir au Moyen Âge*, 83–4; S. Newton, *Fashion in the Age of the Black Prince: A Study of the Years 1340–1365* (1980; repr., Woodbridge: Boydell Press, 1999), 3–4.

22. Heller, *Fashion in Medieval France*, 3.

23. This image of Machaut reading his manuscript, BnF MS français 1586 fol. 28v (Paris, c. 1350), may be viewed at http://gallica.bnf.fr/ark:/12148/btv1b8449043q/f63.highres

24. J. Friedman, "The Iconography of Dagged Clothing and Its Reception by Moralist Writers," *Medieval Clothing and Textiles* 9 (2013): 121–38; A. Denny-Brown, "Rips and Slits: The Torn Garment and the Medieval Self," in Richardson, *Clothing Culture*, 223–37; Elisabeth Crowfoot, Frances Pritchard, and Kay Staniland, *Textiles and Clothing c. 1150–c. 1450.*

Medieval Finds from Excavations in London (London: HMSO, 1992), 194–8. See also S. Heller, "Limiting Yardage and Changes of Clothes: Sumptuary Legislation in Thirteenth-Century France, Languedoc, and Italy," in *Medieval Fabrications: Dress, Textiles, Clothwork, and Other Cultural Imaginings*, ed. E.J. Burns (New York: Palgrave Macmillan, 2004), 23–4.

25. London, British Library, Decretals of Gregory IX (the "Smithfield Decretals"), Royal MS 10 E IV.

26. Apparently the clothing is equally confusing to modern scholars, as the British Library website identifies this illumination as a king being led away by *three* men; the figure on the right is a woman.

27. Crawford, "Clothing Distributions," 153.

28. A. Hunt, *Governance of the Consuming Passions* (New York: St. Martin's Press, 1996); C. Lansing, *Passion and Order: Restraint of Grief in the Medieval Italian Communes* (Ithaca: Cornell University Press, 2008); M.-G. Muzzarelli, "Reconciling the Privilege of a Few with the Common Good: Sumptuary Laws in Medieval and Early Modern Europe," *Journal of Medieval and Early Modern Studies* 39, no. 3 (2009): 597–617; L.A. Wilson, "Common Threads: A Reappraisal of Medieval European Sumptuary Law," *The Medieval Globe* 2.2, article 6 (2016). Available at: https://arc-humanities.org/series/arc/tmg/

29. There is one surviving twelfth-century sumptuary law, a regulation of furs issued in Genoa in 1157, but not repeated in the next compilation of Genoese laws. It is possible that there were others, but it is also possible that this is simply an outlier. C. Killerby, *Sumptuary Law in Italy, 1200–1500* (Oxford: Clarendon, 2002), 24; S. Stuard, *Gilding the Market: Luxury and Fashion in Fourteenth-Century Italy* (Philadelphia: University of Pennsylvania Press, 2006), 4; Heller, "Limiting Yardage," 123.

30. On southern French laws, Heller, "Limiting Yardage." On southern Italy, Killerby, *Sumptuary Law in Italy*, 24–5; Heller, "Angevin-Sicilian Sumptuary Statutes of the 1290s: Fashion in the Thirteenth-century Mediterranean," *Medieval Clothing and Textiles* 11 (2015): 79–97. On German laws, Neithard Bulst, "Zum Problem städtischer und territorialer Luxusgesetzgebung in Deutschland (13. bis Mitte 16. Jahrhundert)," in *Renaissance du pouvoir législatif et genèse de l'état*, eds A. Gouron and A. Rigaudière (Publications de la Société d'Histoire du Droit et des Institutions des Anciens Pays de Droit Ecrit, Montpellier 1988), 29–57; and Bulst, "Les ordonnances somptuaires en Allemagne: expression de l'ordre urbain (XIVe–XVIe siècle), in *Comptes rendus des séances de l'année* (Paris: Académie des Inscriptions & Belles-Lettres, 1993), 771–84.

31. "In Italia," in M. Muzzarelli and A. Campanini, eds, *Disciplinare il lusso: la legislazione suntuaria in Italia e in Europa tra medioevo e età moderna* (Rome: Carocci, 2003), 17–108. For Florence: R. Rainey, "Sumptuary Legislation in Renaissance Florence" (PhD diss., Columbia University, 1985); for Venice, M. Newett, "The Sumptuary Laws of Venice in the Fourteenth and Fifteenth Centuries," in *Historical Essays by Members of the Owens College, Manchester*, eds T.F. Tout and J. Tait (Manchester: Manchester University Press, 1907), 245–78; for Orvieto: Lansing, *Passion and Order*.

32. Killerby lists more than 250 sumptuary laws enacted in Italian cities between the late thirteenth century and 1500, *Sumptuary Law in Italy*, Table 2.1. Florence produced the most: sixty-one laws, 25 percent of the total, of which thirty-three, more than half, were enacted in the fourteenth century. The sumptuary laws from other northern Italian cities are similar.

33. Rainey, "Sumptuary Legislation in Renaissance Florence," 218.

34. See Muzzarelli, "Una società nello specchio della legislazione suntuaria: Il caso dell'Emilia-Romagna," in Muzzarelli and Campanini, *Disciplinare il lusso*, 17.

35. Rainey, "Sumptuary Legislation," 206.

36. L. Gérard-Marchant, "Compter et nommer l'étoffe à Florence au Trecento (1343)," *Médiévales* 29 (automne 1995): 87–104, presents a register of licensed clothing from the mid-fourteenth century.

37. Spanish sumptuary law remains somewhat neglected. See Mercè Aventin, "Le legge suntuarie in spagna: Stato della questione," in Muzzarelli and Campanine, *Disciplinare il lusso*, 109–20, for a recent summary of the historiography; J González Arce, *Apariencia y poder: La legislación suntuaria castellana en los siglos XIII–XV* (Jaén: Universidad de Jaén, 1998).

38. Cortes De Valladolid, 1258, XIII.23; translation from "A Thirteenth-Century Castilian Sumptuary Law," *The Business History Review* 37.1/2:99–100.

39. On the duty of knights to wear bright colors: *Las Siete Partidas*, Partida 2, Title 21, Law 18. In Reggio-Emilia, a mid-thirteenth century law required nobles to wear bright colors "to increase the prestige of the Commune" (Muzzarelli, "Emilia-Romagna," 26); there were numerous similar laws in Venice because "it is more useful to the state to remove . . . sorrow and put in its place mirth and rejoicing" (Newett, "Sumptuary Laws of Venice," 267.)

40. Several clauses in the sumptuary law of Jaime I of Aragon, for example, begin their prohibitions with the words "neither we, nor anyone under us shall . . ." (*nos, nec aliquis subditus noster . . .*) P. de Marca and É. Baluze, *Marca Hispanica* (Paris, 1688), Appendix 1428–30. So far as I know, regulations which restrict the king are unique to Spain, though minor restrictions on other members of the royal family do appear elsewhere.

41. González Arce, *Apariencia y poder*, 135–60.

42. See Y. Guerrero-Navarrete, "Gentlemen-Merchant in Fifteenth-Century Urban Castile: Forms of Life and Social Aspiration," in *Urban Elites*, ed. Asenjo-González, 49–60.

43. On English sumptuary law, C. Sponsler, "Narrating the Social-Order: Medieval Clothing Laws," *CLIO* 21, no. 3 (1992): 265–83; Susan Crane, *Performance of Self: Ritual, Clothing, and Identity During the Hundred Years War* (Philadelphia: University of Pennsylvania Press, 2002); K. Phillips, "Masculinities and the Medieval English Sumptuary Laws," *Gender and History* 19, no. 1 (2007): 22–42.

44. See Phillips, "Masculinities," Appendix, 33–7, for summaries of all English sumptuary legislation.

45. W.M. Ormrod said of the rapid repeal of the English sumptuary law of 1363, the legislators "would not remain insistent on the outward trappings of social hierarchy if this proved incompatible with their own economic interest." "Introduction, Parliament of 1363," in *Edward III, 1351–1377*, ed. W.M. Ormrod, Vol. 5 of *The Parliament Rolls of Medieval England, 1275–1504*, ed. C. Given-Wilson (Woodbridge, Boydell Press: 2005), 155–7.

46. He was to add three more dukes in 1362, and the additional rank of marquess in 1385. A. Brown, *The Governance of Late Medieval England, 1272–1461* (Stanford: Stanford University Press, 1989), 137.

47. Phillips, "Masculinities," 24.

48. From 1295 on, the lower House of Parliament consisted of two knights from each shire and two citizens or burgesses from each city or borough (ibid., 180). In the Parliament of 1363, the commons included at least 112 burgesses and seventy-four knights. Ormrod, "Introduction."

49. P. Coss, "Knights, Esquires and the Origins of Social Gradation in England, *Transactions of the Royal Historical Society*, 6th ser., 5 (December 1995): 155. On social gradation among the middle ranks more generally, see also Coss, *The Origins of the English Gentry* (Cambridge: Cambridge University Press, 2003).

50. There was thought to have been a royal sumptuary law in 1229, but Heller argues compellingly that it never existed, "Anxiety, Hierarchy, and Appearance in Thirteenth-century Sumptuary Laws and the *Roman De La Rose*," *French Historical Studies* 27, no. 2 (2004): 317, n. 23.

51. For current work on French sumptuary laws, see especially Heller, "Anxiety," and Heller, "Limiting Yardage"; also Bulst, "La legislazione suntuaria in francia (secoli XIII-XVIII)," in *Disciplinare il lusso*, Muzzarelli and Campanini, 121–36.

52. Heller, "Anxiety," 319–20.

53. For regulations indicating fear of contamination by Jews in Italian cities, Diane Owen Hughes, "Distinguishing Signs: Ear-Rings, Jews and Franciscan Rhetoric in the Italian Renaissance City," *Past & Present* 112 (August, 1986), 34.

54. Canon 68. See R.I. Moore, *The Formation of a Persecuting Society: Power and Deviance in Western Europe, 950–1250*, 2nd ed. (Malden MA: Blackwell Publishing, 2007).

55. Hughes, "Distinguishing Signs," 21, 25; see also J. Brundage, "Sumptuary Laws and Prostitution in Medieval Italy," *Journal of Medieval History* 13, no. 4 (1987): 343–55.

56. Hughes, "Distinguishing Signs"; E. Silverman, *A Cultural History of Jewish Dress* (London: Bloomsbury, 2013), ch. 3.

57. A. Toaff, "La prammatica degli ebrei e per gli ebrei," in *Disciplinare il lusso*, Muzzarelli and Campanini, 91–108; see also Hughes, "Distinguishing Signs."

58. H. Riley, ed. *Memorials of London and London Life: In the 13th, 14th, and 15th Centuries* (London: Longmans, Green and Co., 1868), 266–9, in British History Online, http://www.british-history.ac.uk/report.aspx?compid=57692 [accessed 26 August 2014].

59. Hughes, "Distinguishing Signs"; Brundage, "Sumptuary Laws and Prostitution."

60. Miller, *Clothing the Clergy*, 4.

61. Ibid., p. 12. See also Effros, "Appearance and Ideology," 8.

62. F. Lachaud, "Textiles, Furs, and Liveries: A Study of the Material Culture of the Court of Edward I (1272–1307)" (PhD diss., Oxford University, 1992), and "Liveries of Robes in England, c. 1200–c. 1330," *The English Historical Review* 111, no. 441 (April 1996): 279–98; R. Delort, "Notes sur les livrées en milieu de cour au XIVe" in *Commerce, finances et société (XIe–XVIe siècles)*, eds P. Contamine, T. Dutour, and B. Schnerb (Paris: Presses de l'Université de Paris-Sorbonne, 1995), 361–8 ; C. de Mérindol, "Signes de hiérarchie sociale à la fin du Moyen Âge d'après les vêtements: méthodes et recherches," in *Le Vêtement: Histoire, archéologie et symbolique vestimentaires au Moyen Âge*. Cahiers du Léopard d'Or 1 (Paris: Léopard d'Or, 1989), ed. M. Pastoureau, 181–224; M. Vale, *The Princely Court: Medieval Courts and Culture in North-West Europe, 1270–1380* (Oxford: Oxford University Press, 2005), especially ch. 3.3, 93–125.

63. "Lanval," in *Lais de Marie de France*, ed. K. Warnke and trans. L. Harf-Lancner (Paris: Librairie générale française, 1990), ll. 201–14.

64. Lachaud, "Liveries of Robes," 282.

65. Ibid., 280.

66. Ibid., 286–7.

67. Delort, "Notes sur les livrées," 363.

68. E. 101/366/12/97, quoted in Lachaud, "Textiles, Furs, and Liveries," 231–2; and in Lachaud, "Liveries of Robes," 285.

69. On William Marshal's deathbed (c. 1219), he insisted on distributing liveries for the last time, because his knights had a right to them. Paul Meyer (ed. and trans.), *L'histoire de Guillaume le Maréchal, Comte de Striguil et de Pembroke, Régent d'Angleterre de 1216 à 1219: poème Français*, 3 vols., vol. 2–3 (Paris: H. Laurens for la Société de l'Histoire de France). Modern French translation: 3:263; original, 2:312–13, ll. 18, 679–716.

70. Cited by the hereditary seneschal of Valenciennes in 1184 as his reason for refusing to perform service on two separate occasions. Vale, *Princely Court*, 37.

71. Ibid., 95, 99.

72. See Mérindol, "Signes de hiérarchie sociale" 204–6; Vale, *Princely Court*, 112–13; Lachaud, "Textiles, Furs, and Liveries," 220–40.

73. Mérindol, "Signes de hiérarchie sociale," 204–6; Vale, *Princely Court*, 111–14; Lachaud, "Liveries of Robes," 289–93; Piponnier and Mane, *Se vêtir au Moyen Âge*, 161.

74. Term coined by R. de Roover in "The Commercial Revolution of the Thirteenth Century," *Bulletin of the Business Historical Society*, 1942 (repr. *Social and Economic Foundations of the Italian Renaissance*, ed. A. Molho [New York: Wiley, 1969]) and popularized by R. Lopez, *The Commercial Revolution of the Middle Ages, 950–1350* (Englewood Cliffs, NJ: Prentice-Hall, 1971). See Peter Spufford, *Power and Profit: The Merchant in Medieval Europe*

(New York: Thames & Hudson, 2003); and Martha C. Howell, *Commerce before Capitalism in Europe, 1300–1600* (Cambridge: Cambridge University Press, 2010).

7 Ethnicity

1. "The World in Dress: Anthropological Perspective on Clothing, Fashion, and Culture," *Annual Review of Anthropology* 33 (2004): 370; A. Cannon, "The Cultural and Historical Contexts of Fashion," in *Consuming Fashion, Adorning the Transnational Body,* eds A. Brydon and S. Niessen (Oxford, Berg, 1998), 24; T. Polhemus and L. Procter, *Fashion and Anti-Fashion: Anthropology of Clothing and Adornment* (London: Thames & Hudson, 1978), 11.

2. H.R. Isaacs, "Basic Group Identity: The Idols of the Tribe," in *Ethnicity, Theory, and Experience,* eds N. Glazer et al. (Cambridge: Harvard University Press, 1975), 35.

3. M. Hayeur Smith, *Draupnir's Sweat and Mardöll's Tears: An Archaeology of Jewellery, Gender and Identity in Viking Age Iceland* (Oxford: John and Erica Hedges, 2004), 10–11.

4. T. Turner, "The Social Skin," in *Reading the Social Body,* eds, C.B. Burroughs and J.D. Ehrenreich (Iowa City: University of Iowa Press, 1993), 15–16; J. Schneider and A.B. Weiner, *Cloth and the Human Experience* (Washington, Smithsonian Institution Press, 1989), 1.

5. C. Gosden and C. Knowles, *Collecting Colonialism, Material Culture and Colonial Change* (Oxford: Berg, 2001), 5.

6. J. Graham-Campbell, *Cultural Atlas of the Viking World* (Oxford: Andromeda, 1994), 38.

7. J. V. Sigurðsson, "Iceland," in *The Viking World,* eds S. Brink and N. Price (London, Routledge, 2008), 572.

8. B. Crawford, *Scandinavian Scotland* (Leicester: Leicester University Press, 1987), 210.

9. A. Helgason et al., "mtDNA and the Origin of the Icelanders: Deciphering Signals of Recent Population History," *American Journal of Human Genetics* 66.3 (2000): 999–1016.

10. T.D. Price and H. Gestsdottir, "The First Settlers of Iceland: an isotopic approach to colonization," *Antiquity* 80 (2006): 142.

11. I. Hägg, *Kvinnodräkten i Birka* (Uppsala: Institutionen för arkeologi Gustavianum, 1974), 108.

12. Hägg, *Kvinnodräkten;* see also *Textilfunde aus der Siedlung und aus den Gräbern von Haithabu* (Neumünster: Wachholtz Verlag, 1991); J.Jesch, *Women in the Viking Age* (Woodbridge: Boydell, 1991), 17.

13. A. Larsson, "Viking Age Textiles," in *The Viking World,* eds S. Brink and N. Price (London: Routledge, 2008), 182.

14. Jesch, *Women in the Viking Age*, 17.

15. L.H. Dommasnes, "Late Iron Age in Western Norway. Female Roles and Ranks as Deduced from an Analysis of Burial Customs," *Norwegian Archaeological Review* 15.1–2 (1982): 73; O. Owen and M. Dalland, *Scar: A Viking Boat Burial on Sanday, Orkney* (East Linton: Tuckwell, 1999), 147.

16. Dommasnes, "Late Iron Age," 73.

17. Hayeur Smith, *Draupnir's Sweat,* 72–4; "Dressing the Dead, Gender Identity and Adornment in Viking Age Iceland," in *Vinland Revisited: The Norse World at the Turn of the First Millennium,* ed. S. Lewis-Simpson (St: John's NL: Historic Sites Ass. of Newfoundland and Labrador, 2003), 230.

18. H.M. Wobst discussed the visibly of artifacts for deciphering social messages: the higher on the body an object is placed, the more rapidly the social message is transmitted. "Stylistic Behavior and Information Exchange," *Anthropological Papers, University of Michigan, Museum of Anthropology* 61 (1977): 328, 332.

19. Hayeur Smith, *Draupnir's Sweat,* 72–3.

20. Larsson, "Viking Age Textiles," 182.

21. J. Graham-Campbell, *Viking Artefacts: A Select Catalogue* (London: British Museum, 1980), 113.

22. Larsson, "Viking Age Textiles," 182.
23. B. Solberg, "Social Status in the Merovingian and Viking Periods in Norway from Archaeological and Historical Sources," *Norwegian Archaeological Review* 18.1–2 (1985): 246.
24. Hayeur Smith, *Draupnir's Sweat*, 5–11.
25. D.M. Wilson and O. Klindt Jensen, *Viking Art* (London: Allen & Unwin, 1966).
26. C. Arcini, "The Vikings Bare their Filed Teeth," *American Journal of Physical Anthropology* 128.4 (2005): 727–33.
27. A. Ibn Fadlan, *Voyage chez les Bulgares de la Volga*, ed. M. Canard (Paris: Sindbad, 1989), 72. My translation.
28. Ibid., 73.
29. K. Wolf, "The Colour Blue in Old Norse—Icelandic Literature," *Scripta Islandica: Isländska Sällskapets Årsbok* 57 (2006), 68–71.
30. Hayeur Smith, "Viking Age Textiles in Iceland."
31. M. Pastoureau, *Blue: The History of a Color*, trans. M. Cruse (Princeton: Princeton University Press, 2001), 13–83.
32. For a critical assessment of ethnic interpretations of early medieval continental fibulae, see B. Effros, "Dressing conservatively: women's brooches as markers of ethnic identity?" in *Gender in the Early Medieval World: East and West 300–900*, eds L. Brubaker and J. Smith (Cambridge: Cambridge University Press, 2004), 165–84.
33. Hayeur Smith, *Draupnir's Sweat*, 78; "Dressing the Dead," 235.
34. Hayeur Smith, *Draupnir's Sweat*, 79; "Dressing the Dead," 236.
35. I. Jansson, *Ovala spännbucklor: en studie av vikingatida standardsmycken med utgangspunkt fran Björköfynden = Oval brooches : a study of Viking period standard jewellery based on the finds from Björkö Sweden* (Uppsala: Institute of Northern European Archaeology, 1985), 228; Owen and Dalland, *Scar*, 147.
36. K. Eldjárn, *Kuml og Haugfé úr Heiðnum sið á Islandi* (Reykjavik: Fornleifastofnun Íslands, 1956), 74–5.
37. Ibid., 74–5.
38. Hayeur Smith, *Draupnir's Sweat*, 38; C. Paterson, "The Viking Age Trefoil Mounts from Jarlshof: a Reappraisal in the Light of Two New Discoveries," in *Proceedings of the Society of Antiquaries of Scotland* 127 (1997): 649.
39. Paterson, personal communication, 2000; Hayeur Smith, *Daupnir's Sweat*, 42–3. Additionally see R.D.E. Welander et al., "A Viking Burial from Kneep, Uig, Isle of Lewis," *Proceedings of the Society of Antiquaries of Scotland* 117 (1987): 149–74.
40. Hayeur Smith, *Draupnir's Sweat*, 42.
41. See burial from Kornsá in C. Batey, "A Viking Age Bell from Freswick Links," *Medieval Archaeology* 32 (1988): 215.
42. Batey, "A Viking Age Bell from Freswick Links," 215.
43. C.J. Minar, "Motor Skills and the Learning Process: The Conservation of Cordage Final Twist Direction in Communities of Practice," *Journal of Anthropological Research, Learning, and Craft Production* 57.4 (2001): 384.
44. L. Bender Jørgensen, *North European Textiles Until AD 1000* (Aarhus: Aarhus Universitetsforlag, 1992), 126.
45. Ibid., 39; also "Scandinavia, AD 400–1000," in *The Cambridge History of Western Textiles* 1 (Cambridge: Cambridge University Press, 2003), 137.
46. M. Hayeur Smith, "Weaving Wealth: Cloth and Trade in Viking Age and Medieval Iceland," in *Textiles and the Medieval Economy, Production, Trade and Consumption of Textiles, 8th–16th Centuries*, eds A.L. Huang and C. Jahnke (Oxford, Oxbow Books, 2015), 23–40. Iceland was unique in that it maintained the archaic warp-weighted loom for over 800 years and only adopted the flat loom during the Danish trade embargo, when the Danish crown took over textile production and introduced industrialization to Iceland.
47. Bender Jørgensen, *North European Textiles,* 122.

48. P. Walton Rogers, *Textiles, Cordage and Raw Fibre from 16–22 Coppergate,* (London: York Trust, 1989), 334; Bender Jørgensen, *Northern European Textiles,* 40.

49. J.R. Hjalmarsson, *History of Iceland, From the Settlement to the Present Day* (Reykjavik: Iceland Review, 1993): 23–4.

50. More evidence about dress emerges for the seventeenth century onwards. See K. Aspelund, *Who Controls Culture? Power Craft and Gender in the Creation of Icelandic Women's National Dress,* PhD diss., Boston University (2011).

51. The textile collections have been the focus of two NSF funded research grants, from 2010 to 2013 and 2013 to 2016. "Rags to Riches, an Archaeological Study of Textiles and Gender from Iceland, from 874–1800"; "Weaving Islands of Cloth: Gender, Textiles, and Trade across the North Atlantic from the Viking Age to the Early Modern Period."

52. M. Hayeur Smith, "Rumpelstiltskin's Feat: Cloth and Hanseatic Trade with Iceland," forthcoming.

53. M. Hayeur Smith, "Thorir's Bargain, Gender, Vaðmál and the Law," *World Archaeology* 45.5 (2013): 732–4.

54. M. Hoffman, *The Warp-weighted Loom: Studies in the History and Technology of an Ancient Implement* (Oslo: Hestholms Boltrykkeri, 1974), 226; P. Meulengracht Sørensen, *The Unmanly Man: Concepts of Sexual Defamation in Early Northern Society,* trans. J. Turvile Petre (Odense: Odense University Press, 1983), 20; H. Robertsdottir, *Wool and Society* (Göteborg: Makadma, 2008), 26; K. Bek-Pedersen, "Are the Spinning Nornir just a Yarn?" *Viking and Medieval Scandinavia* 3.1 (2008): 4 and "Weaving Swords and Rolling Heads: A Peculiar Space in Old Norse Tradition," *Viking and Medieval Scandinavia* 5 (2009): 174; M. Hayeur Smith, "Some in Rags, Some in Jags and Some in Silken Gowns: Textiles from Iceland's Early Modern Period," *International Journal of Historic Archaeology* 16.3 (2012): 2.

55. Hayeur Smith, "Thorir's Bargain," 732.

56. A. Dennis, P. Foote, and R. Perkins, *Laws of Early Iceland=Grágás I* (Winnepeg: University of Manitoba Press, 1980); *Laws of Early Iceland=Grágás II* (2002); Hoffman, *The Warp-weighted Loom,* 213.

57. B. Gelsinger, *Icelandic Enterprise, Commerce an Economy in the Middle Ages* (Columbia, SC: University of South Carolina Press, 1981), 69.

58. Gelsinger, *Icelandic Enterprise,* 69–70.

59. H. Þórlaksson, *Vaðmál og Veðlag, Vaðmál í Útanlandsviðskiptum og Búskap Íslendiga á 13 og 14 Öld* (Reykjavik: Háskóli Íslands, 1991).

60. Andrew Dennis, Peter Foote, and Richard Perkins (eds and trans.), *Laws of Early Iceland: Grágás, the Codex Regius of Grágás, with material from other manuscripts* 5 vols. (Winnipeg, Canada: University of Manitoba Press, 1980), Vol. 1.

61. E. Guðjónsson, *Forn Röggvarvefnaður* (Reykjavik: Árbók hins Íslenzka Fornleifafélags, 1962), 20–1; "Note on Medieval Icelandic Shaggy Pile Weaving," *Bulletin de Liaison du Centre International d'Études des Textiles Anciens* (Lyon: CIETA, 1980).

62. J. Jochens, *Women in Old Norse Society* (Ithaca: Cornell Univeristy Press, 1995), 144.

63. G. Owen-Crocker, *Dress in Anglo-Saxon England* (Woodbridge: Boydell, 2010), 182–3.

64. Guðjónsson, *Forn Röggvarvefnaður.*

65. For comparison of the Herjolfnes gown and similar European gored gowns and a summary of the debates, R. Netherton, "The View from Herjolfnes: Greenland's Translation of the European Fitted Fashion," *Medieval Clothing and Textiles* 4 (2008): 144–53.

66. Netherton, "The View from Herjolfsnes," 158.

67. Hayeur Smith, "Thorir's Bargain," 734

68. Netherton, "The View from Herjolfsnes," 156.

69. Ibid., 272. See T. McGovern, "The Demise of Norse Greenland," in *Vikings, The North Atlantic Saga,* eds W.W. Fitzhugh and E.I. Ward (Washington: Smithsonian Institution Press, 2000), 338.

70. T. McGovern, "Cows, Harp Seals, and Churchbells: Adaptation and Extinction in Norse Greenland," *Human Ecology* 8.3 (1980): 266.

71. McGovern, "Cows, Harp Seals, and Churchbells," 265.

72. E. Østergård, "The Greenlandic Vaðmál," in *Northern Archaeological Textiles: NESAT VII, textile symposium in Edinburgh, 5th–7th May 1999*, eds F. Pritchard and P. Wilds (Oxford: Oxbow Books, 2005), 80–3; *Woven into the Earth: Textiles from Norse Greenland* (Aarhus: Aarhus University Press, 2004), 63; "The Textile—a Preliminary Report," in *Man Culture and Environment in Ancient Greenland, Report on a Research Programme*, eds J. Arneborg and H.C. Gulløv (Copenhagen: Dansk Polar Center, 1998), 58–65.

73. M. Hayeur Smith, "Dress, Cloth and the Farmer's Wife: Textile from Ø172, Tatsipataakilleq, Greenland with Comparative Data from Iceland," *Journal of the North Atlantic* 6 (sp. 6) (2014): 64–81.

74. H. Þórláksson, *Sjórán og Siglingar, Ensk Íslensk Samskipti 1580–1630* (Reykjavik: Mál og Menning, 1999), 288.

75. Hayeur Smith, "Dress, Cloth and the Farmer's Wife."

76. On the demise of the Greenland colony see T. McGovern, "The Demise of Norse Greenland," 338, 339.

8 Visual Representations

1. The extraordinary and large knotted carpets made c. 1200 with Classical figural themes survive today in fragmentary form in Halberstadt Cathedral and Quedlinburg Convent Church, Germany.

2. A. Gell, *Art and Agency: An Anthropological Theory* (Oxford: Clarendon Press, 1990), proposed a new, anthropologically based theory of visual art, seen as a form of instrumental action: the making of things as a means of influencing the thoughts and actions of others. This is particularly useful as a tool when reviewing the role of fashion in medieval art. I am not yet aware of a work specifically for the medieval fashion context that points to fetishistic elements in visual representations, but a present-day study is available by V. Steele, *Fetish: Fashion, Sex and Power* (New York: Oxford University Press, 1996).

3. See, among many new works, the special issue of *Studies in Iconography: Medieval Art History Today—Critical Terms* 33 (2012), N. Rowe, guest editor. Several of the participants in this volume are, like myself, past students of Professor Jonathan Alexander at New York University's Institute of Fine Arts, who encouraged us to read broadly, work collaboratively, and "listen with our eyes." The recent catalog by A. van Buren and R. Wieck, *Illuminating Fashion: Dress in Medieval France and the Netherlands, 1325–1515* (New York: The Morgan Library and Museum, 2011) is another fine example and rigorously researched work of contextualizing fashion.

4. Well-known and still consulted, see *Vecellio's Renaissance Costume Book* (*De gli Habiti antichi et moderni de Diversi Parte del Mundo*, 1590; reprint New York: 1977); Auguste Racinet, *Le Costume Historique* (Paris, 1888); J. Quicherat, *Histoire du costume en France depuis le temps les plus reculés jusqu'à la fin du XVIIIe siècle* (Paris, 1875); and J. Strutt, *A Complete View of the Dress and Habits of the People of England*, 2 vols. (London, 1842; reprint The Tabard Press, 1970).

5. H. Pulliam, "Color," in *Studies in Iconography* 33 (2012): 3–14.

6. S.-G. Heller, *Fashion in Medieval France* (Woodbridge: D.S. Brewer, 2007).

7. The expression "presentist" views of history is associated with C.W. Bynum and her ideas in several works that seek to go beyond and under the flat, unilinear, and generalizing interpretation of history and into an "intensely cognitive response" to the medieval sources— her inspiring address to the American Historical Association is published online and also in *American Historical Review* 102.1 (1997): 1–26.

8. Van Buren and Wieck, ibid. Among earlier, fine scholarly investigations are S.M. Newton, *Fashion in the Age of the Black Prince: A Study of the Years 1340–1365* (Woodbridge: The Boydell Press, 1980); A. Page, *Vêtir le Prince: Tissus et couleurs à la cour de Savoie (1427–1447)* (Lausanne: Université de Lausanne, 1993); and the careful work of F. Piponnier in her many articles of dress and textile-based sociological research.

9. O. Blanc, "From Battlefield to Court: The Invention of Fashion in the Fourteenth Century," in *Encountering Medieval Textiles and Dress: Objects, Texts, Images*, eds D. Koslin and J. Snyder (New York: Palgrave Macmillan, 2002), 157–72.

10. Still useful is J. Berger, *Ways of Seeing* (London: British Broadcasting Corporation, 1972), reminding us of the primacy of vision and our predilection to then describe/depict according to our proclivities and norms; the work of M. Camille and L. Mulvey, among many important contributors, should be mentioned.

11. J. Alexander, *Medieval Illuminators and their Methods of Work* (New Haven: Yale University Press, 1992), 6–16.

12. See several subject index references in Alexander, *Medieval Illuminators*, 209.

13. Leander's "Training of Nuns," in *Iberian Fathers I: Martin of Braga, Paschasius of Dumium, Leander of Seville*, trans. C. Barrow (Washington DC: Catholic University of America Press, 1969), 195. The Latin version is available in part in P. Migne, *Patrologia Latina* 72 (1878): 873–94, and in its entirety in A.C. Vega, *El "De institutione virginum" de San Leandro de Seville* (Madrid: Escorial, 1948).

14. Three plaques from the reliquary survive, dispersed, in the Masaveu Collection, Oviedo; the State Hermitage Museum, Saint Petersburg; and The Metropolitan Museum, New York.

15. S. Perkinson, "Likeness" in *Studies in Iconography* 33 (2012): 21.

16. See J. Snyder, "From Content to Form: Court Clothing in Mid-Twelfth-Century Northern French Sculpture," in *Encountering Medieval Textiles and Dress: Objects, Texts, Images*, eds D. Koslin and J. Snyder (New York: Palgrave MacMillan, 2002), 85–102.

17. Aldhelm, *The Prose Works*, ed. and trans. M. Lapidge and M. Herren (Ipswich and Cambridge: D.S. Brewer, 1979), 127–8.

18. Among her many publications on the topic, see G. Owen-Crocker, *Dress in Anglo-Saxon England* (Woodbridge: Boydell, 2004).

19. The clasp is situated on the right shoulder, allowing the right opening of the mantle to keep the sword arm free to move—a feature adopted also by the knights' wives. The heavy mantle may also be kept in check in courtly demeanor by a light touch of the finger on the mantle's neck cord.

20. G. Wolter, *Teufelshörner und Lustäpfel: Modekritik in Wort und Bild 1150–1620* (Marburg: Jonas Verlag, 2002), 116–18. Wolter's review of polemics regarding fashion elements is rigorous and entertaining, as are her earlier *Die Verpackung des Männlichen Geschlechtes: Eine Illustrierte Kulturgeschichte der Hose* (Marburg: Jonas, 1988); and *Hosen, weiblich: Kulturgeschichte der Frauenhose* (Marburg: Jonas, 1994).

21. J. Ball, *Byzantine Dress: Representations of Secular Dress in Eighth- to Twelfth-Century Painting* (New York: Palgrave Macmillan, 2005).

22. See articles by M. Georgopoulou, R. Nelson, and M. Ainsworth in *Byzantium: Faith and Power (1261–1557)*, ed. H. Evans (New York: The Metropolitan Museum of Art, 2004), 489–94, each describing the impact of Greek artists on Italy and Northern Europe.

23. A. Wardwell, "Panni Tartarici: Eastern Islamic Silks woven with gold and silver," in *Islamic Art* 3 (1998–9): 95–173.

24. L. Monnas, *Merchants, Princes and Painters: Silk Fabrics in Italian and Northern Paintings 1300–1550* (New Haven: Yale University Press, 2008).

25. See J. Dodds (ed.), *Al-Andalus: The Art of Islamic Spain* (New York: The Metropolitan Museum of Art, 1992).

26. See Concha Herrero-Carretero, *Museo de telas medievales: Monasterio de Santa Maria la Real de Huelgas* (Madrid: Patrimonio Nacional, 1988).

27. A.D. Lorenzo, "Les vêtements royaux du monastère Santa Maria la Real de Huelgas," in *Fashion and Clothing in Late Medieval Europe*, eds Rainer C. Schwinges and Regula Schorta (Riggisberg and Basel: Abegg-Stiftung, 2010), 97–106.

28. A. Sand, "Vision, Devotion and Difficulty in the Psalter-Hours of 'Yolande of Soissons'," in *Art Bulletin* 87.1 (2005): 6–23. Based on research of the heraldry depicted (as noted on the website of the Morgan Library and Museum), the lady is no longer thought to be Yolande of Soissons, since the arms of her husband, Bernard de Moreuil (azure flory or a lion issant argent) are not present. Instead, she is Comtesse de la Table, dame de Coeuvres, who died in 1300 and whose arms (or fretty gules charged with lions passant) appear on her mantle and on four heraldic shields. She was the third wife and widow of Raoul de Soissons who died in 1270. She would have been the stepmother of Yolande de Soissons who was the daughter of Comtesse de Hangest, the second wife of Raoul de Soissons.

29. M. Camille, *The Medieval Art of Love: Objects and Subjects of Desire* (New York, Harry N. Abrams, 1998), pp. 124–9.

30. R. Mellinkoff, *Outcasts: Signs of Otherness in Northern European Art of the Late Middle Ages*, 2 vols. (Berkeley: University of California Press, 1993), vol. 1, 35–9 and in the volume of illustrations.

31. See examples in D. Koslin, "Value-added Stuffs and Shifts in Meaning: An Overview and Case Study of Medieval Textile Paradigms," in *Encountering Medieval Textiles and Dress*, 233–49.

32. E. Heckett, "The Margaret Fitzgerald Tomb Effigy: A Late Medieval Headdress and Gown in St. Canice's Cathedral, Kilkenny" in *Encountering Medieval Textiles and Dress*, 209–31. The article also includes a full account of the materials and techniques used in the reconstruction of a horned temple headdress for exhibition purposes.

33. Ibid., 211, and a reference to the Tudor rule in England at the time that tried to suppress Irish indigenous styles.

34. Among the many works, see J. McNamara, *Sisters in Arms: Catholic Nuns Through Two Millennia* (Cambridge, MA: Harvard University Press, 1996); D. Hafter (ed.), *European Women and Preindustrial Craft* (Bloomington: Indiana University Press, 1995); B. Newman, *From Virile Woman to Womanchrist: Studies in Medieval Religion and Literature* (Philadelphia: University of Pennsylvania Press, 1995); M. Warner, *Alone of All Her Sex: The Myth and the Cult of the Virgin Mary* (New York: Knopf, 1976); *Women in the Middle Ages: An Encyclopedia*, eds K. Wilson and N. Margolis, 2 vols. (Westport, CT: Greenwood Press, 2004).

35. See J. Oliver, *Singing with Angels: Liturgy, Music, and Art in the Gradual of Gisela von Kerssenbrock* (Leiden: Brepols, 2007); M. Caviness, *Visualizing Women in the Middle Ages: Sight, Spectacle, and Scopic Economy* (Philadelphia: University of Philadelphia Press, 2001); K. Smith, *Art, Identity, and Devotion in Fourteenth-Century England: Three Women and Their Books of Hours* (Toronto, University of Toronto Press, 2003), S. Marti, ed. *Krone und Schleier: Kunst aus Mittelalterlichen Frauenklöstern* (Bonn: Ruhrlandmuseum, 2005).

36. M. Easton, "Uncovering the Meanings of Nudity in the Belles Heures of Jean, Duke of Berry," in *The Meanings of Nudity in Medieval Art*, ed. S. Lindquist (Farnham: Ashgate, 2012), 149–82. The manuscript is published in its entirety and in full color in Timothy B. Husband, *The Art of Illumination: The Limbourg Brothers and the Belles Heures of Jean de France, Duc de Berry* (New York: The Metropolitan Museum of Art, 2008).

37. See, for instance, M. Camille, "'For Our Devotion and Pleasure': The Sexual Objects of Jean, Duc de Berry," in *Art History* 24.2 (2001): 1–69.

38. Easton, "Uncovering the Meanings of Nudity," 182.

39. See, among the many studies on the topic, D. Hafter, *European Women and Pre-Industrial Craft*; and S. Shahar, *Fourth Estate: A History of Women in the Middle Ages* (London: Routledge, 2003).

1. See D. Kelly's chapter on *conjointure* in *The Art of Medieval French Romance* (Madison, WI: University of Wisconsin Press, 1992), 15–31, for a complete discussion of this process.

2. Clothing as a narrative device becomes more important in the twelfth century precisely because social interest in the acquisition of exotic clothing and fabrics was increasing in Western Europe. For a discussion of this social interest, see S.-G. Heller, *Fashion in Medieval France* (Woodbridge: Brewer, 2007).

3. For example, when Chrétien de Troyes translated Ovid's tale of *Philomena* into Old French, he amplified the heroine's skill at weaving, adding extensive passages praising her skills and further developing the scene in which she produces her textile message to her sister, *Philomena: Conte raconté d'après Ovide*, ed. C. de Boer (Paris: Paul Geuthner, 1909).

4. For a discussion of this phenomenon in French literature, see M. Wright, *Weaving Narrative: Clothing in Medieval French Romance* (University Park, PA: Penn State Press, 2010).

5. As Roland Barthes reminds us, written clothing always has a view to signification, *Système de la mode* (Paris: Seuil, 1967), 23.

6. Wright, *Weaving Narrative*, 7–9.

7. K. D'Ettore, "Clothing and Conflict in the Icelandic Family Sagas: Literary Convention and Discourse of Power," in *Medieval Clothing and Textiles 5* (2009): 1–14.

8. A. Colby, *The Portrait in Twelfth-Century French Literature* (Geneva: Droz, 1965), 99.

9. Portraits, though never identical, proceed in a predicable order, depicting a nearly standard set of features; see Colby for more detail. The emphasis is often on the fineness of the fabric, the luxuriousness of the decorative elements, and the impression of perfection obtained from fit and overall beauty of the character, which is itself enhanced by the attire.

10. N. Whitfield, "Dress and Accessories in the Early Irish Tale 'The Wooing of Becfhola'," *Medieval Clothing and Textiles 2* (2006): 2.

11. M. Bhreathnach, "A New Edition of *Tachmarc Becfhola*," *Ériu* 35 (1984): 72, §1. Translation by Bhreathnach, 77, §1.

12. Whitfield, "Dress and Accessories," 5.

13. Bhreathnach, "A New Edition of *Tachmarc Becfhola*," 73, § 6, trans. 78, § 6.

14. Whitfield, "Dress and Accessories," 34.

15. A. Zanchi, "'Melius Abundare Quam Deficere': Scarlet Clothing in Laxdœla Saga and Njáls Saga," *Medieval Clothing and Textiles 4* (2008): 21–37.

16. Heller, *Fashion in Medieval France*, 6–8.

17. *Pearl*, in *The Complete Works of the Pearl Poet*, eds M. Andrew et al., trans. C. Finch (Berkeley: University of California Press, 1993), 43–101, here vv. 197–9 and 219–20; *Sir Gawain and the Green Knight, Pearl, and Sir Orfeo*, trans. J.R.R. Tolkien (Boston: Houghton Mifflin, 1975).

18. For a detailed discussion of the Pearl Maiden's attire see A. Schotter, "The Poetic Function of Alliterative Formulas of Clothing in the Portrait of the Pearl Maiden," *Studia Neophilologica* 51(1979): 189–95.

19. Ibid., 190.

20. L. Hodges analyzes Chaucer's treatment of the Wife in detail in her chapter "The Wife of Bath's Costumes: Reading the Subtexts," in *Chaucer and Costume: The Secular Pilgrims in the General Prologue* (Woodbridge, UK: Brewer, 2000), 161–86.

21. Hodges makes a particularly vivid estimation of the effect it would have had: "The air from the forward movement of dame Alisoun, striding toward the altar rail, would have lifted and fluffed the frills of such coverchiefs and added to the appearance of fullness and weight. In motion, she would have looked like a ship in full sail," *Chaucer and Costume*, 170.

22. C. Dinshaw places the Wife firmly in opposition to the patriarchal discourse of other pilgrims, especially that of the Man of Law's Tale, arguing that the Wife, "makes audible precisely [it] would keep silent," and values the carnal over the spiritual. *Chaucer's Sexual Politics* (Madison: University of Wisconsin Press, 1989), 115.

23. Hodges points to the fact that scarlet hose were typically worn by the nobility but that wealthy merchants who could afford them were not punished for doing so. *Chaucer and Costume*, 172–3.

24. G. Renn provides perhaps the strangest argument, associating scarlet with medieval belief that wearing a sympathetic color could ward off disease and asserting that she is attempting to avoid venereal disease with her hose ("Chaucer's 'Prologue'," *Explicator* 46.3 (1988): 4–7). However, color symbolism is a remarkably fluid matter, and despite much ink having flowed over her scarlet hose, the prudent interpretation must focus on the dye rather than more tenuous assertions based solely on color associations.

25. In previous periods, the term scarlet referred not to a color but to a fabric, wool of the finest quality often dyed with the most precious dye available, kermes. Eventually, the association of the fine woolen with the color would become so pervasive that the color term would replace the fabric term, as is the case here.

26. A. Denny-Brown, *Fashioning Change: The Trope of Clothing in High- and Late-Medieval England* (Columbus: Ohio State UP, 2012), 128.

27. Hodges, *Chaucer and Costume*, 163.

28. C. Carlson, "Chaucer's Griselde, Her Smock, and the Fashioning of a Character," in *Styling Texts: Dress and Fashion in Literature*, eds C. Kuhn and C. Carlson (Youngstown, NY: Cambria, 2007), 35.

29. In the first *laisse* of the Anglo-Norman *Romance of Horn*, we identify the hero as the lord of a group of counts' sons primarily due to the superior quality of his attire relative to that of his companions: "All of them were sons of good counts, and all acknowledged Horn, the young man, as their lord. Each one wore a crimson or indigo *bliaut*, but Horn was clad in an Alexandrian brocade," Thomas. *The Romance of Horn*, ed. M. Pope (Oxford: Anglo-Norman Text Society, 1955), vv. 10–13.

30. Chrétien de Troyes, *Le Chevalier de la charrette (Lancelot)*, ed. J. Frappier (Paris: Champion, 1962), vv. 5498–6056. For a thorough discussion of this scene, see M. Bruckner, *Shaping Romance: Interpretation, Truth, and Closure in Twelfth-Century French Fictions* (Philadelphia: University of Pennsylvania Press, 1993), 61–77. Frequent, too, are passages featuring two close friends who meet each other in battle without recognition until after inflicting grievous harm to one another.

31. Béroul, *Le Roman de Tristan*, ed. and trans. N. Lacy (New York: Garland, 1989) vv. 3288–4218. See M. Wright, "Dress For Success: Béroul's *Tristan* and the Restoration of Status through Clothes," *Arthuriana* 18.2 (2008): 3–16, for a more detailed discussion of the function of clothing in this work.

32. See V. Hotchkiss, *Clothes Make the Man: Female Cross Dressing in Medieval Europe* (New York: Garland, 1996).

33. E.J. Burns, "Robes, Armor, and Skin," in *Courtly Love Undressed* (Philadelphia: University of Pennsylvania Press, 2002), 121–48.

34. *Aucassin et Nicolette, Chantefable du XIIIe siècle*, ed. M. Roques (Paris: Champion, 1977).

35. *Thrymskvida*, or *Thrym's Poem*, in *Edda: Die Lieder des Codex regius nebst verwandten Denkmälern*, eds G. Neckel and H. Kuhn (Heidelberg: Winter, 1962).

36. Chrétien de Troyes, *Le Chevalier au Lion (Yvain)*, ed. M. Roques (Paris: Champion, 1960), vv. 1150–65.

37. Chrétien de Troyes, *Le Roman de Perceval, ou Le Conte du Graal*, ed. W. Roach (Geneva: Droz, 1959), Of course, as N. Lacy points out, his development has not prepared him for his most important task—asking the right question about the Grail when he sees it at the Fisher King's castle; see *The Craft of Chrétien de Troyes: An Essay on Narrative Art* (Leiden: Brill, 1980), 16–17. And, when we see Perceval for the last time in the unfinished romance, he removes his armor and fine courtly trappings in favor of a hermit's homespun to atone for his failing (Wright, *Weaving Narrative*, 145–6).

38. Marie de France, *Milun*, in *Les Lais de Marie de France*, ed. J. Lods (Paris: Champion, 1959), 126–42. Marie also employs this trope in *Fresne* when the mother of a lost twin recognizes the silk cloth her daughter has in her possession many years later (44–60). Similar tropes appear in *The Mabinogion*, trans. G. Jones and T. Jones (London: Everyman, 1991).

39. In Marie's *Guigemar*, the hero ties his lady's belt so that only he can untie it, and his lady knots the tail of his chemise similarly.

40. In the *Poetic Edda*, Freyia has a feather cloak that allows her to fly.

41. For example, a clothing item that only fits a virgin functions as a chastity test; see *Du mantel mautaillié*, ed. A. Conte (Modena: Mucchi, 2013).

42. Chrétien, *Yvain*, v. 2806 and v. 4316.

43. Without his clothes, Marie de France's Bisclavret cannot recover his human form; see also *Melion* in *The Lays of Desiré, Gaelent, and Melion*, ed. E. Grimes (Geneva: Slatkine, 1976), and *Guillaume de Palerne, roman du XIIIe siècle*, ed. A. Micha (Geneva: Droz, 1990).

44. *Beowulf and the Fight at Finnsburg*, ed. F. Klaeber (Boston: Heath, 1950), lines 670a–84a.

45. E. Howard, "The Clothes Make the Man: Transgressive Disrobing and Disarming in *Beowulf*," in *Styling Texts: Dress and Fashion in Literature*, eds C. Kuhn and C. Carlson (Youngstown, NY: Cambria, 2007), 13–32.

46. Dante Alighieri, *The Divine Comedy of Dante Alighieri*, ed. and trans. R. Durling and R. Martinez (New York: Oxford University Press, 1996–2013).

47. M. Feltham and J. Miller, "Original Skin: Nudity and Obscenity in Dante's *Inferno*," in *Dante and the Unorthodox: The Aesthetics of Transgression*, ed. J. Miller (Waterloo, ON: Wilfrid Laurier UP, 2005), 182–206; A. Hollander, "The Dress of Thought: Clothing and Nudity in Homer, Virgil, Dante, and Ariosto," in eds C. Giorcelli and P. Rabinowitz, *Exchanging Clothes: Habits of Being 2* (Minneapolis: U of Minnesota P, 2012), 40–57.

48. The importance of clothing gifts is clear from Stanza 41 of the *Hávámal*, or *Sayings of the High One*, in the *Poetic Edda*: "With gifts of weapons and raiment friends should gladden one another, for they are most visible; mutual givers and receivers are friends the longest, if the friendship is fated to succeed."

49. The Griselda story appears in Book X, Tale 10 of Boccaccio, *The Decameron*, trans. M. Musa and P. Bondanella (New York: Norton, 1982), 672–81; Petrarch, *Sen XVII 3* in *Letters of Old Age "Rerum Senilium Libri" I–XVIII*, trans. A. Bernardo, S. Levin, and R. Bernardo (Baltimore: Johns Hopkins University Press, 1992), II, 655–68; Philippe de Mézières, *Le Livre de la vertu du sacrement de mariage*, ed. J. Williamson (Washington: Catholic University of America Press, 1993), 359–77; Chaucer, "The Clerk's Tale," in *The Riverside Chaucer*, VI, 149–53; Christine de Pizan, *La Cité des Dames*, trans. T. Moreau and É. Hicks (Paris: Stock, 2000), 196–201.

50. R. Krueger, "Uncovering Griselda: Christine de Pizan, 'une seule chemise,' and the Clerical Tradition: Boccaccio, Petrarch, Philippe de Mézières and the Ménagier de Paris," in *Medieval Fabrications: Dress, Textiles, Clothwork, and Other Cultural Imaginings*, ed. E.J. Burns (New York: Palgrave, 2004), 71–88.

51. Krueger, "Uncovering Griselda," 76; Carlson, "Chaucer's Griselde," 37.

52. See M. Wright, "'De Fil d'or et de Soie': Making Textiles in Twelfth-Century French Romance," in *Medieval Clothing and Textiles* 2 (2006): 61–72. Chrétien provides a counter-example of financially secure cloth-making women in the *tisseuses* in *Yvain*; see E.J. Burns, "Women Silk Workers from King Arthur's France to King Roger's Palermo," in *Sea of Silk: A Textile Geography of Women's Work in Medieval French Literature* (Philadelphia: University of Pennsylvania Press, 2009), 37–69.

53. Chaucer, *General Prologue*, I, vv. 447–8.

54. See chapters 49 and 55 in the *Laxdœla Saga*, ed. Einar Ólafur Sveinsson (Reykjavik: Íslenzka Fornritafélag, 1954), and numerous passages throughout the *Poetic Edda*.

55. D'Ettore, "Clothing and Conflict in the Sagas," 5–7; some of these items are designed to heighten the mood of conflict, but others have a protective purpose.

56. *Philomena*, v. 869ff.
57. *Emaré*, in *The Middle English Breton Lays*, eds A. Laskaya and E. Salisbury (Kalamazoo, MI: Medieval Institute Publications, 1995), 153–82.
58. Amanda Hopkins, "Veiling the Text: The True Role of the Cloth in *Emaré*," in *Medieval Insular Romance: Translation and Innovation*, eds J. Weiss et al. (Cambridge: Brewer, 2000), 81.
59. Ibid., 81–2.
60. Jean Renart, *Le Roman de la Rose, ou de Guillaume de Dole*, ed. F. Lecoy (Paris: Champion, 1962), vv. 8–11 and 14: "car aussi com l'en met la graine / es dras por avoir los et pris, / einsi a il chans et sons mis / en cestui romans de la rose . . . et brodez, par lieus, de biaus vers."
61. In *Cligés*, Alexandre arrives at Arthur's court and shows respect to his new lord by removing his mantle (vv. 314–17); this undressing act opens a narrative thread that includes Alexandre receiving two sartorial gifts: the first, a gift of armor from Arthur (vv. 1123–35), and the second a chemise from Guenevere into which the queen herself has sewn a hair from the lady Alexandre loves but is too shy to approach (vv. 1144–62). This last gift allows the two young people to express their love and eventually marry, thus closing the narrative thread opened by Alexandre's initial undressing act; Chrétien de Troyes, *Cligés*, ed. A. Micha (Paris: Champion, 1982).
62. See D'Ettore, "Clothing and Conflict," 9–10, for a discussion of this episode in light of clothing as a portend of conflict in the saga convention.
63. Ibid., 14.
64. Despite the later composition, the events depicted hearken back to a much earlier period, depicting figures and themes from pre-Christian Germanic heroic tradition and mythology dating to the fifth or sixth century.
65. *Das Nibelungenlied*, stanzas 679–80, trans. A.T. Hatto in *The Nibelungenlied* (London, Penguin, 1969), 92.
66. *Das Nibelungenlied*, stanzas 903–4.
67. Ibid., stanza 976.
68. *Das Nibelungenlied*, stanza 1022, Hatto, 135.
69. *Das Nibelungenlied*, stanza 1026.
70. J. Bumke, *Courtly Culture: literature and society in the high Middle Ages* (Berkeley: University of California Press, 1991), 422. S. Samples argues that Siegfried's "actions in the service of Gunther have marked him as a destabilizing force in the Burgundian kingdom": "The German Heroic Narratives," in *German Literature of the High Middle Ages*, ed. W. Hasty (Woodbridge: Camden House, 2006), 168.
71. Bumke, *Courtly Culture*, 422.
72. Chrétien de Troyes, *Erec et Enide*, ed. and trans. C. Carroll (New York: Garland, 1987).
73. For a detailed discussion of clothing in this romance, see S. Sturm-Maddox and D. Maddox, "Description in Medieval Narrative: Vestimentary Coherence in Chrétien's *Erec et Enide*," *Medioevo Romanzo* 9.1 (1984): 51–64.
74. After his marriage, Erec refuses to participate in tournaments or fulfill his knightly duties, preferring to remain in the company of his wife.
75. *Ystorya Gereint uab Erbin*, ed. R. Thomson (Dublin: Dublin Institute for Advanced Studies, 1997), and "Gereint Son of Erbin," in *The Mabinogion*, trans. Jones and Jones, 189–225.
76. *Erec von Hartmann von Aue*, ed. A. Leitzman (Tübingen: Niemeyer, 1985), and *Erec*, in *The Complete Works of Hartmann von Aue*, trans. K. Vivian (University Park: Pennsylvania State University Press, 2001), 51–163.
77. *Erex saga*, in *Norse Romance: Volume II, Knights of the Round Table*, ed. and trans. M. Kalinke (Woodbridge: Brewer, 1999), pp. 217–65.
78. The Old French term *bliaut* means a luxurious court dress usually made of silk and highly ornamented, typically with orphrey and jewels.
79. *Erex saga*, 258, 259.
80. S.-G. Heller, "Fictions of Consumption: The Nascent Fashion System in *Partonopeus de Blois*," *Australian Journal of French Studies* 46.3 (2009): 191–205.

参考文献

Primary Sources

(Alphabetized by medieval author's name if known, then editors/translators; if none listed, then by title).

Aelred of Rievaulx, and John Ayton and Alexandra Barratt (eds) (1984), *Aelred of Rievaulx's De Institutione Inclusarum: Two English Versions*. Early English Text Society o.s. 287, London: Oxford University Press.

Aldebrant (Aldebrandino da Siena), and Louis Landouzy and Roger Pépin (eds) (1978), *Le Régime du corps*, Geneva: Slatkine.

Aldhelm, and Michael Lapidge and Michael Herren (eds and trans.) (1979), *The Prose Works*, Ipswich and Cambridge, D.S. Brewer.

Andrew, Malcolm, Ronald Waldron, and Clifford Peterson (eds), and Casey Finch (trans.) (1993), *The Complete Works of the Pearl Poet*, Berkeley: University of California Press.

Augustine of Hippo, and Roland J. Teske (trans.) (1991), *Saint Augustine on Genesis: Two Books on Genesis Against the Manichees and On the Literal Interpretations of Genesis*, Washington, DC: Catholic University of America Press.

Barrett, W.P. (trans.) (1932), *The Trial of Jeanne d'Arc*. New York: Gotham House Inc.

Béroul, and Norris J. Lacy (ed. and trans.) (1989), *Le Roman de Tristan*, New York: Garland.

Boccaccio, Giovanni, and Mark Musa and Peter Bondanella (trans.) (1982), *The Decameron*, New York, Norton.

Boniface, Saint (Bonifatius), and Michael Tangl (ed.) (1916), *S. Bonifatii et Lulli Epistolae*. Monumenta Germaniae Historica, Epistolae 4, Epistolae Selectae, 1, Berlin: Weidmannschen Verlagsbuchhandlung.

Bhreathnach, Máire (ed. and trans.) (1984), "A New Edition of *Tachmarc Becfhola*," *Ériu* 35: 59–91.

Busby, Keith (ed.) (1983), *Le Roman des eles and the Anonymous Ordene de Chevalerie*, Philadelphia: J. Benjamins.

Challoner, Richard (ed. and trans.) (1963), *The Holy Bible, Douay Version: Translated from the Latin Vulgate (Douay, A.D. 1609, Rheims, A.D. 1582)*, 5th impr, London: Catholic Truth Society.

Champion, Pierre (ed. and trans.) (1920–1), *Procès de condamnation de Jeanne d'Arc*, 2 vols., Paris: Champion.

Chaucer, Geoffrey, and L.D. Benson (ed.) (1987), *The Riverside Chaucer*, 3rd ed., Oxford: University Press.

Chrétien de Troyes, and C. de Boer, ed. (1909), *Philomena: Conte raconté d'après Ovide*, Paris: Paul Geuthner.

—, and Alexandre Micha, ed. (1957), *Cligès*. Paris: Champion.

—, and William Roach, ed. (1959), *Le Roman de Perceval ou le Conte du Graal*, Paris: Champion.

—, and Mario Roques, ed. (1960), *Le Chevalier au Lion*, Paris: Champion.

—, and J. Frappier, ed. (1962), *Le Chevalier de la Charretle (Lancelot)*, Paris: Champion.

—, and Mario Roques, ed. (1976), *Erec et Enide*, Paris: Champion.

—, and William W. Kibler, ed. (1981), *Lancelot ou le chevalier de la charrete*, New York: Garland Press.

—, and Carleton W. Carroll, ed. and trans. (1987), *Erec et Enide*, New York: Garland.

Christine de Pisan, and Renate Blumenfeld-Kosinski, trans., and Kevin Brownlee, ed. (1997), *Book of the City of Ladies,* New York: W.W. Norton.

—, and Thérèse Moreau and Éric Hicks, trans. (2000), *La Cité des Dames*, Paris: Stock.

Conte, Alberto, ed. (2013), *Du mantel mautaillié*, Modena: Mucchi.

Dante Alighieri, and Robert M. Durling and Ronald L. Martinez, ed. and trans. (1996–2013), *The Divine Comedy of Dante Alighieri*, New York: Oxford University Press.

Davis, Norman, ed. (2004), *Paston Letters and Papers of the Fifteenth Century, Part 1.* Early English Text Society S.S.20, Oxford: Oxford University Press.

Davidson, Clifford (1999), "Nudity, the Body and Early English Drama," *The Journal of English and Germanic Philology* 98.4: 499–522.

Dennis, Andrew, Peter Foote, and Richard Perkins, eds and trans. (1980), *Laws of Early Iceland: Grágás, the Codex Regius of Grágás, with material from other manuscripts*, 5 vols., Winnipeg, Canada: University of Manitoba Press.

Doss-Quinby, Eglal, Joan Trasker Grimbert, Wendy Pfeffer, and Elizabeth Aubrey, eds and trans. (2001), *Songs of the Women Trouveres*, New Haven: Yale University Press.

Durand, Guillaume, and A. Davril and Timothy M. Thibodeau, eds (1995–2000), *Guillelmi Duranti Rationale Divinorum Officiorum*, 3 vols., Turnholt: Brepols.

—, and Timothy M. Thibodeau, trans. (2010), *William Durand on the Clergy and Their Vestments: A New Translation of Books 2–3 of the Rationale divinorum officiorum*, Chicago: University of Scranton Press.

Einhard, and Lewis Thorpe, ed. and trans. (1969), "The Life of Charlemagne," in *Two Lives of Charlemagne*, New York: Penguin Books, 49–90.

Eyrbyggarnas Saga. Isländska sagor 1. Hjalmar Alving, ed. (1935), Stockholm: Bonnier; reprint Avesta: Gidlunds, 1979.

Frappier, Jean, ed. (1964), *La Mort Le Roi Artu,* Paris: Champion.

Given-Wilson, C., gen. ed. (2005), *The Parliament Rolls of Medieval England, 1275–1504*, 16 vols., Woodbridge: Boydell.

Gower, John, and E.W. Stockton, ed. and trans. (1962), *The Major Latin Works of John Gower*, Seattle, WA: University of Washington Press.

—, and William Burton Wilson, trans., Nancy Wilson Van Baak, ed. (1992), *Mirour de l'Omme/ The Mirror of Mankind, John Gower*, East Lansing: Colleagues Press.

Green, Monica H., ed. and trans. (2001), *The Trotula: An English Translation of the Medieval Compendium of Women's Medicine*, Philadelphia: University of Pennsylvania Press.

Grimes, Evie Margaret, ed. (1976), *The Lays of Desiré, Gaelent, and Melion*, Geneva: Slatkine.

Guillaume de Lorris et Jean de Meun, and Félix Lecoy, ed. (1965–6, 1970), *Le Roman de la Rose*, 3 vols., Paris: Champion.

—, and Charles Dahlberg, trans. (1971), *The Romance of the Rose*, Princeton, New Jersey: Princeton University Press.

—, and Armand Strubel, ed. and trans. (1992), *Le Roman de la Rose*, Paris: Librairie générale française.

Hartmann von Aue, and Albert Leitzman, ed. (1985), *Erec von Hartmann von Aue*, Tübingen: Niemeyer.

—, and Kim Vivien, trans. (2001), *The Complete Works of Hartmann von Aue*, University Park: Pennsylvania State University Press.

Hatto, A.T., trans. (1969), *The Nibelungenlied*, London: Penguin.

Heldris de Cornuaille, and Lewis Thorpe, ed. (1972), *Le Roman de Silence: A Thirteenth-Century Arthurian Verse Romance by Heldris de Cornuaille*, Cambridge: W. Heffer and Sons.

Hildegard of Bingen, and Hugh Feiss and Christopher P. Evans, eds and trans. (2010), *Two Hagiographies: Vita sancti Rupperti confessoris; Vita sancti Dysbodi episcopi*, Leuven: Peeters.

Hughes, P.L., and J.F. Larkin, eds (1969), *Tudor Royal Proclamations,* 3 vols., New Haven: Yale University Press.

Ibn Butlan, and Luisa Cogliati Arano, ed. and trans. (1976), *The Medieval Health Handbook*: *Tacuinum Sanitatis*, New York: George Braziller.

Ibn Fadlan, Ahmad, and Marius Canard and André Miquel, eds and trans. (1989), *Voyage chez les Bulgares de la Volga*, Paris: Sindbad.

Jean le Marchant, and Pierre Kunstman, ed. (1973), *Miracles de Notre-Dame de Chartres,* Ottawa: Université d'Ottawa.

John Cassian, and Philip Schaff, ed. (2007), "The Twelve books of John Cassian. Institutes of the Coenobia and the Remedies for the Eight Principal Faults," in *Nicene and Post-Nicene Fathers: Second Series,* Vol. 9, New York: Cosimo.

John of Reading, and James Tait, ed. (1914), *Chronica Johannis de Reading et Anonymi Cantuariensis 1346–1367,* Manchester: Manchester University Press.

Jones, Gwyn (1986), *The Norse Atlantic Saga: Being the Norse Voyages of Discovery and Settlement to Iceland, Greenland, and North America*, Oxford: Oxford University Press.

Jones, Gwyn, and Thomas Jones, trans. (1991), *The Mabinogion*, London: Everyman.

Kalinke, Marianne E., ed. (1999), *Norse Romance: Volume II, Knights of the Round Table*, Woodbridge, UK: Brewer.

Kempe, Margery, and S.B. Meech and H.E. Allen, eds (1940; reprint 1963), *The Book of Margery Kempe.* Early English Text Series o.s. 212, London: Oxford University Press.

Klaeber, F., ed. (1950), *Beowulf and the Fight at Finnsburg*, Boston: Heath.

Larrington, Carolyne, trans. (1996), *The Poetic Edda*, Oxford: Oxford University Press.

Laskaya, Anne, and Eve Salisbury, eds (1995), *The Middle English Breton Lays*, Kalamazoo, MI: Medieval Institute Publications, 1995.

Leander of Seville, and Paul Migne, ed. (1878), "De institutione virginum," *Patrologia Latina* 72: 873–94.

—, and A.C. Vega, ed. (1948), *El "De institutione virginum" de San Leandro de Seville*, Madrid: Escorial.

—, and Claude W. Barrow, trans. (1969), *Iberian Fathers I: Martin of Braga, Paschasius of Dumium, Leander of Seville*, Washington DC: Catholic University of America Press.

Lumiansky, R.M., and David Mills, eds (1974), *The Chester Mystery Cycle*, London: Oxford University Press for the Early English Text Society.

Magnússon, Magnús, and Hermann Pálsson, eds and trans. (1969), *Laxdæla Saga*, Baltimore: Penguin Books.

Marie de France, and Jeanne Lods, ed. (1959), *Les Lais de Marie de France*, Paris: Champion.

—, and K. Warnke, ed., and L. Harf-Lancner, trans. (1990), *Lais de Marie de France.* Paris: Librairie générale française.

Ménard, Philippe, ed. (1970), "Le 'Dit de Mercier'," in *Mélanges de Langue et de Littérature du Moyen Age et de la Renaissance Offerts à Jean Frappier*. Publications romanes et françaises 112, Geneva: Droz, 797–810.

Mézières, Philippe de, and Joan B. Williamson, ed. (1993), *Le Livre de la vertu du sacrement de marriage*, Washington: Catholic University of America Press.

Meyer, Paul, ed. and trans. (1891), *L'histoire de Guillaume le Maréchal, comte de Striguil et de Pembroke, régent d'Angleterre de 1216 à 1219: poème français*, Paris: Librairie Renouard, H. Laurens, successeur.

Micha, Alexandre, ed. (1978–83), *Lancelot: Roman en prose du XIIIe siècle*. 9 vols., Geneva: Droz.

—, ed. (1990), *Guillaume de Palerne, roman du XIIIe siècle*, Geneva: Droz.

Mirkus, Johannes, and T. Erbe, ed. (1905; reprint 1987), *Mirk's Festial: A Collection of Homilies by Johannes Mirkus (John Mirk)*, Early English Text Society e.s. 96. London: Kegan Paul, Trench, and Trübner.

Neckel, Gustav, and Hans Kuhn, eds (Winter 1962), *Edda: Die Lieder des Codex regius nebst verwandten Denkmälern*, Heidelberg, Germany.

Notker the Stammerer, and Lewis Thorpe, ed. and trans. (1969), "Charlemagne," in *Two Lives of Charlemagne*, New York: Penguin Books, 93–172.

Ordericus Vitalis, and Marjorie Chibnall, ed. and trans. (1973), *The Ecclesiastical History of Orderic Vitalis*, Vol. 4, Oxford: Clarendon Press.

Pálsson, Hermann, and Paul Edwards, trans. (1972), *The Book of the Settlements, Landnámabók*, Winnipeg: University of Manitoba Icelandic Studies 1.

Pauphilet, Alfred, ed. (1923), *La Queste del Saint Graal*, Paris: Champion.

Petrarch, Francesco, and Aldo S. Bernardo, Saul Levin, and Rita A. Bernardo, trans. (1992), *Letters of Old Age "Rerum Senilium Libri" I–XVIII*, Baltimore: Johns Hopkins University Press.

Renart, Jean, and Lucien Foulet, ed. (1925), *Galeran de Bretagne*, Paris: Champion.

—, and Félix Lecoy, ed. (1962), *Le Roman de la Rose ou de Guillaume de Dole*, Paris: Champion.

Robert de Blois, and Paul Barrette, ed. (1968), *Robert de Blois's Floris et Lyriope*, Berkeley: University of California Press.

Roques, Mario, ed. (1977), *Aucassin et Nicolette, Chantefable du XIIIe siècle*, Paris: Champion.

Smaragdus of Saint-Mihiel, and David Barry OSB, trans. (2007), *Commentary on the Rule of Saint Benedict*, Cistercian Studies Series, no. 212, Kalamazoo: Cistercian Publications.

Smaragdus, Sancti Michaelis, and Alfredus Spannagel and Pius Engelbert, eds (1974), *Smaragdi Abbatis Expositio In Regulam S. Benedicti*, Siegburg: F. Schmitt Success.

Statutes of the Realm: Printed by Command of His Majesty King George the Third . . . from Original Records and Authentic Manuscripts (1963), London: Dawsons.

Stevens, Martin, and A.C. Cawley, eds (1994), *The Towneley Plays*, Early English Text Society 13–14, Oxford: Oxford University Press,.

Sveinsson, Einar Ólafur, ed. (1954), *Laxdœla Saga*, Reykjavik: Íslenzka Fornritafélag.

Talbot, C.H., ed. and trans. (1959), *The Life of Christina of Markyate, a Twelfth Century Recluse*, Oxford: Clarendon.

Thomas, and Mildred K. Pope, ed. (1955), *The Romance of Horn*, Oxford: Anglo-Norman Text Society.

Thomson, Robert L., ed. (1997), *Ystorya Gereint uab Erbin*, Dublin: Dublin Institute for Advanced Studies.

Þorgilsson, Ari, and Halldór Hermannsson, ed. and trans. (1930), *The Book of the Icelanders (Íslendingabók)*, Ithaca, NY: Cornell University Library.

Tolkien, J.R.R., trans. (1975), *Sir Gawain and the Green Knight, Pearl, and Sir Orfeo*, Boston: Houghton Mifflin.

Walter of Henley, and Oschinsky, Dorothea, ed. (1971), *Walter of Henley and Other Treatises on Estate Management and Accounting*, Oxford: Clarendon Press.

Weber, Robert, et al., eds (1994), *Biblia Sacra iuxta vulgatum versionem*, 4th ed., Stuttgart: Deutsche Bibelgesellschaft.

参考文献

Wheatley, Henry B., William Edward Mead, John S. Stuart-Glennie, and D.W. Nash, eds (1899; reprinted as 2 vols. 1987), *Merlin; or, the Early History of King Arthur: A Prose Romance (About 1450–1460 A.D.)*, London: Early English Text Society.

Secondary Sources

Abulafia, David (1994), "The Role of Trade in Muslim-Christian Contact during the Middle Ages," in Dionisius Agius and Richard Hitchcock (eds), *The Arab Influence in Medieval Europe*, Reading: Ithaca Press, 1–24.

Alexander, Jonathan J.G. (1992), *Medieval Illuminators and their Methods of Work*, New Haven: Yale University Press.

Alexander, Jonathan and Paul Binski, eds (1987), *Age of Chivalry: Art in Plantagenet England 1200–1400*, London: Royal Academy of Arts.

Alexandre-Bidon, Danièle and Marie-Thérèse Lorcin (2003), *Le Quotidien aux temps des fabliaux*, Paris: Picard.

Anderlini, Tina (2015), "The Shirt Attributed to St Louis," *Medieval Clothing and Textiles* 11: 49–78.

Andersen, Erik, Jytte Milland, and Eva Myhre (1989), *Uldsejl i 1000 år.* Roskilde: Vikingeskibshallen.

Andersen, Erik and Anna Nørgård (2009), *Et uldsejl til Oselven: Arbejdsrapport om fremstillingen af et uldsejl til en traditionel vestnorsk båd*, Roskilde: Vikingeskibsmuseet.

Anderson, Gary A. (2001), "The Garments of Skin in Apocryphal Narrative and Biblical Commentary," in James L. Kugel (ed.), *Studies in Ancient Midrash*, Cambridge: Harvard University Press, 101–43.

Andersson, Eva (1996), *Textilproduktion i arkeologiska kontext, en metodstudie av yngre järnåldersboplatser i Skåne*, Institute of Archaeology Report series, no. 58, Lund: Arkeologiska institutionen och Historiska museet.

— (1999), *The Common Thread. Textile Production during the Late Iron Age – Viking Age*. Institute of Archaeology, Report Series 67, Lund: University of Lund, Institute of Archeology.

— (2000), "Textilproduktion i Löddeköpinge endast för husbehov?" in F. Svanberg and B. Söderberg (eds), *Porten till Skåne, Löddeköpinge under järnålder och medeltid*, Arkeologiska undersökningar 32, Lund: Riksantikvarieämbetet, 158–87.

— (2003a), "Textile production in Scandinavia," in *Textilien aus Archäologie und Geschichte, festschrift Klaus Tidow,* L. Bender Jørgensen, J. Banck-Burgess, and A. Rast-Eicher (eds), Neumünster: Wacholtz, 46–62.

— (2003b), *Tools for Textile Production – from Birka and Hedeby*, Birka Studies 8, Stockholm: Birka Project for Riksantikvarieämbetet.

— (2007), "Textile Tools and Production in the Viking Age," in C. Gillis and M. Nosch (eds), *Ancient Textiles: production, craft, and society: proceedings of the First International Conference on Ancient Textiles, held at Lund, Sweden and Copenhagen, Denmark, on March 19–23, 2003*, Oxford: Oxbow Books: 17–25.

— (2011), 'The organization of textile production in Birka and Hedeby," in S. Sigmundsson (ed.), *Viking Settlements and Viking Society, Papers from the Proceedings of the Sixteenth Viking Congress,* Reykjavik: University of Iceland Press, 1–17.

Andersson, Eva, Linda Mårtensson, Marie-Louise Nosch, and Lorenz Rahmstorf (2008), *New Research on Bronze Age Textile Production,* Bulletin of the Institute of Classical Studies 51, London.

Andersson Strand, Eva, and Ulla Mannering (2011), "Textile production in the late Roman Iron Age – a case study of textile production in Vorbasse, Denmark," in L. Boye, P. Ethelberg, L. Heidemann Lutz, P. Kruse, and Anne B. Sørensen (eds), *Arkæologi I Slesvig Archäologie in Schleswig 61st International Sachsen symposium publication 2010 Haderslev, Danmark*, Neumünster: Wachholtz, 77–84.

Archer, Janice (1995), "Working Women in Thirteenth-Century Paris," PhD Thesis, University of Arizona.

Arcini, Caroline (2005), "The Vikings Bare their Filed Teeth," *American Journal of Physical Anthropology* 128.4: 727–33.

Arnold, Janet (1993), "The jupon or coat-armour of the Black Prince in Canterbury cathedral," *Journal of the Church Monuments Society* 8: 12–24.

Asenjo-González, Maria, ed. (2013), *Urban Elites and Aristocratic Behaviour in the Spanish Kingdoms at the End of the Middle Ages*, Studies in European Urban History (1100–1800) 27, Turnhout: Brépols Publishers.

Ash, Karina Marie (2013), *Conflicting Femininities in Medieval German Literature*, Aldershot and Burlington: Ashgate.

Aspelund, Karl (2011), *Who Controls Culture?: Power, Craft and Gender in the Creation of Icelandic Women's National Dress*, PhD thesis, Boston University.

Aventin, Mercè (2003), "Le legge suntuarie in spagna: stato della questione," in Muzzarelli and Campanini (eds), *Disciplinare il lusso*, 109–20.

Baker, Patricia L. (1995), *Islamic Textiles*, London: British Museum Press.

Baldwin, Francis Elizabeth (1926), *Sumptuary Legislation and Personal Regulation in England*, Baltimore, MD: Johns Hopkins University Press.

Ball, Jennifer L. (2005), *Byzantine Dress: Representations of Secular Dress in Eighth- to Twelfth-Century Painting*, New York: Palgrave Macmillan.

Barthes, Roland (1967), *Système de la mode*, Paris: Seuil.

Batey, Colleen (1988), "A Viking Age Bell from Freswick Links," *Medieval Archaeology* 32: 213–16.

Behre, K.-E. (1984), "Pflanzliche Nahrung in Haithabu," in Herbert Jankuhn and Henning Hellmuth Andersen (eds), *Archäologische und naturwissenschaftliche Untersuchungen an ländlichen und frühstädtischen Siedlungen im deutschen Küstengebiet von 5. Jahrhundert v. Chr. bis zum 11. Jahrhundert n. Chr.* Weinheim: Acta Humaniora, 208–15.

Bek-Pedersen, Karen (2008), "Are the Spinning Nornir Just a Yarn?" *Viking and Medieval Scandinavia* 3. 1: 1–10.

— (2009), "Weaving Swords and Rolling Heads: a Peculiar Space in Old Norse Tradition," *Viking and Medieval Scandinavia* 5: 23–39.

Bell, Adrian R., Chris Brooks and Paul R. Dryburgh (2007), *The English Wool Market c. 1230–1327*, Cambridge: Cambridge University Press.

Bender Jørgensen, Lise (1986), *Forhistoriske textiler i Skandinavien [=Prehistoric Scandinavian Textiles]*. Nordiske Fortidsminder serie B 9, Copenhagen: Det Kongelige Nordiske oldskriftselskab.

— (1992), *North European Textiles Until AD 1000*, Aarhus C, Denmark: Aarhus University Press.

— (2003), "Scandinavia, AD 400–1000," in David Jenkins (ed.), *The Cambridge History of Western Textiles*, 1, Cambridge: Cambridge University Press, 132–8.

— (2012), "The introduction of sails to Scandinavia: Raw materials, labour and land," in *N-TAG TEN: Proceedings of the 10th Nordic TAG conference at Stiklestad, Norway 2009*, Oxford: Archeopress, 173–82.

Bennett, Judith M. and Ruth Mazo Karras, eds (2013), *The Oxford Handbook of Women and Gender in Medieval Europe,* Oxford: Oxford University Press.

Berchow, Jan, Susan Marti, et al., eds (2005), *Krone und Schleier: Kunst aus Mittelalterlichen Frauenklöstern*, Munich: Hirmer Verlag.

Berger, John (1972), *Ways of Seeing*, London: British Broadcasting Corporation.

Berlo, Janet C. (1992), "Beyond Bricolage: Women and Aesthetic Strategies in Latin American Textiles," *Res: Anthropology and Aesthetics* 22: 115–34.

Bevington, David M. (1975), *Medieval Drama*, Boston: Houghton Mifflin.

Blanc, Odile (1997), *Parades et parures: L'invention du corps de mode à la fin du Moyen Age*, Paris: Gallimard.

— (2002), "From Battlefield to Court: The Invention of Fashion in the Fourteenth Century," in Désirée G. Koslin and Janet E. Snyder (eds), *Encountering Medieval Textiles and Dress: Objects, Texts, Images*, New York: Palgrave Macmillan, 157–72.

— (2007), "L'orthopédie des apparences ou la mode comme invention du corps," in Agostino Paravicini Bagliani (ed.), *Le Corps et sa parure/The Body and its Adornment*, *Micrologus* 15, Florence: Sismel, Edizioni del Galluzzo, 107–19.

Blockmans, Wim, et al., eds (2000), *Marie: l'héritage de Bourgogne* Bruges: Somogy Editions d'art.

Boehm, Barbara Drake and Jiří Fajt, eds (2005), *Prague: The Crown of Bohemia 1347–1437*, New York: The Metropolitan Museum of Art.

Bolens, Guillemette (2012), *The Style of Gestures: Embodiment and Cognition in Literary Narrative*, Baltimore: Johns Hopkins University Press.

Bonfante, Larissa (1975), *Etruscan Dress*, Baltimore: Johns Hopkins University Press.

Boockmann, Hartmut (1995), "Gelöstes Haar und Seidene Schleier: Zwei Äbtissinen im Dialog," in Rainer Beck (ed.), *Streifzüge durch das Mittelalter: Ein historisches Lesebuch*, Munich: Beck.

Bornstein, Kate (1998), *My Gender Workbook*, New York: Routledge.

Botterweck, G. Johannes and Helmer Ringgren, eds, John T. Willis, trans. (1977–), *Theological Dictionary of the Old Testament*. 15+ vols., Stuttgart: William B. Eerdman.

Breward, Christopher (1995), *The Culture of Fashion: A New History of Fashionable Dress*, Manchester: Manchester University Press.

Brown, Alfred L. (1989), *The Governance of Late Medieval England, 1272–1461*, Stanford: Stanford University Press.

Bruckner, Matilda Tomaryn (1993), *Shaping Romance: Interpretation, Truth, and Closure in Twelfth-Century French Fictions,* Philadelphia: University of Pennsylvania Press.

Brundage, James (1987), "Sumptuary Laws and Prostitution in Medieval Italy," *Journal of Medieval History* 13, no. 4: 343–55.

Bulst, Neithard (1993), "Kleidung als sozialer Konfliktstoff: Probleme kleidergesetzlicher Normierung im sozialen Gefüge," *Saeculum: Jahrbuch für Universalgeschichte* 44: 32–46.

— (2003), "La legislazione suntuaria in francia (secoli XIII–XVIII)," in Muzzarelli and Campanini (eds), *Disciplinare il lusso*, 121–36.

Bumke, Joachim (1991), *Courtly Culture: Literature and Society in the High Middle Ages*, Berkeley: University of California Press.

Burns, E. Jane (1993), *Bodytalk: When Women Speak in Old French Literature*, Philadelphia: University of Pennsylvania Press.

— (1994), "Ladies Don't Wear Braies: Underwear and Outerwear in the French *Prose Lancelot*," in William W. Kibler (ed.), *The Lancelot-Grail Cycle*, Austin: University of Texas Press, 152–74.

— (2002), *Courtly Love Undressed: Reading Through Clothes in Medieval French Culture.* Philadelphia: University of Pennsylvania Press.

— (2006), "Saracen Silk and the Virgin's 'Chemise': Cultural Crossing in Cloth," *Speculum* 81.2: 365–97.

— (2009), *Sea of Silk: A Textile Geography of Women's Work in Medieval French Literature,* Philadelphia: University of Pennsylvania Press.

— (2013), "Shaping Saladin," in Daniel O'Sullivan and Laurie Shepherd (eds), *Shaping Courtliness in Medieval France*, Cambridge, England: D.S. Brewer, 241–53.

Brazil, Sarah (2015), *Covering and Discovering the Body in Medieval Theology, Drama and Literature,* Doctoral thesis, University of Geneva.

— (2017), *The Corporeality of Clothing in Medieval Literature.* Early Drama, Art, and Music. Kalamazoo: Medieval Institute Publications, forthcoming.

Brink, Stefan and Neil S. Price (2008), *The Viking World*, London: Routledge.

Brydon, Anne and S.A. Niessen (1998), *Consuming Fashion: Adorning the Transnational Body*, Oxford, UK: Berg.

Bulst, Neithard (1988), "Zum Problem städtischer und territorialer Luxusgesetzgebung in Deutschland (13. bis Mitte 16. Jahrhundert)," in A. Gouron and A. Rigaudière (eds), *Renaissance du pouvoir législatif et genèse de l'état*, 29–57. Montpellier: Publications de Ia Société d'Histoire du Droit et des Institutions des Anciens Pays de Droit Écrit, 1988, 29–57.

— (1993), "Les ordonnances somptuaires en Allemagne: expression de l'ordre urbain (XIVe–XVIe siècle," in *Comptes rendus des séances de l'année*. Paris: Académie des Inscriptions et Belles-Lettres, 1993, 771–84.

Buren, Anne H. van and Roger Wieck (2011), *Illuminating Fashion: Dress in Medieval France and the Netherlands, 1325–1515*, New York: The Morgan Library and Museum.

Butler, Judith (1990), *Gender Trouble: Feminism and the Subversion of Identity*, New York: Routledge.

— (1993), *Bodies That Matter: On the Discursive Limits of "Sex,"* New York: Routledge.

Bynum, Caroline Walker (1997), "Presidential Address: Wonder," *American Historical Review* 102.1: 1–26.

— (2011), *Christian Materiality: An Essay on Religion in Late Medieval Europe*, New York: Zone Books.

Byock, Jesse L. (1993), *Medieval Iceland: Society, Sagas, and Power*, Enfield Lock: Hisarlik Press.

Calligaro, Thomas and Patrick Périn (2009), "D'Or et des grenats," *Histoire et images médiévales* 25: 24–5.

Camille, Michael (1998), *The Medieval Art of Love: Objects and Subjects of Desire*, New York: Harry N. Abrams.

— (2001), "'For Our Devotion and Pleasure': The Sexual Objects of Jean, Duc de Berry," *Art History* 24.2: 1–69.

Cannon, Aubrey (1998), "The Cultural and Historical Contexts of Fashion," in A. Brydon and S. A. Niessen (eds), *Consuming Fashion: Adorning the Transnational Body*, Oxford, UK: Berg, 23–38.

Cardon, Dominique (1998), *La Draperie Au Moyen Age: Essor d'une grande industrie européenne*, Paris: CNRS.

— (2007), *Natural Dyes: Sources, Tradition, Technology and Science*, Caroline Higgitt, (trans.), London: Archetype.

Carlin, Martha (2007), "Shops and shopping in the early thirteenth century," in Lawrin Armstrong, Ivana Elbl, and Martin M. Elbl (eds), *Money, Markets and Trade in Late Medieval Europe: essays in honour of John H.A. Munro.* Leiden: Brill, 491–537.

Carlson, Cindy (2007), "Chaucer's Griselde, Her Smock, and the Fashioning of A Character," in Cynthia Kuhn and Cindy Carlson (eds), *Styling Texts: Dress and Fashion in Literature*, Youngstown, NY: Cambria, 33–48.

Carruthers, Mary (2013), *The Experience of Beauty in the Middle Ages,* Oxford: Oxford University Press.

Carus-Wilson, E.M (1962–3), "The Medieval trade of the ports of the Wash," *Medieval Archaeology* 6–7.

Carus-Wilson, E.M. and Olive Coleman (1963), *England's Export Trade 1275–1547*, Oxford: Clarendon Press.

Caviness, Madeline H. (2001), *Visualizing Women in the Middle Ages: Sight, Spectacle, and Scopic Economy*, Philadelphia: University of Philadelphia Press.

Charlier, Philippe, et al. (2013), "The embalmed heart of Richard the Lionheart (1199 AD): a biological and anthropological analysis," in *Scientific Reports*, Nature Publishing Group, February 28. http://www.nature.com/srep/2013/130228/srep01296/full/srep01296.html [accessed April 21, 2015].

Chaudhuri, K.N. (1990), *Asia before Europe: Economy and Civilisation of the Indian Ocean from the Rise of Islam to 1750*, Cambridge: Cambridge University Press.

Clarke, Helen (1984), *The Archaeology of Medieval England*, London: British Museum Publications.

Clegg Hyer, Maren (2012), "Recycle, reduce, reuse: imagined and re-imagined textiles in Anglo-Saxon England," *Medieval Clothing and Textiles* 8: 49–62.

Colby, Alice M. (1965), *The Portrait in Twelfth-Century French Literature*, Geneva: Droz.

Coss, Peter R. (1995), "Knights, Esquires and the Origins of Social Gradation in England, *Transactions of the Royal Historical Society*, 6th ser., 5: 155–78.

Coss, Peter R. (2003), *The Origins of the English Gentry*, Cambridge: Cambridge University Press.

Coss, Peter and Maurice Keen, eds (2002), *Heraldry, Pageantry and Social Display in Medieval England*. Woodbridge: Boydell.

Crane, Susan (2002), *The Performance of Self: Ritual, Clothing, and Identity During the Hundred Years War*, Philadelphia: University of Pennsylvania Press.

Crawford, Barbara (1987), *Scandinavian Scotland*. Scotland in the Early Middle Ages 2, Leicester: Leicester University Press.

Crawford, Joanna (2004), "Clothing Distributions and Social Relations c. 1350–1500," in Richardson, *Clothing Culture*, 153–64.

Cressy, David (1999), *Birth, Marriage and Death: Ritual, religion and the life-cycle in Tudor and Stuart England*, Oxford: Oxford University Press.

Crowfoot, Elisabeth, Frances Pritchard, and Kay Staniland (1992), *Textiles and Clothing c. 1150–c. 1450*. Medieval Finds from Excavations in London 4, London: HMSO.

Damsholt, Nanna (1984), "The Role of Icelandic Women in the Sagas and in the Production of Homespun Cloth," *Scandinavian Journal of History* 9.2–3: 75–90.

Davis, Fred (1994), *Fashion, Culture, and Identity*, Chicago: University of Chicago Press.

Delort, Robert (1993), "Notes sur les livrées en milieu de cour au XIVe siècle," in Philippe Contamine, Thierry Dutour, and Bertrand Schnerb (eds), *Commerce, finances et société (XIe–XVIe siècles): Recueil de travaux d'histoire médiévale offert à M. le professeur Henri Dubois*, Paris: Presses de l'Université de Paris-Sorbonne, 361–8.

Delphy, Christine (1993), "Rethinking Sex and Gender," *Women's Studies International Forum* 16 (1): 1–9.

De Marchi, Andrea (2005), *Autour de Lorenzo Veneziano: Fragments de polyptyques vénitiens du XIVe siècle*, Tours: Musée des beaux-arts: Silvano.

Denny-Brown, Andrea (2004), "Rips and Slits: The Torn Garment and the Medieval Self," in Catherine Richardson (ed.), *Clothing Culture, 1350–1650*, Aldershot and Burlington: Ashgate, 223–37.

— (2012), *Fashioning Change: The Trope of Clothing in High- and Late-Medieval England*, Columbus: The Ohio State University Press.

Deshman, Robert (1995), *The Benedictional of St. Aethelwold*, Princeton: Princeton University Press.

Dinshaw, Carolyn (1989), *Chaucer's Sexual Politics*, Madison: University of Wisconsin Press.

Dodds, Jerelyn. ed. (1992), *Al-Andalus: The Art of Islamic Spain*, New York: The Metropolitan Museum of Art.

Dommasnes, Liv Helga (1982), "Late Iron Age in Western Norway. Female Roles and Ranks as Deduced from an Analysis of Burial Customs," *Norwegian Archaeological Review* 15.1–2: 70–84.

Douglas, Mary (1984), *Purity and Danger: An Analysis of the Concepts of Pollution and Taboo*, London: Routledge.

Duffy, Eamon (1992), *The Stripping of the Altars: Traditional Religions in England 1400–1580*, New Haven: Yale University Press.

Dumolyn, Jan (2013), "Later Medieval and Early Modern Urban Elites: Social Categories and Social Dynamics," in Asenjo-González, *Urban Elites*, 3–18.

Easton, Martha (2012), "Uncovering the Meanings of Nudity in the Belles Heures of Jean, Duke of Berry," in Sherry C.M. Lindquist (ed.), *The Meanings of Nudity in Medieval Art*, Farnham: Ashgate, 149–82.

Edler de Roover, Florence (1950), "Lucchese Silks," *Ciba Review* 80: 2902–30.

Edmondson, J.C. and Alison Keith, eds (2008), *Roman Dress and the Fabrics of Roman Culture*, Toronto: University of Toronto Press.

Effros, Bonnie (2002), "Appearance and Ideology: Creating Distinctions between Clerics and Lay Persons in Early Medieval Gaul," in Koslin and Snyder, *Encountering Medieval Textiles*, 7–24.

— (2004), "Dressing conservatively: women's brooches as markers of ethnic identity?" in Leslie Brubaker and Julia M.H. Smith (eds), *Gender in the Early Medieval World: East and West 300–900*, Cambridge: Cambridge University Press, 165–84.

Eicher, Joanne B. and Mary E. Roach-Higgins (1992), "Definition and classification of dress: Implications for analysis of gender roles," in Ruth Barnes and Joanne B. Eicher (eds), *Dress and Gender: Making and Meaning*, New York: Berg, 8–28.

Einarsson, Bjarni F. (1994), *The Settlement of Iceland: A Critical Approach: Granastaðir and the Ecological Heritage*, Gothenburg: Gothenburg University, Dept. of Archaeology.

El-Cheikh, Nadia Maria (2004), *Byzantium Viewed by the Arabs*, Cambridge, MA: Harvard University Press.

Eldjárn, Kristján P. (1956), *Kuml og haugfè; ur heidnum sid á Íslandi*, Reykjavík: Bókaútgáfan Nordri.

Entwistle, Joanne (2000), *The Fashioned Body: Fashion, Dress and Modern Social Theory*, Cambridge: Polity Press.

d'Ettore, Kate (2009), "Clothing and Conflict in the Icelandic Family Sagas: Literary Convention and Discourse of Power," in *Medieval Clothing and Textiles 5*: 1–14.

Evans, Helen C., ed. (2004), *Byzantium: Faith and Power (1261–1557)*, New York: The Metropolitan Museum of Art.

Farmer, Sharon (2006), "*Biffes, Tiretaines*, and *Aumonières*: The Role of Paris in the International Textile Markets of the Thirteenth and Fourteenth Centuries," *Medieval Clothing and Textiles* 2: 72–89.

Fell, Christine, Cecily Clark, and Elizabeth Williams (1984), *Women in Anglo-Saxon England*, London: British Museum.

Feltham, Mark, and James Miller (2005), "Original Skin: Nudity and Obscenity in Dante's Inferno," in James Miller (ed.), *Dante and the Unorthodox: The Aesthetics of Transgression*, Waterloo, ON: Wilfrid Laurier University Press, 182–206.

Finke, Laurie A., and Martin B. Shichtman (2010), *Cinematic Illuminations: The Middle Ages on Film*, Baltimore: Johns Hopkins University Press.

Fissell, Mary Elizabeth (2004), *Vernacular Bodies: The Politics of Reproduction in Early Modern Britain*, Oxford: Oxford University Press.

Fitzhugh, William W., and Elisabeth I. Ward (2000), *Vikings: The North Atlantic Saga*, Washington: Smithsonian Institution Press.

Fleming, Robin (2007), "Acquiring, flaunting and destroying silk in late Anglo-Saxon England," *Early Medieval Europe* 15.2: 127–58.

Forbes R.J. (1971), *Studies in Ancient Technology* 8, Leiden: Brill, 56.

Franklin, Caryn et al. (2012), *Fashion: The Ultimate Book of Costume and Style*, London and New York: Dorling Kindersley.

Frick, Carole Collier (2005), *Dressing Renaissance Florence: Families, Fortunes, and Fine Clothing*, Baltimore: Johns Hopkins University Press.

Friedman, John Block (2005), "The Iconography of Dagged Clothing and Its Reception by Moralist Writers," in *Medieval Clothing and Textiles* 9: 121–38.

— (2010), *Breughel's Heavy Dancers: Transgressive Clothing, Class and Culture in the Late Middle Ages*, Syracuse: Syracuse University Press.

Garber, Marjorie (1992), *Vested Interests: Crossdressing and Cultural Anxiety,* New York: Routledge.

Garnier, François (1982), *Le Langage de l'image au Moyen Âge*, II: *Grammaire des gestes*, Paris: Le Léopard d'Or.

Garver, Valerie (2009), *Women and Aristocratic Culture in the Carolingian World*, Ithaca: Cornell University Press.

Geary, Patrick J. (2002), *The Myth of Nations: The Medieval Origins of Europe*, Princeton, NJ: Princeton University Press.

Geijer, Agnes (1938), *Die Textilfunde aus den Gräbern*. Doctoral thesis, Universitet Uppsala, Birka 3, Uppsala: Almqvist and Wiksell.

— (1979), *A History of Textile Art*, London: Pasold.

Geijer, Agnes, Anne Marie Franzén, and Margareta Nockert (1994), *Drottning Margaretas gyllene kjortel i Uppsala domkyrka/The Golden Gown of Queen Margareta in Uppsala Cathedral*, Stockholm: Kungl. Vitterhets historie och antikvitets akademien.

Gell, Alfred (1990), *Art and Agency: An Anthropological Theory*, Oxford: Clarendon Press.

Gelsinger, Bruce E. (1981), *Icelandic Enterprise: Commerce and Economy in the Middle Ages*, Columbia, SC: University of South Carolina Press.

Gérard-Marchant, Laurence (1995), "Compter et nommer l'étoffe À Florence Au Trecento (1343)," *Médiévales* 29 (automne): 87–104.

Gies, Frances, and Joseph Gies (1994), *Cathedral, Forge, and Waterwheel: Technology and Invention in the Middle Ages*, New York: HarperCollins.

Gilchrist, Roberta (2013), *Medieval Life: Archaeology and the Life Cours*, Woodbridge: Boydell.

González Arce, José Damián (1998), *Apariencia y poder: La legislación suntuaria castellana en los siglos XIII–XV*. Jaén: Universidad de Jaén.

Gordon, Stewart, ed. (2001), *Robes of Honor: The Medieval World of Investiture*, New York: Palgrave.

Gosden, Chris, and Chantal Knowles (2001), *Collecting Colonialism: Material Culture and Colonial Change*, Oxford: Berg.

Graham-Campbell, James (1980), *Viking Artefacts: A Select Catalogue*. London: British Museum Publications.

— (1994), *Cultural Atlas of the Viking World*, Oxford: Andromeda Oxford.

Grant, Annie (1988), "Animal resources," in Grenville Astill and Annie Grant (eds), *The Countryside of Medieval England,* Oxford: Blackwell, 149–87.

Green, Monica H. (2010), "Introduction," in Linda Kalof (ed.), *A Cultural History of the Human Body in the Medieval Age*, Oxford and New York: Berg.

Grew, Francis, Margrethe de Neergaard, and Susan Mitford (2006), *Shoes and Pattens*, 2nd ed., Medieval Finds From Excavations in London 2, Woodbridge: Boydell Press.

Guðjónsson, Elsa E. (1962), *Forn röggvarvefnaður*, Reykjavík: Árbók hins Íslenzka Fornleifafélags.

Guerrero-Navarrete, Yolanda (2013), "Gentlemen-Merchant in Fifteenth-Century Urban Castile: Forms of Life and Social Aspiration," in Asenjo-González, *Urban Elites*, 49–60.

Haas-Gebhard, Brigitte and Britt Nowak-Böck (2012), "The Unterhaching Grave Finds: Richly Dressed Burials from Sixth-Century Bavaria," *Medieval Clothing and Textiles* 8: 1–23.

Hafter, Daryl M., ed. (1995), *European Women and Preindustrial Craft*, Bloomington: Indiana University Press.

Hägg, Inga (1974), *Kvinnodräkten i Birka: livplaggens rekonstruktion på grundval av det arkeologiska materialet* Uppsala: Institute of North European Archeology.

— (1983), "Birkas orientaliska praktplagg," *Fornvännen* 78 (1983): 204–23.

— (1984a), *Die Textilfunde aus dem Hafen von Haithabu*, Mit Beiträgen von G. Grenander Nyberg, Neumünster: Wachholtz.

— (1984b), *Textilfunde aus der Siedlung und aus den Gräbern von Haithabu. Beschreibung und Gliederung*, Berichte über die Ausgrabungen in Haithabu, 29, Neumünster: Wachholtz.

Hansen, Karen Tranberg (2004), "The World in Dress: Anthropological Perspective on Clothing, Fashion, and Culture," *Annual Review of Anthropology* 33: 369–92.

Hansson, Anne-Marie and James Holms Dickson (1997), "Plant Remains in Sediment from the Björkö Strait Outside the Black Earth at the Viking Age Town of Birka, Eastern Central Sweden," in Urve Miller, Helen Clarke, Ann-Marie Hansson, Birgitta M. Johansson (eds), *Environment and Vikings with Special Reference to Birka*, PACT 52 = Birka Studies 4, Rixensart: PACT, 205–16.

Happé, Peter (1975), *English Mystery Plays: a selection*, Harmondsworth: Penguin.

Harmand, Adrien (1929), *Jeanne d'Arc, ses costumes, son armure: Essai de reconstitution*, Paris: Librairie E. Leroux.

Harris, Jennifer (1998), "'Estroit Vestu Et Menu Cosu': Evidence for the Construction of Twelfth-Century Dress," in Gale R. Owen-Crocker and Timothy Graham (eds), *Medieval Art: Recent Perspectives: A Memorial Tribute to C.R. Dodwell*, Manchester: Manchester University Press, 89–103.

Harte, Negley (1976), "State Control of Dress and Social Change in Pre-Industrial England," in D.C. Coleman, F.J. Fisher, and A.H. John (eds), *Trade, Government and Economy in Pre-Industrial England*, London: Weidenfeld and Nicolson, 132–65.

Hayeur Smith, Michèle (2003), "Dressing the Dead: Gender, Identity and Adornment in Viking-Age Iceland," in Shannon Lewis-Simpson (ed.), *Vinland Revisited: the Norse World at the Turn of the First Millennium*, St. John's, NL: Historic Sites Association of Newfoundland and Labrador, 227–40.

— (2004), *Draupnir's Sweat and Mardöll's Tears: An Archaeology of Jewellery, Gender and Identity in Viking Age Iceland*. Oxford, England: John and Erica Hedges.

— (2012), "Some in Rags, Some in Jags and Some in Silken Gowns: Textiles from Iceland's Early Modern Period," *International Journal of Historic Archaeology* 16.3: 509–28.

— (2013a), "Thorir's Bargain, Gender, Vaðmál and the Law," *World Archaeology* 45.5: 730–46.

— (2013b), "Viking Age Textiles in Iceland," paper presented at Félag fornleifafræðinga, Papers presented in honor of Kristján Eldjárn, December 6, Þjóðminjasafn Íslands, Reykjavík.

— (2014), "Dress, Cloth and the Farmer's Wife: Textile from Ø172, Tatsipataakilleq, Greenland with Comparative Data from Iceland," *Journal of the North Atlantic* 6 (sp. 6): 64–81.

— (2015), "Weaving Wealth: Cloth and Trade in Viking Age and Medieval Iceland," in A. Ling Huang and Carsten Jahnke (eds), *Textiles and the Medieval Economy, Production, Trade and Consumption of Textiles, 8th–16th Centuries*. Oxford, Oxbow Books, 23–40.

— (forthcoming), "Rumpelstiltskin's Feat: Cloth and Hanseatic Trade with Iceland," in *Hanseatic Trade in the North Atlantic*, conference held May 29 –1 June 1, 2013 in Avaldnes, Norway.

Hayward, Maria (2009), *Rich Apparel: Clothing and the Law in Henry VIII's England*, Burlington, VT: Ashgate.

Helgason, Agnar, et al. (2000), "mtDNA and the Origin of the Icelanders: Deciphering Signals of Recent Population History," *American Journal of Human Genetics* 66.3 999–1016.

Heller, Sarah-Grace (2004a), "Anxiety, Hierarchy, and Appearance in Thirteenth-Century Sumptuary Laws and the *Romance of the Rose*," *French Historical Studies* 27.2: 311–48.

— (2004b), "Limiting Yardage and Changes of Clothes: Sumptuary Legislation in Thirteenth-Century France, Languedoc, and Italy," in E. Jane Burns (ed.), *Medieval Fabrications: Dress, Textiles, Clothwork, and Other Cultural Imaginings*, New York: Palgrave MacMillan, 121–36.

— (2007), *Fashion in Medieval France*, Woodbridge: Boydell and Brewer.

— (2009a), "Fictions of Consumption: The Nascent Fashion System in *Partonopeus de Blois*," *Australian Journal of French Studies* 46.3: 191–205.

— (2009b), "Obscured Lands and Obscured Hands: Fairy Embroidery and Ambiguous Vocabulary of Medieval Textile Decoration," *Medieval Clothing and Textiles* 5: 15–35.

— (2015), "Angevin-Sicilian Sumptuary Statutes of the 1290s: Fashion in the Thirteenth-century Mediterranean," *Medieval Clothing and Textiles* 11: 79–97.

Henry, Philippa (2005), "Who produced Textiles? Changing Gender Roles," in Frances Pritchard and J.P. Wild (eds), *Northern Archaeological Textiles. NESAT 7*, Oxford: Oxbow, 51–7.

Herlihy, David (1990), *Opera muliebria: women and work in medieval Europe*, Philadelphia: Temple University Press.

Herlihy, David and Anthony Molho (1995), *Women, Family, and Society in Medieval Europe: historical essays, 1978–1991*, Providence, RI: Berghahn Books.

Hermanns-Auðardóttir, Margrét (1989), *Islands tidiga bosättning: studier med utgångspunkt i merovingertida-vikingatida gårdslämningar i Herjólfsdalur, Vestmannaeyjar, Island*, Umeå: Umeå Universitet Arkeologiska institutionen.

Hill, David and Robert Cowie, eds (2001), *Wics: the Early Medieval Trading Centres of Northern Europe*, Sheffield Archaeological Monographs 1, Sheffield: Sheffield Academic Press.

Hjálmarsson, Jón R. (1993), *History of Iceland: From the Settlement to the Present Day*, Reykjavík: Iceland Review.

Hodges, Laura (2000), *Chaucer and Costume: The Secular Pilgrims in the General Prologue*, Woodbridge, UK: Brewer.

Hodne, Lasse (2012), *The Virginity of the Virgin: A Study in Marian Iconography*, Rome: Scienze E Lettere.

Hoeniger, Cathleen (2006), "The Illuminated *Tacuinum sanitatis* Manuscripts from Northern Italy c. 1380–1400: Sources, Patrons, and the Creation of a New Pictorial Genre," in Jean

A. Givens, Karen M. Reeds, Alain Touwaide (eds), *Visualizing Medieval Medicine and Natural History, 1200–1550*, Aldershot and Burlington: Ashgate, 51–81.

Hoffmann, Marta (1964), *The Warp-weighted Loom: Studies in the History and Technology of an Ancient Implement*, Studia Norvegica 14, Oslo: Universitetsforlaget.

Hollander, Anne (1995), *Sex and Suits: The Evolution of Modern Dress*, New York: Kodansha International.

— (2002), *Fabric of Vision: Dress and Drapery in Painting*, London/New Haven: National Gallery Company/Yale University Press.

— (2012), "The Dress of Thought: Clothing and Nudity in Homer, Virgil, Dante, and Ariosto," in Cristina Giorcelli and Paula Rabinowitz (eds), *Exchanging Clothes: Habits of Being 2*, Minneapolis: University of Minnesota Press, 40–57.

Holmes, Urban T., Jr. (1952), *Daily Living in the Twelfth Century. Based on the Observations of Alexander Neckham in London and Paris*, Madison, WI: University of Wisconsin Press.

Hopkins, Amanda (2000), "Veiling the Text: The True Role of the Cloth in *Emaré*," in Judith Weiss, Jennifer Fellows, and Morgan Dickson (eds), *Medieval Insular Romance: Translation and Innovation*, Cambridge: Brewer, 71–83.

Hotchkiss, Valerie R. (1996), *Clothes Make the Man: Female Cross Dressing in Medieval Europe*, New York: Garland.

Howard, Elizabeth (2007), "The Clothes Make the Man: Transgressive Disrobing and Disarming in *Beowulf*," in Cynthia Kuhn and Cindy Carlson (eds), *Styling Texts: Dress and Fashion in Literature*, Youngstown, NY: Cambria, 13–32.

Howell, Martha C. (2010), *Commerce Before Capitalism in Europe, 1300–1600*, Cambridge University Press.

Huang, Angela Ling and Carsten Jahnke (2015), *Textiles and the Medieval Economy: Production, Trade and Consumption of Textiles, 8th–16th Centuries*, Oxford: Oxbow.

Hughes, Diane Owen (1983), "Sumptuary Law and Social Relations in Renaissance Italy," in John Bossy (ed.), *Disputes and Settlements: Law and Human Relations in the West*, Cambridge: Cambridge University Press, 69–100.

— (1986), "Distinguishing Signs: Ear-Rings, Jews and Franciscan Rhetoric in the Italian Renaissance City," *Past & Present* 112 (August): 3–59.

— (1992–4), "Regulating Women's Fashion," in Christiane Klapisch-Zuber (ed.), *Silences of the Middle Age*, Vol. 2 of *A History of Women in the West*, Georges Duby and Michelle Perrot (eds), Cambridge, MA: Belknap Press, 136–58.

Hunt, Alan (1996), *Governance of the Consuming Passions: A History of Sumptuary Law*, New York: St. Martin's Press.

Hunt, Tony (1991), *Teaching and Learning Latin in the Thirteenth Century*, 3 vols., Cambridge: D.S. Brewer.

Isaacs, Harold R. (1975), "Basic Group Identity: The Idols of the Tribe," in Nathan Glazer, Daniel P. Moynihan, and Corinne Saposs Schelling (eds), *Ethnicity: Theory, and Experience*, Cambridge: Harvard University Press, 29–52.

Jacobs, Jane (1995), *Cities and the Wealth of Nations: Principles of Economic Life*, New York: Vintage.

Jacoby, David (1997), *Trade, Commodities and Shipping in the Medieval Mediterranean*, Aldershot: Variorum.

Jaeger, C. Stephen (1985), *The Origins of Courtliness: Civilizing Trends and the Formation of Courtly Ideals, 939–1210*, Philadelphia: University of Pennsylvania Press.

Jager, Erik (1993), *The Tempter's Voice: Language and the Fall in Medieval Literature*, Ithaca, NY: Cornell University Press.

Jahnke, Carsten (2009), "Some aspects of Medieval Cloth Trade in the Baltic Sea Area," in Vestergård Pedersen and Nosch (eds), *The Medieval Broadcloth*, Vol. 6, 74–89.

Jansson, Ingmar (1985), *Ovala spännbucklor: en studie av vikingatida standardsmycken med utgangspunkt fran Björköfynden/Oval brooches: a study of Viking period standard jewellery based on the finds from Björkö Sweden*, Uppsala: University of Uppsala Institutionen for arkeologi.

Jesch, Judith (1991), *Women in the Viking Age*, Woodbridge: Boydell Press, 1991.

Jochens, Jenny (1995), *Women in Old Norse Society*, Ithaca: Cornell University Press.

Jones, Tom Devonshire and Peter and Linda Murray (2013), *The Oxford Dictionary of Christian Art and Architecture,* 2nd ed., Oxford: Oxford University Press.

Justice, Alan D. (1979), "Trade Symbolism in the York Cycle," *Theatre Journal* 31.1 (March): 47–58.

Kaiser, Susan B. (1998), *The Social Psychology of Clothing: Symbolic Appearances in Context*, 2nd ed., revised. New York: Fairchild Publications.

Kelly, Douglas (1992), *The Art of Medieval French Romance*, Madison, WI: University of Wisconsin Press.

Kershaw, Ian (1973), *Bolton Priory: The Economy of a Northern Monastery, 1286–1325*, Oxford: Oxford University Press.

Killerby, Catherine Kovesi (2002), *Sumptuary Law in Italy 1200–1500*, Oxford: Oxford University Press.

Kinoshita, Sharon (2004), "Almería Silk and the French Feudal Imaginary: Toward a 'Material' History of the Medieval Mediterranean," in E.J. Burns (ed.), *Medieval Fabrications: Dress, Textiles, Cloth Work, and Other Cultural Imaginings*, New York: Palgrave, 165–76.

Kirjavainen, Heini (2009), "A Finnish Archaeological Perspective on Medieval Broadcloth," in Vestergård Pedersen and Nosch (eds), *The Medieval Broadcloth*, Vol. 6, 90–8.

Koslin, Désirée (2002), "Value-added Stuffs and Shifts in Meaning: An Overview and Case Study of Medieval Textile Paradigms," in Koslin and Snyder (eds), *Encountering Medieval Textiles and Dress,* New York: Palgrave MacMillan, 233–49.

Koslin, Désirée, and Janet Snyder, eds (2002), *Encountering Medieval Textiles and Dress: Objects, Texts, Images*, New York: Palgrave MacMillan.

Krueger, Robert L. (2004), "Uncovering Griselda: Christine de Pizan, 'une seule chemise,' and the Clerical Tradition: Boccaccio, Petrarch, Philippe de Mézières and the *Ménagier de Paris*," in Burns, *Medieval Fabrication*, 71–88.

Lachaud, Frédérique (1996), "Liveries of Robes in England, c. 1200–c. 1330," *The English Historical Review* 111.441, 279–98.

Lacy, Norris J. (1980), *The Craft of Chrétien de Troyes: An Essay on Narrative Art*, Leiden: Brill.

Ladd, Roger A. (2010), "The London Mercer's Company, London Textual Culture, and John Gower's *Mirour de l'Omme*," *Medieval Clothing and Textiles* 6: 127–50.

Laforce, F. Marc. (1978), "Woolsorters' disease in England," *Bulletin of the New York Academy of Medicine*, Vol. 54.10: 957. Accessed 1 February 2010 from http://www.ncbi.nlm.nih.gov/pmc/articles/PMC1807561/pdf/bullnyacadmed00135-0058.pdf.

Lallouette, Anne-Laure (2006), "Bains et soins du corps dans les textes médicaux (XIIe–XIVe)," in Sophie Albert (ed.), *Laver, monder, blanchir: Discours et usages de la toilette dans l'occident médiéval,* Paris: Presses de l'Université Paris-Sorbonne, 33–49.

Lambden, Stephen N. (1992), "From Fig Leaves to Fingernails: Some Notes on the Garments of Adam and Eve in the Hebrew Bible and Select Early Postbiblical Jewish Writings," in Paul Morris and Deborah Sawyer (eds), *A Walk in the Garden: Biblical, Iconographical and*

Literary Images of Eden, *Journal for the Study of the Old Testament*, Supplement Series 136: 74–90.

Lansing, Carol (2008), *Passion and Order: Restraint of Grief in the Medieval Italian Communes*, Ithaca: Cornell University Press.

Larsson, Annika (2008), "Viking Age Textiles," in Stefan Brink and Neil Price (eds), *The Viking World*, New York: Routledge, 181–5.

Lebecq, Stéfane (1997), "Routes of change: Production and distribution in the West (5th–8th century)," in L. Webster and M. Brown (eds), *The Transformation of the Roman World AD 400–900*, Berkeley: University of California Press, 67–78.

LeGoff, Jacques (1988), *Medieval Civilization 400–1500*, trans. Julia Barrow, Oxford: Basil Blackwell.

Lévi-Provençal, Evariste (1953), *Histoire de l'Espagne musulmane*, Vol. 3: *Le Siécle du Califat de Cordoue*, Leiden: Brill.

Lewis, Christopher P., and A.T. Thacker, eds (2003), *A History of the County of Chester*, Vol. V, Part 1: The City of Chester: General History and Topography, London: Boydell and Brewer.

Leyser, Conrad (2011), "From Maternal Kin to Jesus as Mother," in Conrad Leyer and Lesley Smith (eds), *Motherhood, Religion and Society in Medieval Europe, 400–1400*. Aldershot and Burlington: Ashgate, 21–40.

Lipovetsky, Gilles (1987), *L'Empire de l'éphémère: La mode et son destin dans les sociétés modernes*, Paris: Gallimard.

— (2004), *The Empire of Fashion: Dressing Modern Democracy*, trans. Catherine Porter, Princeton: Princeton University Press.

Lloyd, T. (1978), "Husbandry practices and disease in medieval sheep flocks," *Veterinary History* 10: 3–13.

Lopez, Robert S. (1945), "Silk Industry in the Byzantine Empire," *Speculum* 20.1: 1–42.

— (1971), *The Commercial Revolution of the Middle Ages, 950–1350*, Englewood Cliffs, NJ: Prentice-Hall.

Lorenzo, Amalia Descalzo (2010), "Les vêtements royaux du monastère Santa Maria la Real de Huelgas," in Rainer C. Schwinges and Regula Schorta (eds), *Fashion and Clothing in Late Medieval Europe*, Riggisberg and Basel: Abegg-Stiftung, 97–106.

Lucas, Gavin (2009), "The Tensions of Modernity: Skálholt during the 17th and 18th centuries," *Archaeologies of the Early Modern North Atlantic, Journal of the North Atlantic* 2, special Vol. 1: 75–88.

Madden, Thomas F. (2012), *Venice: A New History*, New York: Viking.

Marks, Richard and Paul Williamson, eds (2003), *Gothic: Art for England 1400–1547*, London: V&A Publications.

Marshall, Claire (2000), "The Politics of Self-Mutilation: Forms of Female Devotion in the Late Middle Ages," in Darryll Grantley and Nina Taunton (eds), *The Body in Late Medieval and Early Modern Culture*, Aldershot and Burlington: Ashgate.

Mårtensson, Linda, M.-L. Nosch, and Eva B. Andersson Strand (2009), "Shape of Things: Understanding a Loom Weight," *Oxford Journal of Archaeology* 28:4: 373–98.

Marti, Susan, ed. (2005), *Krone und Schleier: Kunst aus Mittelalterlichen Frauenklöstern*, Bonn: Ruhrlandmuseum.

Marti, Susan, et al. eds (2008), *Splendour of the Burgundian Court: Charles the Bold 1422–1477*, Berne: Mercatorfonds.

Martin, Hervé (2001), *Mentalités médiévales II: Représentations collectives du XIe au XVe siècle*, Coll. Nouvelle Clio: l'histoire et ses problèmes, Paris: PUF.

Mastykova, Anna, Christian Pilet, and Alexandre Egorkov (2005), "Les perles multicolores d'origine méditerranéenne provenant de la nécropole mérovingienne de Saint-Martin de Fontenay (Calvados)," *Bulletin Archéologique de Provence* supp. 3: 299–311.

Mazzaoui, Maureen Fennell (1981), *The Italian Cotton Industry in the Later Middle Ages 1100–1600*, Cambridge: Cambridge University Press.

McGovern, Thomas (1980), "Cows, Harp Seals, and Churchbells: Adaptation and Extinction in Norse Greenland." *Human Ecology* 8.3 (1980): 245–275.

— (2000), "The Demise of Norse Greenland," in William W. Fitzhugh and Elizabeth I. Ward (eds), *Vikings, The North Atlantic Saga*, Washington: Smithsonian Institution Press, 327–39.

McNamara, Jo Ann (1996), *Sisters in Arms: Catholic Nuns Through Two Millennia*, Cambridge, MA: Harvard University Press.

McNamara, Jo Ann and John E. Halborg, eds and trans. (1992), *Sainted Women of the Dark Ages*, Durham: Duke University Press.

Mellinkoff, Ruth (1993), *Outcasts: Signs of Otherness in the Northern European Art of the Middle Ages*, 2 vols., Berkeley: University of California Press.

Mérindol, Christian de (1989), "Signes de hiérarchie sociale à la fin du Moyen Âge d'après les vêtements: méthodes et recherches," in *Le Vêtement*, Paris: Léopard d'Or, 181–224.

Merrick, P. (1997), "The administration of the ulnage and subsidy on woollen cloth between 1394 and 1485, with a case study in Hampshire," MPhil thesis, University of Southampton.

Meulengracht Sørensen, Preben (1983), *The Unmanly Man: Concepts of Sexual Defamation in Early Northern Society*, Odense: Odense University Press.

Miller, Christopher L., and George R. Hamell (1986), "A New Perspective on Indian-White Contact: Cultural Symbols, and Colonial Trade," *The Journal of American History* 73.2: 311–28.

Miller, Daniel (2000), *Stuff*, Cambridge: Polity.

— (2005), "Introduction," in Susanne Küchler and Daniel Miller (eds), *Clothing as Material Culture*, Oxford: Berg Publishing, 1–19.

Miller, Maureen C. (2014), *Clothing the Clergy: Virtue and Power in Medieval Europe, c. 800–1200*. Ithaca, NY: Cornell University Press.

Millet, Bella and Jocelyn Wogan-Browne, eds and trans. (1990), *Medieval English Prose for Women: From the Katherine Group and* Ancrene Wisse, Oxford: Clarendon Press.

Minar, C. Jill (2001), "Motor Skills and the Learning Process: The Conservation of Cordage Final Twist Direction in Communities of Practice," *Journal of Anthropological Research, Learning, and Craft Production* 57.4: 381–405.

Molà, Luca (2003), "Leggi suntuarie in Veneto," in Muzzarelli and Campanini (eds), *Disciplinare il lusso*, 47–58.

Monnas, Lisa (2008), *Merchants, Princes and Painters: Silk Fabrics in Italian and Northern Paintings 1300–1550*, New Haven: Yale University Press.

Moore, R.I. (2007), *The Formation of a Persecuting Society: Power and Deviance in Western Europe, 950–1250*, 2nd ed., Malden MA: Blackwell Publishing.

Munro, John H. (2003), "Medieval woolen textiles, textile technology and industrial organisation, c. 800–1500," in David Jenkins (ed.), *The Cambridge History of Western Textiles* Cambridge: Cambridge University Press, Vol. 1, 181–227.

— (2009), "Three Centuries of Luxury Textile Consumption in the Low Countries and England, 1330–1570: Trends and Comparisons of Real Values of Woollen Broadcloths (Then and Now)," in Vestergård Pedersen and Nosch (eds), *The Medieval Broadcloth*, 1–73.

Muthesius, Anna (1982), "The silk fragment from 5 Coppergate," in A. MacGregor (ed.), *Anglo-Scandinavian finds from Lloyds Bank, Pavement and other sites*, The Archaeology of

York, 17.3, London: Published for the York Archaeological Trust by the Council for British Archaeology, 132–6.

Muzzarelli, Maria Giuseppina (2009), "Reconciling the Privilege of a Few with the Common Good: Sumptuary Laws in Medieval and Early Modern Europe," *Journal of Medieval and Early Modern Studies* 39, no. 3 (2009): 597–617.

Muzzarelli, Maria Giuseppina and Antonella Campanini, eds (2003), *Disciplinare il lusso: La legislazione suntuaria in Italia e in Europa tra medioevo ed età moderna*, Rome: Carocci.

— "Una società nello specchio della legislazione suntuaria: Il caso dell'Emilia-Romagna."

Netherton, Robin (2008), "The View from Herjolfnes: Greenland's Translation of the European Fitted Fashion," *Medieval Clothing and Textiles* 4: 143–71.

Newbold, Ron F. (2005), "Attire in Ammianus and Gregory of Tours," *Studia Humaniora Tartuensia* 6.A.4: 1–14.

Newett, Mary Margaret (1907), "The Sumptuary Laws of Venice in the Fourteenth and Fiffteenth Centuries," in T.F. Tout and James Tait (eds), *Historical Essays by Members of the Owens College, Manchester*, Manchester: University of Manchester Press, 245–78.

Newman, Barbara (1995), *From Virile Woman to Womanchrist: Studies in Medieval Religion and Literature*, Philadelphia: University of Pennsylvania Press.

Newton, Stella Mary (1980; reprint, 1990), *Fashion in the Age of the Black Prince: A Study of the Years 1340–1365*, Woodbridge, Boydell.

Nicholson, Karen (2015), "The Effect of Spindle Whorl Design on Wool Thread Production: A Practical Experiment Based on Examples from Eighth-Century Denmark," *Medieval Clothing and Textiles* 11: 29–48.

Nielsen, Leif-Christian (1990), *Trelleborg*, Aarbøger: København.

Nilson, Ben (1998), *Cathedral Shrines of Medieval England*, Woodbridge: Boydell Press.

Nockert, Margareta (1989), "Vid Sidenvägens ände. Textilier från Palmyra till Birka," in Pontus Hellström, Margareta Nockert, and Suzanne Unge (eds), *Palmyra. Öknens drottning*, Stockholm: Medelhavsmuseet, 77–105.

Nockert, Margareta and Dag Fredriksson (1985), *Bockstensmannen och hans dräkt*, Varberg: Stiftelsen Hallands länsmuseer, Halmstad och Varberg.

Noweir, Madbuli H. et al. (1975), "Dust Exposure in manual flax processing in Egypt," *British Journal of Industrial Medicine* 32: 147–54 (accessed January 28, 2010 from http://www.ncbi.nlm.nih.gov/pmc/articles/PMC1008040/pdf/brjindmedoo086-0055.pdf).

Oldland, John (2013), "Cistercian Clothing and Its Production at Beaulieu Abbey, 1269–70," *Medieval Clothing and Textiles* 9: 73–96.

Oliver, Judith H. (2007), *Singing with Angels: Liturgy, Music, and Art in the Gradual of Gisela von Kerssenbrock*, Leiden: Brepols.

Ormrod, W. Mark (2005), "Introduction, Parliament of 1363," in *Edward III, 1351–1377*, ed. W.M. Ormrod, Vol. 5 of *The Parliament Rolls of Medieval England, 1275–1504*, 16 vols., ed. C. Given-Wilson, Woodbridge, Boydell Press, 155–7.

Østergård, Else (1998), "The Textiles – a Preliminary Report," in *Man, Culture and Environment in Ancient Greenland: Report on a Research Programme*, Jette Arneborg and Hans Christian Gulløv (eds), Copenhagen: The Danish National Museum and Danish Polar Centre, 55–65.

— (2003), *Som syet til jorden: tekstilfund fra det norrøne Grønland*, Aarhus: Aarhus universitatsforlag.

— (2004), *Woven into the Earth: Textiles from Norse Greenland*, Aarhus: Aarhus University Press.

— (2005), "The Greenlandic Vaðmál," in *Northern Archaeological Textiles: NESAT VII, textile symposium in Edinburgh, 5th–7th May 1999*, Frances Pritchard and Peter Wilds (eds), 80–3.

Owen, Olwyn and Magnar Dalland (1999), *Scar: A Viking Boat Burial on Sanday, Orkney*, East Linton: Tuckwell Press in association with Historic Scotland.

Owen-Crocker, Gale R. (2004), *Dress in Anglo-Saxon England*, revised and enlarged edition, Manchester: Manchester University Press; Woodbridge: Boydell and Brewer.

Owen-Crocker, Gale R., Elizabeth Coatsworth and Maria Hayward, eds (2012), *Encyclopedia of Medieval Dress and Textiles of the British Isles c. 450–1450*, Leiden: Brill.

Owst, G. R. (1933; reprint 1961), *Literature and Pulpit in Medieval England,* Cambridge: Cambridge University Press; Oxford: Basil Blackwell.

Øye, Ingvild (1988), *Textile Equipment and its Working Environment, Bryggen in Bergen c. 1150–1500*, The Bryggen Papers, Main Series 2, Bergen: Norwegian University Press.

Page, Agnès (1993), *Vêtir le Prince: Tissus et couleurs à la cour de Savoie (1427–1447)*, Lausanne: Université de Lausanne.

Parani, Maria G. (2003), *Reconstructing the Reality of Images: Byzantine Material Culture and Religious Iconography 11th–15th Centuries*, Leiden: Brill.

Pastoureau, Michel, ed. (1989), *Le Vêtement: Histoire, archéologie et symboliques vestimentaires au Moyen Âge*, Cahiers du Léopard d'Or 1, Paris: Léopard d'Or.

Pastoureau, Michel (2001), *Blue: the history of a color*, Markus Cruse (trans.), Princeton, NJ: Princeton University Press.

Paterson, Caroline (1997), "The Viking Age Trefoil Mounts from Jarlshof: a Reappraisal in the Light of Two New Discoveries," *Proceedings of the Society of Antiquaries of Scotland* 127: 649–57.

Pedersen, Anne, Stig Welinder, and Mats Widgren, eds (1998), *Jordbrukets första femtusen år, 4000 f. Kr.–1000 e. Kr*, Stockholm: NOK-LTs förlag.

Périn, Patrick, et al. (2009), "Enquête sur les Mérovingiens," *Histoire et images médiévales* 25: 14–27.

Perkinson, Stephen (2012), "Likeness," in *Studies in Iconography* 33: 14–28.

Phillips, Kim M (2007), "Masculinities and the Medieval English Sumptuary Laws," *Gender & History* 19, no. 1 (2007): 22–42.

Piponnier, Françoise (1989), "Une révolution dans le costume masculin au XIVe siècle," in Pastoureau (ed.), *Le Vêtement*, 225–42.

Piponnier, Françoise and Perrine Mane (1995), *Se vêtir Au Moyen Âge*, Paris: Adam Biro.

Platelle, Henri (1975), "Le problème du scandale: Les nouvelles modes masculines aux XIe et XIIe siècles," *Revue belge de philologie et d'histoire* 53, no. fasc. 4: 1071–96.

Poirion, Daniel and Claude Thomasset, eds (1995), *L'art de vivre au Moyen Âge: Codex vindobonensis series nova 2644, conservé à la Bibliothèque nationale d'Autriche*. Paris: Editions du Félin.

Polhemus, Ted, and Lynn Procter (1978), *Fashion & Anti-Fashion: Anthropology of Clothing and Adornment*, London: Thames & Hudson.

Post, Paul (1910), "Die französisch-niederländische Männertracht einschliesslich der Ritterrüstung im Zeitalter der Spätgotik, 1350–1475. Ein Rekonstruktionsversuch auf Gründ der zeitgenössichen Darstellungen," Halle a. d. Saale, Dissertation.

Þorláksson, Helgi (1981), "Arbeidskvinnens, särlig veverskens, økonomiske stilling på Island i middelalder," in Hedda Gunneng, and Birgit Strand (eds), *Kvinnans ekonomiska ställning under nordisk medeltid,* Gothenberg: Strand, 50–65.

— (1991), *Vaðmál og verðlag: vaðmál í utanlandsviðskiptum og búskap Íslendinga á 13. og 14. öld*, Reykjavik, Háskóli Íslands.

— (1999), *Sjórán og siglingar: ensk-íslensk samskipti 1580–1630*, Reykjavík: Mál og menning.

Power, Eileen (1942), *The Wool Trade in English Medieval History, Being the Ford Lectures*, Oxford: Oxford University Press.

Price, Neil S. (2002), *The Viking Way: religion and war in late Iron Age Scandinavia*, Uppsala: Dept. of Archaeology and Ancient History.

Price, T. Douglas and Hildur Gestsdottir (2006), "The First Settlers of Iceland: an isotopic approach to colonization," *Antiquity* 80: 130–44.

Pritchard, Frances (2003), "The uses of textiles, c. 1000–1500," in D. Jenkins (ed.), *The Cambridge History of Western Textiles,* 2 vols., Cambridge: Cambridge University Press, Vol. 1, 355–77.

Pulliam, Heather (2012), "Color," *Studies in Iconography* 33: 3–14.

Quicherat, Jules (1875), *Histoire du costume en France depuis le temps les plus reculés jusqu'à la fin du XVIIIe siècle*, Paris: Hachette.

Rainey, Ronald E. (1985), "Sumptuary Legislation in Renaissance Florence," Ph.D. dissertation, Columbia University.

Reid, Patricia Margaret (2003), "Embodied Identity as Process: Performativity through Footwear in Mid-Medieval (AD 800–1200) Northern Europe," D.Phil. dissertation, Institute of Archaeology, University College, London.

Renn, George A. (1988), "Chaucer's 'Prologue'." *Explicator* 46.3: 4–7.

Reuling, Hanneke (2006), *After Eden: Church Fathers and Rabbis on Genesis 3:16–21*. Leiden: Brill.

Reyerson, Kathryn (1992), "Medieval Silks in Montpellier: The Silk Market c. 1250–1350," *Journal of Economic History* 11: 117–40.

Richard, Jules Marie (1887; 2010/2013), *Mahaut, comtesse d'Artois et de Bourgogne, 1302–1329. Une petite-nièce de Saint-Louis : étude sur la vie privée, les arts et l'industrie, en Artois et à Paris au commencement du XIVe siècle*, Paris: Champion; Cressé: Editions des Régionalismes.

Richardson, Catherine (2004), *Clothing Culture, 1350–1650*, Aldershot: Ashgate.

Ricks, Steven D. (2000), "The Garment of Adam in Jewish, Muslim, and Christian Tradition," in *Judaism and Islam: Boundaries, Communication and Interaction. Essays in Honor of William M. Brinner*, Leiden: Brill, 203–25.

Rigby, S.H. (1995), *English Society in the Later Middle Ages: Class, Status and Gender*, London: Macmillan Press.

— (1999), "Approaches to Pre-Industrial Social Structure," in J.H. Denton (ed.), *Orders and Hierarchies in Late Medieval and Renaissance Europe*. Toronto: University of Toronto Press, 6–25.

Riley, Denise (1988), *Am I that Name? Feminism and the Category of "Women" in History*, Minneapolis: University of Minnesota Press.

Riley, H.T., ed. (1868), *Memorials of London and London Life: In the 13th, 14th, and 15th Centuries. Being a Series of Extracts, Local, Social, and Political, from the Early Archives of the City of London, A.D. 1276–1419*, London: Longmans, Green and Co., 1868, in British History Online, http://www.british-history.ac.uk/report.aspx?compid=57692 [accessed August 26, 2014].

Riu, Manuel (1983), "The Woollen Industry in Catalonia in the Later Middle Ages," in N. Harte and K. G. Ponting (eds), *Cloth and Clothing in Medieval Europe: Essays in Memory of Prof. E. M. Carus-Wilson*, Pasold Studies in Textile History 2, London: Heinemann Educational, 205–29.

Roach-Higgins, Mary Ellen, and Joanne B. Eicher (1992), "Dress and Identity," *Clothing and Textiles Research Journal* 10: 1–8.

Róbertsdóttir, Hrefna (2008), *Wool and Society: Manufacturing Policy, Economic Thought and Local Production in 18th-Century Iceland*, Göteborg: Makadam.

Roover, Raymond de. (1969), "The Commercial Revolution of the Thirteenth Century," originally published in *Bulletin of the Business Historical Society*, 1942, reprinted in A. Molho (ed.), *Social and Economic Foundations of the Italian Renaissance*, New York: Wiley.

Rowe, Nina, guest ed. (2012), *Studies in Iconography: Medieval Art History Today – Critical Terms* 33.

Rubin, Miri (2009), *Mother of God: A History of the Virgin Mary*, London: Allen Lane.

Ryder, M.L. (1981), "British Medieval sheep and their wool types," in D.W. Crossley (ed.), *Medieval Industry*, Council for British Archeology, Research Report 40, London: 16–27.

Samples, Susann (2006), "The German Heroic Narratives," in Will Hasty (ed.), *German Literature of the High Middle Ages*, Woodbridge: Camden House, 161–83.

Sand, Alexa (2005), "Vision, Devotion and Difficulty in the Psalter-Hours of 'Yolande of Soissons'," *Art Bulletin* 87.1: 6–23.

Schmitt, Jean-Claude (1990), *La Raison de gestes dans l'Occident médiéval*, Paris: Gallimard.

Schotter, Anne Howland (1979), "The Poetic Function of Alliterative Formulas of Clothing in the Portrait of the Pearl Maiden," *Studia Neophilologica* 51: 189–95.

Schulze, Mechthilde (1976), "Einflusse byzantinischer Prunkgewander auf die frankische Frauentracht," *Archeologhische Korrespondanzblatt* 6.2: 149–161.

Seiler-Baldinger, Anne-Marie (1994), *Textiles: a classification of techniques*, Bathurst: Crawford House.

Serjeant, R.B. (1972), *Islamic Textiles, Material for a History Up to the Mongol Conquest*, Beirut: Librairie du Liban.

Shahar, Shulamith (2003), *Fourth Estate: A History of Women in the Middle Ages*, London: Routledge.

Sherman, Heidi M. (2004), "From Flax to Linen in the Medieval Rus Lands," *Medieval Clothing and Textiles* 4: 1–20.

Silverman, Eric Kline (2013), *A Cultural History of Jewish Dress*, London: Bloomsbury.

Smith, Katherine Allen (2011), *War and the Making of Medieval Monastic Culture*, Woodbridge: Boydell.

Smith, Kathryn (2003), *Art, Identity and Devotion in Fourteenth-Century England: Three Women and Their Books of Hours*, Toronto, University of Toronto Press.

Snyder, Janet (2002), "From Content to Form: Court Clothing in Mid-Twelfth-Century Northern French Sculpture," in Koslin and Snyder, (eds) *Encountering Medieval Textiles and Dress*, 85–102.

Solberg, Bergljot (1985), "Social Status in the Merovingian and Viking Periods in Norway from Archaeological and Historical Sources," *Norwegian Archaeological Review* 18.1–2: 61–76.

Sponsler, Claire (1992), "Narrating the Social Order: Medieval Clothing Laws," *CLIO* 21: 265–83.

— (1997), *Drama and Resistance: Bodies, Goods, and Theatricality in Late Medieval England*, Minneapolis: University of Minnesota Press.

Spufford, Peter (2003), *Power and Profit: The Merchant in Medieval Europe*, New York: Thames & Hudson.

Steele, Valerie (1996), *Fetish: Fashion, Sex and Power*, New York, Oxford University Press.

Strutt, Joseph (1842; 1970), *A Complete View of the Dress and Habits of the People of England*, 2 vols., London; reprint The Tabard Press.

Stuard, Susan Mosher (2006), *Gilding the Market: Luxury and Fashion in Fourteenth-Century Italy*, Philadelphia: University of Pennsylvania Press.

Sturm-Maddox, Sara, and Donald Maddox (1984), "Description in Medieval Narrative: Vestimentary Coherence in Chrétien's *Erec et Enide*," *Medioevo Romanzo* 9.1: 51–64.

Sutton, Anne (1995), "The *Tumbling Bear* and Its Patrons: A Venue for the London Puy and Mercery," in Julia Boffey and Pamela King (eds), *London and Europe in the Later Middle Ages*, London: Centre for Medieval and Renaissance studies of Queen Mary and Westfield College, 85–110.

Svanberg, Fredrik, Bengt Söderberg, Eva Andersson, and Torbjörn Brorsson (2000), *Porten till Skåne: Löddeköpinge under järnålder och medeltid*, Lund: Riksantikvarieämbetet, Avdelningen för arkeologiska undersökningar.

Swann, Jan (2010), "English and European Shoes from 1200 to 1520," in Rainer C. Schwinges (ed.), *Fashion and Clothing in Late Medieval Europe – Mode und Kleidung im Europa des späten Mittelalters*, Riggisberg: Abeg-Stiftung.

Strömberg, Elisabeth, Agnes Geijer, M. Hald, and Marta Hoffmann (1967; reprint 1979), *Nordisk textilteknisk terminologi*, Lyon: CIETA; Oslo: Tanum.

Sylvester, Louise, Mark C. Chambers, and Gale R. Owen-Crocker, eds (2014), *Dress and Textiles in Medieval Britain: A Multilingual Sourcebook*, Woodbridge, Boydell.

Tajfel, Henri, and John Turner (1979), "An Integrative Theory of Intergroup Conflict," in William G. Austin and Stephen Worchel (eds), *The Social Psychology of Intergroup Relations*, Monterey CA: Brooks/Cole Publishing Co, 33–47.

(Anon.) (1963), "(A) Thirteenth-Century Castilian Sumptuary Law," *The Business History Review* 37, no. 1/2: 98–100.

Toaff, Ariel (2003), "La prammatica degli ebrei e per gli ebrei," in Muzzarelli and Campanini (eds), *Disciplinare il lusso*, 91–108.

Turner, Terence (1993), "The Social Skin," in C.B. Burroughs and J. D. Ehrenreich (eds), *Reading the Social Body*, Iowa City: University of Iowa Press, 15–39.

Vale, Malcolm (2000), *The Princely Court: Medieval Courts and Culture in North-West Europe 1270–1380*, Oxford: Oxford University Press.

Vecellio, Cesare (1590; reprint 1977), *Vecellio's Renaissance Costume Book/De gli Habiti antichi et moderni de Diversi Parte del Mundo*, New York: Dover Publications.

Vésteinsson, Orri (2007), "The North Expansion Across the North Atlantic," in J. Graham-Campbell and M. Valor (eds), *The Archaeology of Medieval Europe*, Aarhus: Aarhus University Press, Vol. 1, 52–7.

Vestergård Pedersen, Kathrine, and Marie-Louise Nosch (2009), *The Medieval Broadcloth: Changing Trends in Fashions, Manufacturing and Consumption*, Oxford: Oxbow Books.

Vincent, Susan J. (2003), *Dressing the Elite: Clothes in Early Modern England*, Oxford: Berg Publishing.

Waller, Gary (2011), *The Virgin Mary in Late Medieval and Early Modern English Literature and Popular Culture*, Cambridge: Cambridge University Press.

Walton, Penelope (1989), *Textiles, Cordage and Raw Fibre from 16–22 Coppergate*, The Archaeology of York 17.5, London: Published for the York Archaeological Trust by the Council for British Archaeology.

— (1991), "Textiles," in J. Blair and N. Ramsay (eds), *English Medieval Industries: craftsmen, techniques, products*, London and Rio Grande: Hambledon, 319–54.

— (1997), *Textile Production at 16–22 Coppergate*, The Archeology of York, Vol. 17, fasc. 11, York: Council for British Archeology.

— (2003), "The Anglo-Saxons and Vikings in Britain, AD 450–1050," in David Jenkins. (ed.), *The Cambridge History of Western Textiles,* Cambridge: Cambridge University Press, Vol. 1, 124–32.

— (2007), *Cloth and Clothing in Early Anglo-Saxon England, AD 450–700*, York: Council for British Archaeology.

— (2013), *Tyttels Halh: The Anglo-Saxon Cemetery at Tittleshall, Norfolk*: *the archeology of the Bacton to King's Lynn Gas Pipeline,* East Anglian Archeology 150, Vol. 2, Norwich: East Anglian Archaeology.

Wardwell, Ann E. (1998–9), "Panni Tartarici: Eastern Islamic Silks woven with gold and silver," in *Islamic Art* 3 (1998–9): 95–173.

Warner, Marina (1982), *Joan of Arc: The Image of Female Heroism*, New York: Vintage Books.

— (1999), *Alone of All Her Sex: The Myth and the Cult of the Virgin Mary*, New York: Knopf.

Waugh, Christina Frieder (1999), "'Well-Cut through the Body': Fitted Clothing in Twelfth-Century Europe," *Dress* 26: 3–16.

Weiner, Annette B. and Jane Schneider (1989), *Cloth and Human Experience*, Washington: Smithsonian Institution Press.

Welander, R.D.E., Colleen Batey, T.G. Cowie, et al. (1987), "A Viking Burial from Kneep, Uig, Isle of Lewis," *Proceedings of the Society of Antiquaries of Scotland* 117: 149–74.

Welch, Evelyn (2009), *Shopping in the Renaissance: Consumer Cultures in Italy 1400–1600*, New Haven, CT: Yale University Press.

Wenzel, Siegfried (2005), *Latin Sermon Collections from Later Medieval England,* Cambridge: Cambridge University Press.

White, Lynn Jr. (1978), *Medieval Religion and Technology: Collected Essays*, Berkeley and Los Angeles: University of California Press.

Whitfield, Niamh (2006), "Dress and Accessories in the Early Irish Tale 'The Wooing of Becfhola'," *Medieval Clothing and Textiles* 2: 1–34.

Wild, John Peter (1970), *Textile Manufacture in the Northern Roman Provinces*, Cambridge: Cambridge University Press.

Wilson, David M. and Ole Klindt-Jensen (1966), *Viking Art*, London: Allen & Unwin.

Wilson, Katharina M. and Nadia Margolis, eds (2004), *Women in the Middle Ages: An Encyclopedia*, 2 vols., Westport, CT: Greenwood Press.

Wilson, Laurel Ann (2011), "'De Novo Modo': The Birth of Fashion in the Middle Ages," Ph.D. diss., Fordham University.

— (forthcoming), "Common Threads: A New Look At Medieval European Sumptuary Laws," *The Medieval Globe* 2.1.

Wincott Heckett, Elizabeth (2002), "The Margaret Fitzgerald Tomb Effigy: A Late Medieval Headdress and Gown in St. Canice's Cathedral, Kilkenny," in Désirée Koslin and Janet Snyder (eds), *Encountering Medieval Textiles and Dress,* New York: Palgrave MacMillan, 209–31.

Wincott Heckett, Elizabeth (2003), *Viking Headcoverings from Dublin*, National Museum of Ireland, Medieval Dublin Excavations 1962–81, Ser. B, Vol, 6, Dublin: Royal Irish Academy.

Winston-Allen, Anne (1997), *Stories of the Rose: The Making of the Rosary in the Middle Ages*, Pennsylvania: Pennsylvania State University Press.

Witkowski, Joseph A. and Charles Lawrence Parish (2002), "The story of anthrax from Antiquity to present: a biological weapon of nature and humans," *Clinics in Dermatology*, Vol. 20.4: 336–42.

Wobst, Hans Martin (2002), "Stylistic Behavior and Information Exchange," *Anthropological Papers, University of Michigan, Museum of Anthropology* 61: 317–42.

Wolf, Kristen (2006), "The Color Blue in Old Norse—Icelandic Literature," *Scripta Islandica: Isländska Sällskapets Årsbok* 57: 55–78.

Wolter, Gundula (1988), *Die Verpackung des Männlichen Geschlechtes: Eine Illustrierte Kulturgeschichte der Hose*, Marburg: Jonas.

— (1994), *Hosen, weiblich: Kulturgeschichte der Frauenhose*, Marburg: Jonas, 1994.

— (2002), *Teufelshörner und Lustäpfel: Modekritik in Wort und Bild 1150–1620*, Marburg: Jonas.

Woolf, Rosemary (1968), *The English Religious Lyric in the Middle Ages*, Oxford: Clarendon Press.

Woolgar, C.M. (2006), *The Senses in Late Medieval England*, New Haven: Yale University Press.

Wright, Monica (2006), "'De Fil d'Or et de Soie': Making Textiles in Twelfth-Century French Romance," *Medieval Clothing and Textiles* 2: 61–72.

— (2008), "Dress For Success: Béroul's *Tristan* and the Restoration of Status through Clothes," *Arthuriana* 18.2: 3–16.

— (2010), *Weaving Narrative: Clothing in Twelfth-Century French Romance*, University Park, PA: Penn State University Press.

Zanchi, Anna (2008), "'Melius Abundare Quam Deficere': Scarlet Clothing in *Laxdæla Saga* and *Njáls Saga*," *Medieval Clothing and Textiles* 4: 21–37.

图书在版编目（CIP）数据

西方服饰与时尚文化.中世纪/（美）莎拉-格蕾丝·
海勒（Sarah-Grace Heller）编；谷李译.-- 重庆：
重庆大学出版社,2024.1
（万花筒）
书名原文：A Cultural History of Dress and
Fashion in the Medieval Age
ISBN 978-7-5689-4210-2

Ⅰ.①西… Ⅱ.①莎…②谷… Ⅲ.①服饰文化—文
化史—研究—西方国家—中世纪 Ⅳ.①TS941.12-091
中国国家版本馆CIP数据核字(2023)第214794号

西方服饰与时尚文化：中世纪
XIFANG FUSHI YU SHISHANG WENHUA：ZHONGSHIJI

[美]莎拉-格蕾丝·海勒（Sarah-Grace Heller）——编
谷 李——译

策划编辑：张 维
责任编辑：鲁 静
责任校对：谢 芳
书籍设计：崔晓晋
责任印制：张 策

重庆大学出版社出版发行
出版人：陈晓阳
社址：（401331）重庆市沙坪坝区大学城西路 21 号
网址：http：//www.cqup.com.cn
印刷：天津图文方嘉印刷有限公司

开本：720mm×1020mm 1/16 印张：20.5 字数：268 千
2024 年 1 月第 1 版   2024 年 1 月第 1 次印刷
ISBN 978-7-5689-4210-2 定价：99.00 元

版贸核渝字（2020）第 102 号